制造业先进技术系列

铝合金微弧氧化的疲劳性能及其优化

戴卫兵　李常有　郭辰光　著

机械工业出版社

本书主要介绍了铝合金微弧氧化涂层的生长机理、微观结构、表面性能和疲劳性能，以及涂层制备、微观结构表征和性能测试技术，揭示了残余应力产生机理及其与微缺陷的物理关系。本书从微观结构表征和应力分析两个方面，研究了铝合金微弧氧化疲劳性能的影响因素，分析了微孔、裂纹、界面缺陷和残余应力及其松弛对基体疲劳性能的耦合作用机制，构建了微弧氧化涂层铝合金疲劳损伤机理模型，进而阐述了铝合金微弧氧化疲劳劣化机理，并提出了基于微弧氧化涂层制备参数和工艺优化的疲劳寿命提升可行性方案。

本书可供铝合金表面处理技术人员、科研人员阅读，也可供金属表面强化、疲劳寿命分析等学科方向的在校师生参考。

图书在版编目（CIP）数据

铝合金微弧氧化的疲劳性能及其优化/戴卫兵，李常有，郭辰光著. -- 北京：机械工业出版社，2025.8.
（制造业先进技术系列）. -- ISBN 978 - 7 - 111 - 78650 - 4

Ⅰ. TG178.2

中国国家版本馆 CIP 数据核字第 202525ZX45 号

机械工业出版社（北京市百万庄大街22号　邮政编码100037）

策划编辑：陈保华　　　　　　责任编辑：陈保华　王彦青
责任校对：丁梦卓　李小宝　　封面设计：马精明
责任印制：单爱军

保定市中画美凯印刷有限公司印刷

2025 年 8 月第 1 版第 1 次印刷

169mm×239mm·12.5 印张·240 千字

标准书号：ISBN 978-7-111-78650-4

定价：89.00 元

电话服务　　　　　　　　　　网络服务

客服电话：010-88361066　　机 工 官 网：www.cmpbook.com
　　　　　010-88379833　　机 工 官 博：weibo.com/cmp1952
　　　　　010-68326294　　金 书 网：www.golden-book.com
封底无防伪标均为盗版　　机工教育服务网：www.cmpedu.com

前　言

在碳达峰、碳中和目标背景下，轻量化设计是交通设备制造业的未来。铝、镁、钛及其合金（轻金属）具有低密度、高比强度和高比刚度等性能，是飞机、高铁和汽车以及船舶轻量化设计的优选材料。然而，轻金属的耐磨性、耐蚀性和抗热冲击等性能较差，导致"空天地"装备在苛刻环境下的服役安全难以保障。因此，轻金属表面的强化处理是结构设计首要考虑的问题。微弧氧化涂层是在基体表面原位生长的陶瓷涂层，界面呈冶金结合特征，可以显著改善轻金属的耐磨性、耐蚀性、抗热冲击性和电绝缘性等表面性能，极大地提升了材料服役的可靠性。在制备工艺和涂层物理特性方面，微弧氧化技术具有显著的优越性，是现代先进表面处理技术之一。

然而，在热-力-电耦合作用下，微弧氧化涂层不可避免地产生微缺陷（微孔、裂纹和界面缺陷）和残余应力。在循环载荷作用下，微缺陷的应力集中容易引发疲劳裂纹，残余应力也影响疲劳裂纹扩展，致使金属微弧氧化的疲劳寿命低且难以预测，限制了微弧氧化技术在航空、轨道交通和汽车等领域的广泛应用。铝合金的热膨胀系数是氧化铝陶瓷涂层的4倍，微弧氧化涂层的物理结构缺陷突出。本书以微弧氧化涂层铝合金为研究对象，总结了影响微弧氧化涂层铝合金疲劳性能的物理结构缺陷，探究了关键缺陷对疲劳寿命的影响规律，研究了物理结构缺陷在疲劳失效中的耦合作用机制，分析了涂层致基体疲劳劣化的物理结构缺陷特征，并基于疲劳劣化机理分析，提出了协同调控物理结构缺陷和微弧氧化工艺的疲劳寿命提升方法。

从微弧氧化涂层铝合金疲劳寿命关键影响因素甄别到劣化机理分析，再到疲劳优化方案制定，本书对铝合金微弧氧化疲劳寿命研究进行了系统阐述。全书共6章，主要内容包括：绪论、微弧氧化涂层制备与测试技术、铝合金微弧氧化疲劳性能的影响因素、铝合金微弧氧化残余应力对疲劳性能的影响、基于应力仿真的铝合金微弧氧化疲劳性能分析、铝合金微弧氧化疲劳性能优化方法。

本书主要由辽宁工程技术大学戴卫兵副教授撰写，其中东北大学李常有教授和辽宁工程技术大学郭辰光副教授参与撰写了第1~3章。感谢辽宁工程技术大学韩军教授的悉心指导，张建卓教授、于海跃教授、李强副教授、岳海涛讲师、白岩讲师、郭昊讲师对书稿撰写给予的建议，以及哈尔滨工业大学王亚明教授、清华大学王习术教授在试验部分的大力支持！

本书以微弧氧化工艺参数—物理结构缺陷—疲劳性能为主线，注重内容的层次性、逻辑性和完整性，并由浅入深地构建知识架构，可供铝合金表面处理技术人员、科研人员阅读，也可供金属表面强化、疲劳寿命分析等学科方向的在校师生参考。

本书所涉及内容得到了中国博士后基金项目（2023TQ0145）、辽宁省教育厅基本科研项目（JYTQN2023195）和辽宁省自然基金联合计划项目（20240339）等多个科研项目资助。

由于作者水平有限，书中难免有疏漏和不足之处，恳请广大读者批评、指正，并提出宝贵意见。

戴卫兵

目　　录

前言
第1章　绪论 ··· 1
1.1　铝合金微弧氧化概述 ··· 1
  1.1.1　微弧氧化涂层的生长机理 ·· 3
  1.1.2　工艺参数对涂层微观结构的影响 ································· 5
  1.1.3　涂层表面性能的研究进展 ·· 9
  1.1.4　涂层对基体疲劳性能的影响 ······································ 10
1.2　微弧氧化亟须解决的问题 ·· 11
1.3　本书的主要内容 ··· 12
  参考文献 ··· 13
第2章　微弧氧化涂层制备与测试技术 ··························· 17
2.1　基体材料 ··· 17
  2.1.1　铝合金的力学性能 ·· 17
  2.1.2　铝合金基体的制备 ·· 18
2.2　微弧氧化涂层处理 ·· 20
  2.2.1　微弧氧化设备 ··· 20
  2.2.2　微弧氧化工艺 ··· 22
2.3　疲劳试验及 S-N 曲线 ··· 23
2.4　微弧氧化涂层测试 ·· 24
  2.4.1　铝合金-涂层微观结构测试 ······································ 24
  2.4.2　涂层表面应变测试 ·· 28
  2.4.3　涂层表面性能和抗热冲击性测试 ································· 29
2.5　本章小结 ··· 29
  参考文献 ··· 30
第3章　铝合金微弧氧化疲劳性能的影响因素 ················· 32
3.1　占空比对 2024-T3 铝合金涂层及疲劳性能的影响 ············ 32
  3.1.1　占空比对 2024-T3 铝合金涂层微观结构的影响 ··············· 32
  3.1.2　占空比对 2024-T3 铝合金微弧氧化疲劳性能的影响 ··········· 36
3.2　基体表面粗糙度对 2024-T3 铝合金涂层及疲劳性能的影响 ··· 43
  3.2.1　基体表面粗糙度对 2024-T3 铝合金涂层微观结构的影响 ········ 44
  3.2.2　不同基体表面粗糙度的 2024-T3 铝合金微弧氧化疲劳性能分析 ··· 47

3.3 氧化时间对铝合金涂层及疲劳性能的影响 ·············· 52
　　3.3.1 氧化时间对铝合金涂层微观结构的影响 ·············· 52
　　3.3.2 氧化时间对涂层 2024-T3 铝合金和 7075-T6 铝合金疲劳性能的影响 ·············· 56
3.4 Cu 含量对涂层微观结构和残余应力的影响验证 ·············· 62
　　3.4.1 Cu 含量对涂层微观结构的影响 ·············· 63
　　3.4.2 涂层残余应力及微观结构对其表面性能的影响 ·············· 74
　　3.4.3 试验结论 ·············· 79
3.5 本章小结 ·············· 79
参考文献 ·············· 81

第 4 章　铝合金微弧氧化残余应力对疲劳性能的影响 ·············· 85
4.1 基体表面粗糙度对 7075-T6 铝合金涂层及疲劳性能的影响 ·············· 85
　　4.1.1 涂层微观结构和放电能量传递 ·············· 85
　　4.1.2 基体物理特性对涂层微观结构的影响 ·············· 90
　　4.1.3 残余应力的产生机理及其稳定性分析 ·············· 92
　　4.1.4 残余应力和界面缺陷对疲劳寿命的影响分析 ·············· 101
4.2 占空比对 7075-T6 铝合金涂层及疲劳性能的影响 ·············· 107
　　4.2.1 7075-T6 铝合金涂层的微观结构 ·············· 107
　　4.2.2 残余应力估算及松弛分析 ·············· 111
　　4.2.3 铝合金微弧氧化的疲劳失效机制分析 ·············· 118
4.3 本章小结 ·············· 124
参考文献 ·············· 125

第 5 章　基于应力仿真的铝合金微弧氧化疲劳性能分析 ·············· 129
5.1 微弧氧化涂层铝合金的应力计算模型 ·············· 129
5.2 线弹性区铝合金微弧氧化应力分析 ·············· 132
　　5.2.1 铝合金微弧氧化涂层的应力和位移计算 ·············· 132
　　5.2.2 铝合金表面应力测试和疲劳性能分析 ·············· 141
5.3 弹塑性区的铝合金微弧氧化应力分析 ·············· 143
　　5.3.1 线弹性区铝合金微弧氧化的应力和位移计算 ·············· 144
　　5.3.2 塑性区铝合金微弧氧化的应力和位移计算 ·············· 148
　　5.3.3 铝合金微弧氧化表面应力测试和疲劳性能分析 ·············· 152
5.4 基体屈服的铝合金微弧氧化应力分析 ·············· 155
　　5.4.1 中间层处于弹性阶段的应力和位移计算 ·············· 155
　　5.4.2 中间层处于塑性阶段的应力和位移计算 ·············· 159
　　5.4.3 铝合金微弧氧化表面应力测试和疲劳性能分析 ·············· 162
5.5 中间层屈服的铝合金微弧氧化应力分析 ·············· 164
5.6 残余应力对力学性能的影响和松弛机理分析 ·············· 168
5.7 本章小结 ·············· 169

参考文献 ·· 170

第 6 章　铝合金微弧氧化疲劳性能优化方法 ·············· 172

6.1　铝合金微弧氧化疲劳劣化机理 ···················· 172

6.2　铝合金微弧氧化疲劳寿命优化方法 ················ 175

6.3　本章小结 ·· 178

参考文献 ·· 178

附录 ·· 181

附录 A　线弹性阶段的本构关系 ························ 181

附录 B　弹塑性阶段的本构关系 ························ 185

附录 C　基体屈服的本构关系 ·························· 188

附录 D　近涂层基体完全屈服的本构关系 ·············· 190

第1章 绪 论

铝合金微弧氧化可以显著改善其耐磨性、耐蚀性、抗热冲击性和电绝缘性等表面性能，极大地提升铝合金服役的可靠性。然而，在微弧氧化涂层生长过程中，不可避免地会产生物理结构缺陷（微缺陷和残余应力）。在循环载荷作用下，微缺陷（微孔、裂纹和界面缺陷）的应力集中容易引发疲劳裂纹形成，残余应力也影响疲劳裂纹扩展，致使涂层铝合金的疲劳失效机理较为复杂、疲劳寿命低且难以预测，限制了微弧氧化技术在航空、轨道交通和汽车等领域的广泛应用。研究含物理结构缺陷微弧氧化涂层的生长机理及其对铝合金疲劳寿命的影响机制，是解决微弧氧化技术发展瓶颈问题的重要内容。

1.1 铝合金微弧氧化概述

具有高比强度的铝合金易于加工且塑性好，被广泛应用于飞机、高铁和汽车机身以及航空发动机压气机叶片、汽车发动机和轮毂等结构件的制造。铝合金在先进的美国波音 787 和加拿大庞巴迪 C 系列商用飞机的材料质量比超过 20%（见图 1-1），是航空航天工业领域不可替代的轻量化材料，但是铝合金结构件也面临安全性问题。1988 年，一架商用波音 737-200 飞机的前机舱被撕裂，并与机身分离。这起事故是由于黏结剂失效引起铝合金板局部腐蚀，导致连接铝合金板的铆钉承受交变载荷作用，致使铆钉和铝合金发生疲劳断裂。2002 年，一架商用波音 747-200 飞机坠入台湾海峡。经调查认定：机身尾部因着陆事故产生的划痕导致机身发生疲劳断裂，是飞机解体的主要原因。研究表明，空天装备服役期间 60% 的故障是疲劳断裂引起的，疲劳性能是航空航天结构件的关键性能，决定了飞机的安全性和可靠性。然而，铝合金对侵蚀性环境高度敏感，且其表面硬度低、自然氧化膜容易破裂，引起结构件局部腐蚀和疲劳裂纹的产生，给飞机带来严重的安全隐患。因此，利用先进的表面处理技术来提高铝合金的硬度、耐磨性和耐蚀性，对空天装备的服役安全具有重要意义。

微弧氧化技术是铝、镁、钛等阀金属最有潜力的表面改性方法，在工艺、环保、表面性能和疲劳性能方面具有显著优势，进而备受关注。微弧氧化技术的显著优势有：

1）工艺简单，绿色环保。微弧氧化技术是铝及铝合金表面改性的一种重要处理方法。前处理工序有去油污、清洗和干燥。与硬质氧化、阳极氧化等相比，工艺简单且所用的电解液一般为碱性，对环境污染小。

2）表面性能优异。微弧氧化涂层是微弧放电产生瞬时能量引起放电通道附近存在高温、高压作用，并在铝合金表面上原位生长的陶瓷层。该涂层具有膜层厚、界面结合强度高、硬度高，耐磨性、耐蚀性、耐压、绝缘以及抗高温、冲击性好等优异特性。

3）引起的基体疲劳性能损伤较小。陶瓷涂层具有较高的缺陷敏感性，是硬质涂层损伤基体疲劳性能的关键问题。与硬质氧化涂层和阳极氧化涂层相比，微弧氧化涂层的缺陷较少且易于调控，对基体疲劳性能的损伤相对较小。

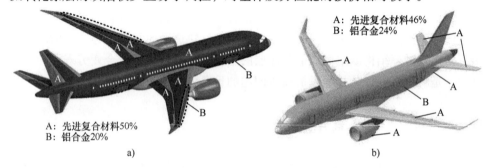

图 1-1 飞机机身主要材料质量占比

a）波音 787 主要的材料质量占比　b）庞巴迪 C 系列主要的材料质量占比

当前，微弧氧化电源设备国产化已经相对成熟，且涂层制备工艺简单，使得结构件微弧氧化的批量生产成为可能。然而，微弧氧化技术仍存在尚未解决的问题，比如涂层生长机理尚不清晰，大部分研究基于唯象理论分析，缺乏理论基础。此外，涂层表面不可避免地引入微孔、裂纹以及因涂层与基体间的热膨胀系数差异产生的残余应力，这会影响基体的疲劳性能。针对微弧氧化涂层生长机理、工艺参数对涂层微观结构的影响以及涂层影响基体疲劳性能的因素模糊不清问题，国内外学者开展了大量的研究工作。图 1-2 所示为 2012—2022 年 9 月在 Web of Science（关键词：micro-arc oxidation & plasma electrolytic oxidation & plasma electrolysis）上发表的论文数量。2017 年以来，发表与微弧氧化相关的论文一直处于高位，2020 年以来，综述论文数量大幅增加。关于镁合金和钛合金生物功能的综述论文比例达到 51.2%，然而微弧氧化涂层对基体疲劳性能的影响很少得到总结，且只有 2.4% 的综述论文与微弧氧化涂层铝合金有关。与镁合金和钛合金不同，铝合金基体的热膨胀系数是氧化铝涂层的 4 倍，极易引起涂层裂纹和残余应力的产生。分析微弧氧化涂层的生长机理、微观结构、表面性能和疲劳性能研究进展，对于制备出优异表面性能和抗疲劳的微弧氧化涂层铝合金具有重要意义。

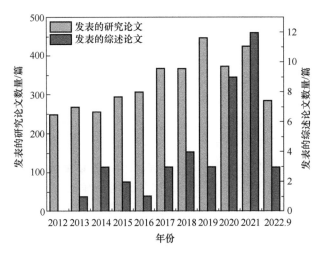

图 1-2　与微弧氧化相关的论文数量

1.1.1 微弧氧化涂层的生长机理

微弧氧化涂层是在金属表面上形成的以基体元素为主，电解液成分参与化学反应的多种氧化物。由于微弧放电瞬间的温度非常高，并且大部分微弧氧化处理是在碱性电解液中进行，造成微弧氧化过程较难观测，这对微弧氧化机理的研究提出了挑战。放电机制和涂层生长机理是微弧氧化涂层形成过程中的两个关键问题。微弧放电形成机理有三种模型：介电击穿模型、接触辉光放电电解模型和孔内放电模型。介电击穿模型是强电场中绝缘涂层介电击穿引起的微弧放电；接触辉光放电电解模型是微弧放电在氧化物与电解质界面的气泡中点燃，然后击穿电介质阻挡层；孔内放电模型是微弧放电发生在微孔中的气体放电，且由微孔底部的介电击穿诱发。微弧氧化涂层的生长机理有两个典型的模型，即基于膜层击穿的微弧氧化涂层生长机理模型和基于无定形氧化铝层的微弧氧化涂层生长机理模型。

（1）基于膜层击穿的微弧氧化涂层生长机理模型　在微弧氧化初期，在电解液中基体表面迅速形成一层绝缘膜，在膜层两侧（基体和电解液）存在电压，随着电压的升高，膜层被击穿，产生弧光放电。弧光放电产生的瞬间高温将基体氧化，所形成的氧化物在高压作用下进入放电通道到达膜层表面，遇到电解液凝固成疏松多孔的涂层涂敷在试样表面。随着微弧氧化的进行，电源不能提供击穿厚涂层所需的能量，涂层由向外生长转变为向内生长，并且涂层内部的微弧放电并未停止，促进了致密层的形成。此外，金属离子向外扩散，氧离子向膜层内部迁移，从而形成金属氧化物。

（2）基于无定形氧化铝层的微弧氧化涂层生长机理模型 有研究表明，部分厚涂层的主要成分是 $\gamma\text{-}Al_2O_3$，$\alpha\text{-}Al_2O_3$ 的含量很少。然而，击穿涂层会产生大量的热，足以使不稳定 $\gamma\text{-}Al_2O_3$ 转变为稳定态 $\alpha\text{-}Al_2O_3$，这是膜层击穿生长机理尚不能解释的问题。通过对涂层和界面微观结构分析，发现基体表面存在离子反应的活跃区域，该区域的主要成分是无定形氧化铝，且呈现出异常厚的特殊形态。火花放电发生在外部和内部涂层之间，Al^{3+} 和 O^{2-} 在外加电压作用下进入无定形氧化铝层，无定形氧化铝层增厚，涂层向外生长。这意味着微弧氧化不是熔融氧化物的突然喷发，而是一个以无定形氧化铝为生长基础的缓慢渐进过程。

基于微弧氧化涂层生长机理分析，火花放电是涂层生长的重要条件。涂层缺陷和电流密度是影响火花放电行为的关键因素。在微弧氧化过程中，等离子体仅存在很短的时间，并容易转移到涂层其他缺陷区以引起电弧运动。高密度的丝状电流可以在固体电介质中形成，等离子体可能再次出现，直到熔融物在电解液中冷却并固化。随着氧化时间延长，涂层均匀增厚，缺陷密度减少，丝状电流集中分布，即使不增加输出电压，丝状电流的强度也会增加。根据分流定律，当大多数丝状电流通过缺陷区时，在缺陷处发生火花放电，缺陷的减少导致丝状电流增加，放电能量的增大引起大尺寸微孔形成。制备的微弧氧化涂层具有多孔特征且其尺寸从内部到外部同时变大。除了缺陷，火花放电引起的电子电流与电解液离子迁移诱发的离子电流也是微弧氧化涂层生长的关键因素。在低电流密度下，电子电流的贡献占主导地位。在该条件下，大量的放电通道引起涂层孔隙率和表面粗糙度增大，损伤了涂层的优异特性，而火花放电提供了足够的能量，促进了稳定和亚稳态氧化物的形成。通过增加电流密度，离子电流的引入速率增加，这有利于形成高生长速率、较低表面粗糙度和孔隙率的致密微弧氧化涂层。

含纳米颗粒微弧氧化涂层的生长机理：纳米颗粒在碱性电解液中具有负电荷，并且通过电泳作用吸附到带正电的基体表面。在阳极沉积阶段（第一阶段），一些吸附在涂层上的颗粒被困在溶解度较高且反应产物再沉积能力强的阳极区域。在弧光放电阶段，微弧放电和熔融物的喷发有助于纳米颗粒沉积。在第二阶段和第三阶段中，涂层以较高的速率生长，并且大多数纳米颗粒进入涂层。因此，涂层中间部分比其他部分包含更多的纳米颗粒。在第四阶段中，表面电流和微弧放电强度的减小导致颗粒掺入的数量减少，且涂层生长速率下降，外部涂层纳米颗粒含量较少。此外，由于火花放电期间纳米颗粒局部熔化，沉积颗粒彼此烧结，并与微弧氧化涂层表面黏结在一起。综上所述，纳米颗粒主要通过电泳力和微弧放电的作用参与涂层生长，形成复合微弧氧化涂层。

1.1.2 工艺参数对涂层微观结构的影响

微弧氧化工艺参数主要包括电源模式、电压、氧化时间、电流密度、电解液种类和密度，以及脉冲电源模式下的占空比和频率。由于微弧氧化涂层形成过程中涉及复杂的电化学反应、能量转化、相变和物质转移等，多变量微弧氧化工艺参数对于特定功能涂层的制备具有一定的挑战性。因此，国内外学者就工艺参数对微弧氧化涂层微观结构（涂层厚度、表面微孔、表面粗糙度、裂纹、相组成和截面形貌）的影响进行了大量的研究。

1. 电参数对微弧氧化涂层微观结构的影响

表1-1为铝合金微弧氧化的电参数，其中电源模式包括直流、交流、单极脉冲和双极脉冲，电参数包括电压、电流密度、占空比和频率。表1-1中电参数幅值存在显著差异。在直流电源模式下，微弧放电难以控制，涂层表面粗糙、附着力差，涂层向基体过度生长明显，且涂层含有许多微孔和裂纹。直流电源模式下连续微弧放电导致涂层温度过高，涂层与基体间产生较大失配应力，导致涂层存在大量裂纹。相比之下，交流电源的阴极电流有利于致密涂层的形成，而使用脉冲电源可以制备出致密且均匀的微弧氧化涂层。脉冲放电关断可以减小涂层热应力，从而改善涂层微观结构和性能。当前，脉冲电源被认为是制备微弧氧化涂层的优选装置，下面将重点介绍脉冲电源的电压、电流密度、占空比和频率对涂层物理结构缺陷的影响。

表1-1 铝合金微弧氧化的电参数

电源模式	恒定电参数	电参数			
		电压/V	电流密度/(A/dm^2)	频率/Hz	占空比（%）
双极电源	电压	阳极：500，阴极：400	—	—	10
		500	—	600	8
		阳极：400，阴极：0～200	—	50	±5
	电流密度	—	6	1000	0.4
		—	4.4	500	50
		—	2.6	100	40
单极电源	电压	600	—	600	10
	电流密度	—	4	150	10
		—	8	300	25
		—	2.5	500	30
		—	10	100	30
		—	10	100	40

（续）

电源模式	恒定电参数	电参数			
		电压/V	电流密度/（A/dm²）	频率/Hz	占空比（%）
交流电源	电压	正：530，负：140	—	—	—
		正：485，负：115	—	—	—
		正：550~600，负：150~200	—	—	—
	电流密度	—	30	—	—
		—	25	—	—
		—	20	—	—
		—	13	—	—
		—	13.3	—	—
		—	10	—	—
直流电源	电压	290	—	—	—
	电流密度	—	4	—	—
		—	15	—	—
		—	5~10	—	—

一般来说，微弧氧化电压增大，微孔和界面过度生长区尺寸、涂层厚度和裂纹数量增大，而阴极电压可以减小火花放电强度，提高涂层致密性。然而，过高的阴极电压会引起强烈的微弧放电，破坏涂层的表面完整性。此外，随着电压的升高，微弧氧化电流密度增加，涂层残余应力幅值增加，孔隙率呈现先增加后降低的变化规律。在恒定电流密度下，提高电流密度，铝合金微弧氧化涂层厚度、微孔尺寸、裂纹、过度生长尺寸、$\alpha\text{-}Al_2O_3$ 含量和表面粗糙度增大，而残余应力和孔隙率降低。电压和电流密度的增大都会引起涂层微孔、裂纹和过度生长区等缺陷增多。不过，在恒压模式下，电流密度随着微弧氧化时间的延长而降低，导致残余应力幅值减小，这是电压和电流密度变化诱发残余应力幅值变化呈现不同的规律。上述分析表明，电压和电流密度是控制能量输入和微弧放电能量的关键参数，对涂层微观结构有显著影响。

占空比是脉冲电源电参数的关键参数之一，它决定了单个脉冲的放电时间。常用的占空比范围是 5%~40%。研究表明，占空比影响微弧氧化涂层的表面质量、生长速率和相组成。在低占空比下，涂层表面相对光滑，微孔尺寸小，但涂层生长缓慢。微弧氧化初期阶段，低占空比引发较多微弧放电，涂层生长速率较快。随着氧化时间的延长，微弧放电数量的减少导致少数微孔处的放电强度增大，涂层产生大尺寸微孔，但数量较少。因此，微弧氧化后期，放电产生的热量迅速消散，涂层和基体间的失配应力减小，裂纹数量减少。相反，高占空比引起微弧放电强度增大，导致涂层厚度和残余应力减小，表面孔隙率增加，涂层产生大尺寸微孔、过生长区和裂纹。然而，高占空比诱发的多裂纹释放了部分涂层和基体间的失配应力，残余应力幅值减小。

除了电压、电流密度和占空比外，频率是影响脉冲能量的另一个关键电参数，它决定了单脉冲周期，影响微弧氧化涂层的微观结构。铝合金微弧氧化常用的频率范围为 $50 \sim 1000Hz$。频率的增加可以减小微弧放电对涂层的损伤，有助于细小微孔的形成。高频率和低占空比下制备的涂层表面粗糙度和裂纹密度较小，而高频率和高占空比会引起涂层产生大量裂纹。相比之下，低频率有助于涂层生长和低幅值残余应力产生。需要注意的是，电压、占空比和频率对涂层生长和微观结构的影响具有协同作用，其中电压对涂层的生长有显著影响。在高电压、低频率和高占空比条件下，制备的涂层具有高孔隙率、大微孔、多裂纹和表面粗糙的特点。同样地，电流密度、占空比和频率对相组成的影响也存在耦合作用。高电流密度、低频率和高占空比导致 $\alpha\text{-}Al_2O_3$ 含量增加，且随着电流密度的增加，占空比和频率对相组成的影响比低电流密度下显著。

电压、电流密度、占空比和频率决定微弧氧化的能量输入。微弧氧化过程中，能量耗散的主要形式是电解质、基体、涂层和相变吸热。同时，微弧氧化涂层的生长伴随着物理结构缺陷的产生。电参数与物理结构缺陷的关系表征是物理结构缺陷调控的理论基础。建立电参数与物理结构缺陷的物理关系，需要阐明物理结构缺陷形成机制。

2. 电解液对微弧氧化涂层微观结构的影响

除了电参数外，电解质对微弧氧化涂层质量也有重要影响。电解液成分和添加剂影响铝合金微弧氧化涂层的生长、表面粗糙度、微孔尺寸和孔隙率，见表1-2。电解质成分改变了电解液的电导率，电导率的增加诱发击穿电压和最终

表1-2 电解液对微弧氧化涂层的影响

电解液成分	涂层特征				备注
	a	b	c	d	
$NaAlO_2/Na_2SiO_3$	−	−	−	N	
Na_2SiF_6	+	N	−	N	氟离子控制孔隙率
K_2TiF_6	+	N	−	N	
$(NaPO_3)_6/Na_2SiO_3$	+	+	+	+	$(NaPO_3)_6$引发强微弧放电
熔盐/硅酸盐电解质	+	−	N	N	未阐述影响机制

（续）

电解液成分	涂层特征				备注
	a	b	c	d	
$Na_2B_4O_7 \cdot 10H_2O$	+	N	—	N	未阐述影响机制
苯甲酸钠	/	—	—	—	未阐述影响机制
甘油	N	N	—	N	未阐述影响机制
碳基添加剂	—	N	—	N	电导率增加
Al_2O_3、MgO 纳米颗粒	+	N	—	—	粒子进入放电通道
Al_2O_3 纳米颗粒	—	—	—	N	添加的纳米粒子增加了带隙
SiO_2、ZrO_2 纳米颗粒	N	N	N	N	SiO_2：阻断微孔，ZrO_2：填充裂纹
MoO_2 纳米颗粒	N	N	N	N	MoO_2 掺入氧化膜
碳纳米管	—	+	—	+	电导率增加
二氧化钛溶胶	+	+	+	/	电导率降低
TiO_2 纳米颗粒	—	N	N	N	电导率降低
Si_3N_4 纳米颗粒	+	N	N	N	未阐述影响机制
金刚石粉末	+	+	—	N	高质量涂层：6g/L 金刚石粉末

注：a 表示厚度，b 表示表面粗糙度，c 表示微孔/裂纹，d 表示过度生长区，+ 表示正相关，— 表示
　　负相关，/ 表示无关，N 表示不确定。

电压的降低，进而影响微弧放电，导致微弧放电总能量降低，涂层厚度和缺陷减少。值得注意的是，氟离子可以降低击穿电压和最终电压，从而减少涂层内层缺陷，所以氟离子是提高涂层质量的较佳电解液成分。此外，在涂层生长过程中，纳米粒子添加剂可以吸附在微孔内，堵塞微孔和裂纹，减少涂层缺陷。然而，某些添加剂（如石墨烯）的浓度过高会引发微孔和裂纹尺寸增大。为了克服水性电解质将不需要的成分引入涂层，可以利用熔盐制备微弧氧化涂层。

制备微弧氧化涂层的常用电解液是 Na_2SiO_3、$KOH/NaOH$、$(NaPO_3)_6$ 和 Na_2WO_4 的水溶液。添加磷酸盐有助于在 pH 值范围更大的电解液中制备微弧氧化涂层，其中六偏磷酸钠的环状聚合物结构会引发较强微弧放电，而硅酸盐电解质有利于基体上钝化膜的快速形成，提高涂层生长速率。因此，磷酸盐溶液中制备的涂层微孔和裂纹比硅酸盐电解液尺寸要大。然而，硅酸盐电解质浓度过高会导致涂层质量差，12.72g/L $Na_2SiO_3 \cdot 5H_2O$ 是较佳浓度。与六偏磷酸钠相比，添加 OH^- 的电解液中微弧放电呈现小火花放电特征，涂层具有优异的生长行为，但 OH^- 浓度增加会降低涂层的生长速率。此外，添加 Na_2WO_4 有助于形成高孔隙率的厚微弧氧化涂层，且 WO_4^{2-} 吸附在试样表面能促进均匀致密薄膜形成。然

而，增加 Na_2WO_4 浓度会降低涂层中的 α-Al_2O_3 含量。综上所述，含有 Na_2SiO_3、$NaOH$、$(NaPO_3)_6$ 和 Na_2WO_4 的混合电解液是制备高质量铝合金微弧氧化涂层的首选。在电解液加入添加剂可以进一步提高涂层质量。添加剂（Al_2O_3、ZrO_2、TiO_2、Si_3N_4、SiO_2、碳纳米管、金刚石粉末和石墨烯）被微孔捕获，制备出的涂层具有微孔尺寸小、孔隙率低的特征，见表 1-2。

3. 基体对微弧氧化涂层微观结构的影响

基体的表面形貌和元素组成影响微弧氧化涂层的微孔、裂纹、残余应力和相组成。蜂窝和凹槽是研究基体表面形貌对涂层影响的特殊结构。电流集中在两个相邻微槽之间的基体尖端，蜂窝处理引起的尖角效应和塑性变形层有利于制备微弧氧化涂层，并可提高涂层的表面性能。对于航空铝合金，在基体表面制备蜂窝和凹槽结构会损伤疲劳性能，不可行。研究表明，光滑的基体表面有利于涂层的均匀生长。基体表面粗糙度的降低导致微孔和残余应力的减小。然而，基体表面粗糙度对截面形貌和微弧氧化涂层的影响机制尚不清楚。

Zn、Mg、Si 和 Cu 是铝合金中的重要元素。Zn 和 Mg 有利于铝合金微弧氧化涂层的形成，但增加了涂层孔隙率和表面粗糙度，不影响界面过度生长区尺寸。增加 Si 含量，涂层厚度和过度生长区尺寸增大，表面粗糙度和微孔尺寸降低。此外，铝合金基体元素（Zn、Cu 和 Mg）阻碍了 α-Al_2O_3 的形成。然而，基体元素对微弧氧化涂层微缺陷和相组成的影响机制，以及基体元素对残余应力的影响规律，鲜有报道。

1.1.3　涂层表面性能的研究进展

涂覆硬、厚和致密微弧氧化涂层的金属表现出优异的耐磨性和耐蚀性。微孔、裂纹、表面粗糙度和 α-Al_2O_3 相影响涂层耐磨性和耐蚀性，如图 1-3 所示。低孔隙率和厚涂层有利于耐磨性的提高，而细小尺寸微孔不足以使腐蚀性介质渗透到基体，涂层的耐蚀性不会受到损伤。因此，降低微弧氧化涂层孔隙率和增加涂层厚度可以提高材料的耐磨性和耐蚀性。实际上，耐蚀性主要取决于微弧氧化涂层致密层的厚度，外部疏松和多孔层可能会加速基体的腐蚀速率。

由于添加剂对微弧氧化涂层微孔具有密封作用，涂层的短期耐蚀性得到改善，而长期耐蚀性较差。此外，多孔结构能够承受一定的变形，进而吸收冲击能量，可以提高铝合金微弧氧化涂层冲击耐磨性。除微孔以外，涂层裂纹和相组成也是影响耐磨性和耐蚀性的关键因素。涂层裂纹的减少和 α-Al_2O_3 含量的增加能提高耐磨性和耐蚀性。厚涂层易形成含较少微孔和裂纹以及较高 α-Al_2O_3 的致密层，涂层表面性能较好。然而，中等厚度微弧氧化涂层的耐磨性和耐蚀性低于相对较薄的涂层，这是因为疏松层损伤了涂层的耐磨性和耐蚀性。由此可知，疏松层的微观结构是影响涂层耐磨性和耐蚀性的另一关键因素。除微孔和裂纹外，微弧氧化涂层表面粗糙度影响其耐磨性。涂层表面粗糙度增加，其耐磨性降低。因此，提高疏松层的表面质量和增加致密层的厚度是提高微弧氧化涂层耐磨性和耐蚀性的重要途径。然而，残余应力对微弧氧化涂层耐磨性和耐蚀性的影响很少被关注，并且残余应力与微弧氧化涂层微孔和裂纹有关，探究残余应力对耐磨性和耐蚀性的影响，对协同调控缺陷、优化涂层表面性能具有重要意义。

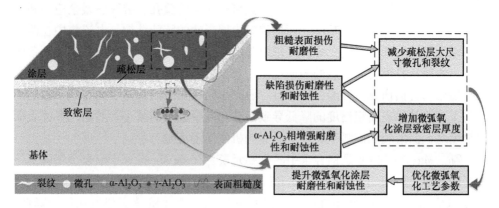

图 1-3　物理结构缺陷以及相组成对微弧氧化涂层耐磨性和耐蚀性的影响

1.1.4　涂层对基体疲劳性能的影响

物理结构缺陷是微弧氧化涂层损伤基体疲劳性能的重要因素。虽然涂层改善了铝合金的表面性能，但微弧氧化处理对基体疲劳性能有不利影响。与裸铝合金相比，微弧氧化涂层厚度增加，铝合金的疲劳极限随之降低。通过对疲劳断口和涂层与基体间的截面形貌进行分析，发现涂层向基体的过度生长和涂层残余拉应力诱导疲劳裂纹过早形成，这是造成基体疲劳极限降低的重要原因。在低应力载荷条件下，疲劳裂纹产生于界面附近的基体，涂层的过度生长区和残余应力损伤铝合金基体疲劳性能。被厚涂层覆盖基体的残余拉应力也会导致微弧氧化涂层铝合金疲劳寿命降低。然而，因裂纹萌生于过度生长区，涂层残余拉应力对基体疲劳性能的影响可以忽略不计。以上研究表明，残余应力与界面过度生长对基体疲劳性能的影响机制较为复杂，尚未形成统一结论。此外，过度生长区与微弧氧化涂层残余应力有关，残余应力随着过度生长区尺寸的增加而增大，并且残余应力和过度生长区对金属微弧氧化疲劳性能的影响可能存在耦合作用。基于界面残余应力和微结构对疲劳性能的显著影响，采用喷丸、超声表面滚压和等径弯曲通道挤压技术对基体进行预处理，可以诱导基体表面产生残余压应力和梯度纳米结构，改善金属微弧氧化的疲劳性能。预处理导致的界面粗糙化并未削弱金属微弧氧化的疲劳性能，基体残余压应力对提高疲劳寿命起主导作用。残余应力、过度生长区和基体表面微结构均影响金属微弧氧化的疲劳性能，并且分析涂层对基体疲劳性能的影响需要考虑残余应力、界面缺陷和基体表面微观结构的耦合作用。

除了残余应力和过度生长区，涂层微孔和裂纹处的应力集中容易引发裂纹萌生，降低金属微弧氧化的疲劳寿命。为了减小微孔和裂纹的影响，使用环氧树脂对微弧氧化涂层进行密封后处理，封焊涂层大尺寸微孔和裂纹。与裸铝合金相比，密封试样的高周疲劳寿命可以提高 50%。然而，涂层密封处理并未减小界面过度生长区尺寸，涂层过度生长引起的应力集中对界面的损伤并未减小。这与之前研究所指出的过度生长区显著影响涂层试样的疲劳寿命并不吻合。在纳米微弧氧化涂层对基体疲劳性能的影响方面，研究发现疲劳裂纹萌生于基体表面，纳米涂层对基体疲劳寿命损伤较小。基体抛光导致的表面粗糙度降低和残余压应力产生，以及薄涂层基体表面未形成明显缺口，诱导了裂纹萌生于基体亚表面层，基体的疲劳极限未发生显著变化。因此，薄涂层的微孔和裂纹并未损伤基体的疲劳性能。

综上所述，微弧氧化涂层微孔、裂纹、过度生长区等缺陷处的应力集中容易诱导裂纹的产生，是疲劳裂纹的潜在萌生源，这可能会降低微弧氧化涂层铝合金的疲劳寿命。当前，微弧氧化涂层的多微缺陷和残余应力对基体疲劳性能的影响机制模糊不清，导致微弧氧化涂层铝合金的疲劳寿命较难控制。

1.2　微弧氧化亟须解决的问题

目前，微弧氧化涂层对疲劳性能的影响机理研究，仍然处在对微观结构进行分析，依据涂层缺陷和残余应力阐述疲劳寿命变化原因的阶段。综合国内外学者所做的研究工作，有以下问题尚未解决：

1）微弧氧化涂层残余应力对基体疲劳寿命的影响缺乏一致结论。残余应力是涂层与基体间的内应力，界面处的涂层残余应力与基体的残余应力相平衡。界面基体残余拉应力诱导的涂层裂纹顺利跨界面扩展、涂层残余拉应力诱发的疲劳裂纹在涂层表面过早萌生是金属微弧氧化疲劳寿命降低的主要原因。这表明界面涂层和基体残余应力对基体疲劳寿命的影响存在矛盾点。因此，有必要进一步研究残余应力对金属微弧氧化疲劳寿命的影响。

2）残余应力的产生机理尚不明确。涂层与基体热膨胀系数差异引发失配应力产生，导致金属微弧氧化存在残余应力。然而，微弧氧化涂层有残余拉应力与压应力共存现象，当前残余应力产生机理无法解释这一问题。通过探究涂层生长过程及其放电热量在涂层与基体间的传递，开展涂层微观结构与残余应力产生机理的内在联系研究，为残余应力调控和涂层对基体疲劳性能的影响机制研究提供理论支撑。

3）微弧氧化涂层物理结构缺陷对疲劳寿命的耦合作用模糊不清。微弧氧化涂层微孔、裂纹、过度生长区和残余应力是影响疲劳寿命的重要因素。然而，基体表面微缺陷对金属微弧氧化疲劳寿命的影响鲜有研究，且影响因素在疲劳失效中是否存在耦合机制，也未见报道。厘清涂层影响基体疲劳寿命的关键因素及其耦合机制，是优化金属微弧氧化疲劳寿命的基础支撑。

4）微弧氧化涂层铝合金的本构关系尚未构建。基于金属微弧氧化物理结构缺陷表征及疲劳寿命评价，揭示涂层致基体疲劳失效机制，获取可靠结论，存在较大困难。构建涂层与基体的本构关系，分析涂层与基体应力和位移随外加载荷与涂层厚度变化的演变规律，可以为找出金属微弧氧化的裂纹萌生位置和裂纹扩展规律提供理论基础。

5）微弧氧化涂层铝合金的疲劳劣化机理鲜有报道。微弧氧化涂层与基体间较大的热膨胀系数差异导致涂层缺陷多而复杂，而涂层的多缺陷特性和极高缺陷敏感性致铝合金微弧氧化的疲劳失效机理模糊不清。基于涂层铝合金疲劳寿命影响因素分析，探明疲劳劣化的关键因素，进而提出优化疲劳寿命的微弧氧化涂层制备方案，是解决微弧氧化技术发展瓶颈问题的理论支撑。

1.3 本书的主要内容

研究残余应力产生机理及其与微缺陷的物理关系，甄别影响微弧氧化涂层铝合金疲劳性能的物理结构缺陷，探究关键缺陷对疲劳寿命的影响规律，揭示关键缺陷在疲劳失效中的耦合作用机制，分析涂层致基体疲劳劣化的缺陷特征及其耦合效应，并基于疲劳劣化机理分析，提出协同调控涂层缺陷和微弧氧化工艺的疲劳寿命提升方法。本书的主要内容如下：

第1章绪论。阐述航空用铝合金的应用及表面处理的必要性和微弧氧化技术的优势；主要介绍工艺参数对涂层微观结构的影响、微观结构对涂层耐磨性和耐蚀性的影响，以及金属微弧氧化疲劳性能影响因素的研究现状；结合研究进展，总结涂层铝合金在微观结构和疲劳性能研究方面的不足，提出有待研究的主要内容。

第2章微弧氧化涂层制备与测试技术。重点介绍铝合金基体，表面预处理，微弧氧化涂层制备，涂层表面形貌和截面形貌测试的前处理方法，残余应力测试原理及测试方法，涂层表面应变测试，疲劳试验，以及涂层表面耐磨性、耐蚀性和抗热冲击性的评价方法。

　　第 3 章铝合金微弧氧化疲劳性能的影响因素。探讨占空比、基体表面粗糙度对薄微弧氧化涂层 2024-T3 铝合金疲劳性能的影响；在较佳占空比下，分析涂层对 2024-T3 铝合金和 7075-T6 铝合金疲劳性能的影响规律，甄别涂层影响基体疲劳性能的关键因素；分析铝合金基体 Cu 含量对涂层微观结构和残余应力的影响，研究物理结构缺陷调控方法。

　　第 4 章铝合金微弧氧化残余应力对疲劳性能的影响。分析占空比和基体表面粗糙度对微弧氧化涂层 7075-T6 铝合金疲劳性能的影响；基于微弧氧化能量耗散机制，揭示残余应力产生和松弛机理以及残余应力与微缺陷的物理关系，研究残余应力及其松弛与微缺陷对基体疲劳性能的耦合作用机制。

　　第 5 章基于应力仿真的铝合金微弧氧化疲劳性能分析。构建微弧氧化涂层铝合金的应力和位移计算方程，分析涂层、基体应力和位移随外加载荷和涂层厚度变化的演变规律，研究物理结构缺陷对裂纹萌生和扩展的影响规律，揭示影响涂层铝合金疲劳寿命和力学性能的物理机制。

　　第 6 章铝合金微弧氧化疲劳性能优化方法。基于影响疲劳寿命的关键物理结构缺陷，阐述微弧氧化涂层致基体疲劳劣化机理，找出影响基体疲劳寿命的涂层物理结构缺陷特征，提出协同调控物理结构缺陷和基体表面微结构的铝合金微弧氧化疲劳寿命优化方法。

参 考 文 献

[1] ZHANG J Z, DAI W B, WANG X S, et al. Micro-arc oxidation of Al alloys: mechanism, microstructure, surface properties, and fatigue damage behavior [J]. Journal of Materials Research and Technology, 2023, 23: 4307-4333.

[2] DAI W B, ZHANG C, YUE H T, et al. A review on the fatigue performance of micro-arc oxidation coated Al alloys with micro-defects and residual stress [J]. Journal of Materials Research and Technology, 2023, 25: 4554-4581.

[3] 王亚明, 邹永纯, 王树棋, 等. 金属微弧氧化功能陶瓷涂层设计制备与使役性能研究进展 [J]. 中国表面工程, 2018, 31 (4): 20-45.

[4] ZHAO H, CHAKRABORTY P, PONGE D, et al. Hydrogen trapping and embrittlement in high-strength Al alloys [J]. Nature, 2022, 602: 437-441.

[5] DAI W B, LI C Y, HE D, et al. Mechanism of residual stress and surface roughness of substrate on fatigue behavior of micro-arc oxidation coated AA7075-T6 alloy [J]. Surface & Coatings Technology, 2019, 380: 125014.

[6] ZHU L J, GUO Z X, ZHANG Y F, et al. A mechanism for the growth of a plasma electrolytic oxide coating on Al [J]. Electrochimica Acta, 2016, 208: 296-303.

[7] MI T, JIANG B, Liu Z, et al. Plasma formation mechanism of microarc oxidation [J]. Electro-

chimica Acta, 2014, 123: 369-377.

[8] MORTAZAVI G, JIANG J, MELETIS E. Investigation of the plasma electrolytic oxidation mechanism of titanium [J]. Applied Surface Science, 2019, 488: 370-382.

[9] YILMAZ M S, SAHIN O. Applying high voltage cathodic pulse with various pulse durations on aluminium via micro-arc oxidation (MAO) [J]. Surface & Coatings Technology, 2018, 347: 278-285.

[10] LI X J, ZHANG M, WEN S, et al. Microstructure and wear resistance of micro-arc oxidation ceramic coatings prepared on 2A50 aluminum alloys [J]. Surface & Coatings Technology, 2020, 394: 125853.

[11] HU C J, HSIEH M H. Preparation of ceramic coatings on an Al-Si alloy by the incorporation of ZrO2 particles in microarc oxidation [J]. Surface & Coatings Technology, 2014, 258: 275-283.

[12] WANG R Q, WU Y K, WU G R, et al. An investigation about the evolution of microstructure and composition difference between two interfaces of plasma electrolytic oxidation coatings on Al [J]. Journal of Alloys and Compounds, 2018, 753: 272-281.

[13] LIU W Y, LIU Y, LIN Y H, et al. Effects of graphene on structure and corrosion resistance of plasma electrolytic oxidation coatings formed on D16T Al alloy [J]. Applied Surface Science, 2019, 475: 645-659.

[14] WANG W, XIN C, FENG Z Q, et al. Ceramic coatings by microarc oxidation of Ti and Al alloys [J]. Surfaces and Interfaces, 2022, 33: 102260.

[15] LING K, MO Q F, LV X Y, et al. Growth characteristics and corrosion resistance of micro-arc oxidation coating on Al-Mg composite plate [J]. Vacuum, 2022, 195: 110640.

[16] WANG P, WU T, XIAO Y T, et al. Effects of Ce $(SO_4)_2$ concentration on the properties of micro-arc oxidation coatings on ZL108 aluminum alloys [J]. Materials Letters, 2016, 182: 27-31.

[17] ZHU L J, KE X X, LI J W, et al. Growth mechanisms for initial stages of plasma electrolytic oxidation coating on Al [J]. Surfaces and Interfaces, 2021, 25: 101186.

[18] GULEC A E, GENCER Y, TARAKCI M. The characterization of oxide based ceramic coating synthesized on Al-Si binary alloys by microarc oxidation [J]. Surface & Coatings Technology, 2015, 269: 100-107.

[19] MADHAVI Y, KRISHNA L R, NARASAIAH N. Influence of micro arc oxidation coating thickness and prior shot peening on the fatigue behavior of 6061-T6 Al alloy [J]. International Journal of Fatigue, 2019, 126: 297-305.

[20] KRISHNA L R, MADHAVI Y, SAHITHI T, et al. Influence of prior shot peening variables on the fatigue life of micro arc oxidation coated 6061-T6 Al alloy [J]. International Journal of Fatigue, 2018, 106: 165-174.

[21] FATIMAH S, KAMIL M, KWON J, et al. Dual incorporation of SiO2 and ZrO2 nanoparticles

into the oxide layer on 6061 Al alloy via plasma electrolytic oxidation: Coating structure and corrosion properties [J]. Journal of Alloys and Compounds, 2017, 707: 358-364.

[22] KASEEM M, LEE Y H, KO Y G. Incorporation of MoO2 and ZrO2 particles into the oxide film formed on 7075 Al alloy via micro-arc oxidation [J]. Materials Letters, 2016, 182: 260-263.

[23] TRAN Q P, SUN J K, KUO Y C, et al. Anomalous layer-thickening during micro-arc oxidation of 6061 Al alloy [J]. Journal of Alloys and Compounds, 2017, 697: 326-332.

[24] KASEEM M, KAMIL M, KWON J, et al. Effect of sodium benzoate on corrosion behavior of 6061 Al alloy processed by plasma electrolytic oxidation [J]. Surface & Coatings Technology, 2015, 283: 268-273.

[25] FADAEE H, JAVIDI M. Investigation on the corrosion behaviour and microstructure of 2024-T3 Al alloy treated via plasma electrolytic oxidation [J]. Journal of Alloys and Compounds, 2014, 604: 36-42.

[26] WANG S X, LIU X H, YIN X L, et al. Influence of electrolyte components on the microstructure and growth mechanism of plasma electrolytic oxidation coatings on 1060 aluminum alloy [J]. Surface & Coatings Technology, 2020, 381: 125214.

[27] SOBOLEV A, KOSSENKO A, ZINIGRAD M, et al. Comparison of plasma electrolytic oxidation coatings on Al alloy created in aqueous solution and molten salt electrolytes [J]. Surface & Coatings Technology, 2018, 344: 590-595.

[28] MENGESHA G A, CHU J P, LOU B S, et al. Effects of processing parameters on the corrosion performance of plasma electrolytic oxidation grown oxide on commercially pure aluminum [J]. Metals, 2020, 10 (3): 394.

[29] BABAEI K, FATTAH-ALHOSSEINI A, MOLAEI M. The effects of carbon-based additives on corrosion and wear properties of plasma electrolytic oxidation (PEO) coatings applied on aluminum and its alloys: A review [J]. Surfaces & Interfaces, 2020, 21: 100677.

[30] O'HARA M, TROUGHTON S C, FRANCIS R, et al. The incorporation of particles suspended in the electrolyte into plasma electrolytic oxidation coatings on Ti and Al substrates [J]. Surface & Coatings Technology, 2020, 385: 125354.

[31] ERFANIFAR E, ALIOFKHAZRAEI M, NABAVI H F, et al. Growth kinetics and morphology of plasma electrolytic oxidation coating on aluminum [J]. Materials Chemistry and Physics, 2017, 185: 162-175.

[32] YUREKTURK Y, MUHAFFEL F, BAYDOGAN M. Characterization of micro arc oxidized 6082 aluminum alloy in an electrolyte containing carbon nanotubes [J]. Surface & Coatings Technology, 2015, 269: 83-90.

[33] HASHEMZADEH M, RAEISSI K, ASHRAFIZADEH F, et al. Incorporation mechanism of colloidal TiO2 nanoparticles and their effect on properties of coatings grown on 7075 Al alloy from silicate-based solution using plasma electrolytic oxidation [J]. Transactions of Nonferrous Metals Society of China, 2021, 31 (12): 3659-3676.

[34] TRAN Q P, CHIN T S, KUO Y C, et al. Diamond powder incorporated oxide layers formed on 6061 Al alloy by plasma electrolytic oxidation [J]. Journal of Alloys and Compounds, 2018, 751: 289-298.

[35] CLYNE T W, TROUGHTON S C. A review of recent work on discharge characteristics during plasma electrolytic oxidation of various metals [J]. International Materials Reviews, 2019, 64 (3): 127-162.

[36] KONG D J, LIU H, WANG J C. Effects of micro arc oxidation on fatigue limits and fracture morphologies of 7475 high strength aluminum alloy [J]. Journal of Alloys and Compounds, 2015, 650: 393-398.

[37] ZOU Y C, WANG Y M, WEI D Q, et al. In-situ SEM analysis of brittle plasma electrolytic oxidation coating bonded to plastic aluminum substrate: Microstructure and fracture behaviors [J]. Materials Characterization, 2019, 156: 109851.

[38] MORRI A, CESCHINI L, MARTINI C, et al. Influence of plasma electrolytic oxidation on fatigue behaviour of ZK60A-T5 magnesium alloy [J]. Coatings, 2020, 10 (12): 1180.

[39] WANG X S, GUO X W, LI X D, et al. Improvement on the fatigue performance of 2024-T4 alloy by synergistic coating technology [J]. Materials, 2014, 7 (5): 3533-3546.

[40] CAMPANELLI LC, DUARTE LT, CARVALHO PEREIRA DA SILVA PS, et al. Fatigue behavior of modified surface of Ti-6Al-7Nb and CP-Ti by micro-arc oxidation [J]. Materials & Design, 2014, 64: 393-399.

第 2 章　微弧氧化涂层制备与测试技术

微弧氧化涂层铝合金的表面耐磨性和耐蚀性较佳，涂层与基体热膨胀系数的差异导致裂纹和残余应力的产生，并且涂层物理结构缺陷对基体的疲劳性能影响较大，但目前铝合金微弧氧化疲劳性能的研究工作尚不够深入。以具有显著物理结构缺陷的微弧氧化涂层铝合金为研究对象，开展涂层对基体疲劳性能的影响研究，其中涉及的涂层铝合金制备、涂层微观结构表征、疲劳寿命和表面性能评价方法，在本章介绍。

2.1　基体材料

2024-T3 铝合金和 7075-T6 铝合金是飞机机身常用的轻量化结构材料，它们在元素含量、力学性能和疲劳特性方面存在显著差异，本部分以 2024-T3 铝合金和 7075-T6 铝合金为对象，阐述铝合金元素成分和力学性能以及基体制备方法。

2.1.1　铝合金的力学性能

选用的材料是 2024-T3 铝合金和 7075-T6 铝合金板材，由某民用飞机研究所提供，板材厚度均为 1.6mm。通过电感耦合等离子体发射光谱仪（Optima 8300DV）测定铝合金中 Cu、Mg、Zn 和 Cr 4 种元素的含量，结果见表 2-1。在室温条件下，使用日本岛津电液伺服疲劳试验机（EHF-EV200K2-040-1A）测定 2024-T3 铝合金和 7075-T6 铝合金的力学性能。静拉伸试验采用力和位移综合加载的方式，依据金属材料室温拉伸试验方法（GB/T 228.1—2021），力加载和位移加载的速率设置如下：力载荷（0.2kN/s）和位移载荷（0.07mm/s）。每个静拉伸试验选择 3 个试样，对测试结果做平均处理，两种铝合金的力学性能见表 2-2。试验结果表明，与 2024-T3 铝合金力学性能不同，7075-T6 铝合金的抗拉强度和屈服强度较高，而延展性较差。

表 2-1　铝合金的化学成分　　　　（质量分数，%）

铝合金	Cu	Si	Fe	Mn	Mg	Zn	Cr	Ti	其他	Al
2024-T3	4.56	0.5	0.5	0.657	1.43	0.25	0.1	0.15	0.15	其余
7075-T6	1.53	0.4	0.5	0.3	2.46	5.98	0.185	0.2	0.15	其余

表 2-2　铝合金的力学性能

铝合金	抗拉强度 R_m/MPa	规定塑性屈服强度 $R_{p0.2}$/MPa	延展性（％）
2024-T3	466	333	22.8
7075-T6	579	504	15.9

2.1.2　铝合金基体的制备

2024-T3 和 7075-T6 的初始表面粗糙度 Ra 值为 0.8μm。使用线切割设备从母板切割尺寸如图 2-1 所示的试样，切割过程中要避免试样因受热发生较大的变形，切割后的试样用去离子水进行清洗，防止切削液腐蚀试样。用砂纸打磨试样的两个线切割面，使侧面的表面粗糙度值达到 0.8μm，其他表面不再进行打磨处理（见图 2-1），打磨后的试样在含有酒精的超声清洗机中去油污处理，干燥后备用。特别地，为获得不同表面粗糙度值，基体先用 SiC 砂纸（320# ~ 1000#）逐级进行打磨，然后用羊毛轮在金刚石研磨膏（W3.5）的作用下进行抛光，使 Ra 达到 0.2μm，而将进行微弧氧化处理的表面粗糙度 Ra 值为 1.6μm 的基体则直接用 320# SiC 砂纸打磨。所有试样在最终打磨或者抛光工序中均需沿长度方向（见图 2-1 中150mm），抛光后试样厚度减薄不超过 0.02mm。所有打磨或者抛光的试样均用无水乙醇清洗，用去离子水冲洗，吹风机吹干。Ra = 0.2μm 的试样要注意防护，避免表面出现划伤和氧化。

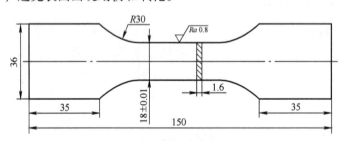

图 2-1　铝合金试样的切割尺寸

为提高微弧氧化处理效率，制备了一套夹具，其与试样的连接如图 2-2 所示。为避免连接件的化学成分影响涂层的形成和相组成，选用的螺栓和螺母的材质是铝合金。另外，在导电铜板上钻了 17 个孔，其中的 15 个 ϕ5mm 用于连接铝合金试样；1 个 ϕ8 的孔用于连接电源总线，另一个 ϕ5mm 的孔用于固定导电铜板于电解槽。待微弧氧化处理的铝合金要在试样一端钻 ϕ5mm 的孔，用以连接导电铜板和试样。铝合金基体上的圆孔要去掉毛刺和飞边，并且在批量加工前，要做疲劳试验，以避免疲劳裂纹在此孔处萌生。此外，螺母与工件的结合面在一组微弧氧化结束后要进行打磨，确保导线与试样间的良好接触。

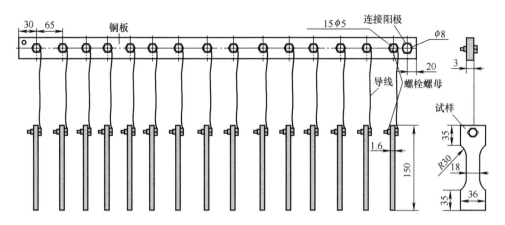

图 2-2 夹具和试样的安装示意图

在验证 Cu 是影响残余应力主要因素的试验中, 为了尽可能减少因试样尺寸不同对涂层微观结构的影响, 制备与 2024-T3 铝合金板材尺寸接近的 Al-Cu 合金, 委托中国临沂研创新材料技术有限公司制作了 Al-xCu (x = 1、3 和 4.5, 质量分数, %) 合金板材。由于制备工艺的限制, 板材的厚度确定为 3mm, 最大 Cu 含量 (质量分数) 为 4.5%。根据 Al 和 Cu 含量的质量百分比制作了毛坯料, 随后对铸锭进行锻造, 由于需要较低的表面粗糙度, 在磨床上对锻造板材进行抛光, 最终产品是尺寸为 570mm×385mm×3mm 且表面粗糙度值为 0.8μm 的板材。通过电感耦合等离子体发射光谱仪 (ICP-OES, Optima 5300DV, 珀金埃尔默, 美国) 测定 Al 和 Cu 的含量。此外, 为了确保元素含量测试的准确性, 分别采用化学滴定法和火焰原子吸收光谱仪 (Z-2300, 日立) 分析 Al 和 Cu 的含量。为了与之前的微弧氧化涂层试验条件相一致, 使用线切割装置将铝合金板切成如图 2-3 所示的试样。相应的铝合金板材的制备流程如图 2-4 所示。

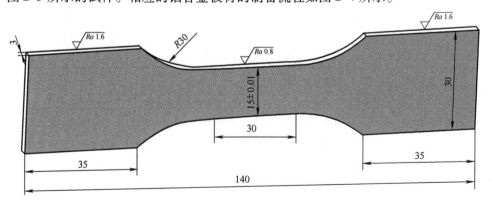

图 2-3 Al-xCu 合金的几何尺寸

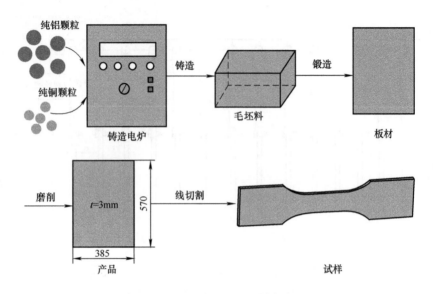

图 2-4　Al-Cu 合金板材的制备流程

使用 D60K 数字金属材料电导率测量仪测量 Al-Cu 合金的电导率。通过激光闪光法（NETZSCH 激光闪光分析（LFA）467，德国）检测热导率，试验的详细说明可参考文献。铝合金的热导率为

$$\lambda_T = \alpha_T \rho_T C_T \tag{2-1}$$

式中，α_T 是热扩散率，由 LFA 测量；ρ_T 是体积密度，按质量和体积计算；C_T 是比热容，它是通过与 LFA 467 中的标准石墨试样的比较确定的。

2.2　微弧氧化涂层处理

铝合金进行预处理后，其表面进行微弧氧化涂层需要选择电源设备、电解液成分、电参数（电压、占空比和频率）和氧化时间。本书主要研究的微弧氧化工艺参数是占空比、基体表面粗糙度和氧化时间。

2.2.1　微弧氧化设备

微弧氧化涂层设备的主要部件有脉冲直流电源、电解槽和热交换器等。脉冲电源为微弧氧化提供放电能量，铝合金微弧氧化使用 120kW 脉冲直流电源（哈尔滨工业大学高级陶瓷研究所 MAO-120D）。脉冲工艺参数包括占空比、频率和电压幅值，可以根据试验要求独立调节，如图 2-5 所示。另外，在微弧氧化过程中控制电压为常数，电流则随着氧化时间的增加而变化。由于脉冲电源并不能输

出电流与电压的变化关系曲线，因此获得电流变化需要靠工作人员记录。电解槽为微弧氧化提供环境条件，热交换器控制电解液的温度低于50℃。导电铜板和试样在电解槽中的安装如图2-6所示。导电铜板与微弧氧化电源阳极相连，电解槽中不锈钢板与电源阴极（见图2-5）相连。试样要完全浸没于电解液中，不能触碰电解槽底部。试样之间要保持足够的间距（大于60mm），防止微弧氧化过程中产生大量的热量，引起局部电解液温度升高，而影响相邻试样的涂层制备。

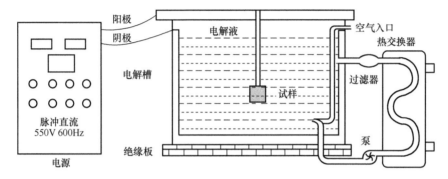

图 2-5　微弧氧化设备示意图

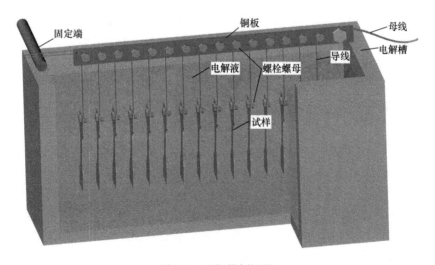

图 2-6　电解槽剖视图

铝合金微弧氧化使用的电解液为碱性，其组成成分为 6.0g/L Na_2SiO_3、1.2g/L NaOH、35.0g/L $(NaPO_3)_6$ 和 6.0g/L Na_2WO_4。该电解液有利于涂层的形成及涂层耐磨性和耐蚀性的提高，电解液中的 Na_2WO_4 有利于微弧氧化电压的稳定性。大部分阀金属（Al、Mg 和 Ti 等）在该碱性电解液中有很好的涂敷效果。在微弧氧化处理过程中，碱性电解液的阴离子吸附在待涂层表面，可以使轻金属表面钝化，形成一层氧化膜，有利于表面离子沉积。随后，因离子聚集而在氧化膜两侧产生足够大的电压，击穿氧化膜，形成放电通道，同时产生较高的放电能量将基体局部熔化，形成金属熔融物，金属熔融物通过放电通道而被微弧氧化过程中产生的高压气体挤出，挤出的金属熔融物在电解液的冷却作用下覆盖在氧化膜外层，形成了微弧氧化涂层。

2.2.2　微弧氧化工艺

微弧氧化电压和脉冲频率分别为 550V 和 600Hz。以下将分别对基体表面粗糙度、占空比和氧化时间的选择进行介绍。

1）考虑基体表面粗糙度对铝合金微弧氧化的微观结构和疲劳性能的研究较少，选择表面粗糙度 Ra 值为 0.2μm、0.8μm 和 1.6μm 的航空铝合金为基体进行微弧氧化涂层。

2）占空比可以反映单个脉冲下的能量输入，占空比的表达式为

$$D_t = \left[t_{on} / (t_{on} + t_{off}) \right] \times 100\% \qquad (2-2)$$

式中，t_{on} 是单个周期的"开"放电持续时间；t_{off} 是单个周期的"关"放电持续时间。

铝合金常用的占空比为 8%~20%，在该占空比下制备的涂层具有优异的耐磨性和耐蚀性，选择 8%、10%、15% 和 20% 占空比下制备涂层，研究占空比对涂层铝合金微观结构和疲劳性能的影响规律。

3）通过研究不同氧化时间时涂层铝合金的微观结构和疲劳寿命，可以获得涂层影响基体疲劳寿命的关键因素。在 2024-T3 铝合金和 7075-T6 铝合金上，氧化 12min、24min 和 50min 制备涂层，分析氧化时间和基体对涂层铝合金的微观结构和疲劳性能的影响。

对委托自制的 Al-Cu 合金进行涂层时，所选用的电压、频率和占空比分别为 550V、600Hz 和 10%。研究氧化时间（10min、24min 和 40min）对 Al-Cu 合金的涂层微观结构和残余应力的影响时，使用图 2-2 的夹具将 3 个相同 Cu 含量的 Al-Cu 铝合金试样同时处理。在涂层厚度基本不变的条件下，研究 Cu 含量为 1% 和 4.5% 对残余应力的影响时，Al-1Cu 合金的氧化时间为 10min、24min 和 45min，而 Al-4.5Cu 合金的氧化时间为 9min、24min 和 45min，相同氧化时间下的 6 个相同 Cu 含量的试样同时处理。

微弧氧化结束后，将涂层铝合金表面用蒸馏水冲洗并用吹风机干燥，避免电解液附着在涂层表面影响涂层的元素分布分析以及涂层中相组成测试。为了防止不同工艺参数下制备的微弧氧化涂层铝合金混淆，应对试样进行分类存放。

2.3 疲劳试验及 *S-N* 曲线

在室温条件下，使用电液伺服疲劳试验机（EHF-EV200K2-040-1A）对微弧氧化涂层铝合金和裸铝合金的疲劳性能进行评价，试验装置如图2-7所示。由于航空用2024-T3铝合金和7075-T6铝合金的厚度为1.6mm，不能承受较大的压应力，疲劳试验均采用正弦循环载荷加载，应力比 $R = 0.1$，加载频率 $f = 20Hz$。根据裸铝合金的疲劳测试结果，选取均值疲劳寿命在 $10^4 \sim 10^5$ 的应力水平作为评价涂层对基体疲劳寿命影响的加载应力。最终，将2024-T3铝合金的最大循环应力水平确定为220MPa、240MPa、350MPa 和 390MPa，而7075-T6铝合金的最大循环应力水平确定为200MPa、220MPa、350MPa 和 410MPa。参考 ASTM E739-10，在每种材料条件下，每个应力水平至少测试了3个试样，以获得可靠的疲劳数据，对于疲劳寿命数据离散性较大的平行试验，进行了4个试样的疲劳测试。在疲劳测试试验中，使用标距为25mm 的3542型轴向引伸计测试了外加载荷下试样的位移变化量，获得了涂层铝合金和裸铝合金的应变和弹性模量。

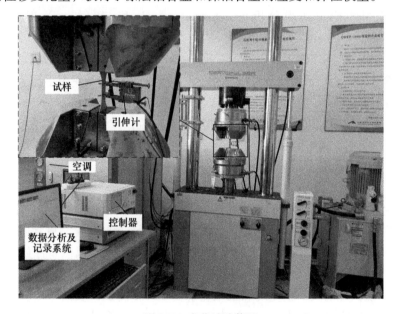

图2-7 疲劳试验装置

不同应力载荷下的疲劳试验数据采用取平均值作为相应应力水平下的均值疲劳寿命，用最小二乘法拟合了不同应力水平下的均值疲劳寿命，得到了每种材料与疲劳寿命有关的材料常数，随后将材料常数代入 Basquin 方程得到材料的 *S-N* 曲线。

2.4　微弧氧化涂层测试

微弧氧化涂层测试主要包括涂层厚度和分布及相组成、物理结构缺陷和界面微观组织，这是分析涂层铝合金疲劳性能的基础。为了验证涂层铝合金应力计算模型的准确性，涂层表面应力计算需要测试应变变化。涂层的耐磨性、耐蚀性和抗热冲击性能测试，主要是为了研究基体元素和残余应力对涂层性能的影响规律。综上所述，开展相关的测试工作，对研究涂层铝合金的微观结构和疲劳性能具有重要意义和价值。

2.4.1　铝合金-涂层微观结构测试

铝合金微弧氧化的微观结构包括涂层厚度和分布及相组成、物理结构缺陷和界面基体微观组织，在研究过程中常用的仪器设备有场发射扫描电子显微镜（FESEM、Ultra Plus、Carl Zeiss AG）、涡流测厚仪（GTS810NF、GUOOU）、激光共聚焦显微镜（LSCM、LEXT OLS4100）、飞利浦 X′Pert X 射线衍射仪（Cu-Kα 辐射）、X 射线衍射薄膜分析仪（Empyrean、Cu-Kα 辐射）、X 射线衍射仪（XRD、Rigaku、SmartLab、Cu-Kα 辐射）、X 射线残余应力检测仪（X-350A）、残余应力分析仪（μ-x360s、Cr-Kα）和 SmartLab X 射线衍射仪。为了测试 2024-T3 铝合金、7075-T6 铝合金和 Al-Cu 合金的金属间化合物，使用手锯从未涂层的试样切出矩形试样。同样地，从涂层试样的测试段（比如图 2-3 中 30mm 的尺寸）切下矩形试样，以测试涂层表面和横截面形貌，并分别分析涂层的相组成。锯切之前，使用 LSCM 测量涂层表面粗糙度。对于涂层与基体间的界面膜层形貌，试样横截面上需要做喷碳处理，并在扫描电子显微镜（SEM）背反射模式下观察。

1. 涂层厚度和表面形貌测试

1）涂层厚度可以使用涡流测厚仪在 10 个随机选择的位置测量涂层厚度，将测量的平均值作为涂层厚度。通过涂层横截面 SEM 图也可以测量涂层厚度。在横截面上，随机测量 5 个位置的涂层厚度，其平均值即为涂层的厚度。

2）涂层试样的表面粗糙度和三维轮廓由 LSCM 测试，表面粗糙度值为选取测试区 10 个位置的平均值，而涂层表面微孔使用 SEM 测试，使用由 ImageJ 软件分析涂层的表面孔隙率和微孔的分布，取测量结果的平均值。涂层表面孔隙率 η_δ 为

$$\eta_\delta = S_0/S_\delta \times 100\% \tag{2-3}$$

式中，S_0 是所有微孔的面积；S_δ 是扫描电子显微镜测试的试样面积（SEM 图像的

面积）。

对于经历一定应力循环次数涂层试样的表面形貌，疲劳试验之前在试样表面做好标记，使用 LSCM 观察应力循环前后形貌的变化。

2. 涂层相组成分析

1）使用 X 射线衍射仪分析涂层的相组成，设备在 40kV 和 40mA 下工作，扫描参数 2θ 为 $20° \sim 80°$，扫描速度为 $1.5°/\mathrm{min}$，θ 的步长为 $0.02°$。

2）对于较薄涂层的相组成，基于小角度掠射法，采用 X 射线衍射薄膜分析仪测定。该仪器在 40kV 和 40mA 下运行，扫描范围 2θ 为 $20° \sim 80°$（以 2θ 为单位），掠射角为 $0.5°$（θ），扫描速度为 $3°/\mathrm{min}$。

3）使用 X 射线衍射仪在 45kV 和 200mA 的条件下分析 Al-Cu 合金涂层的相组成，扫描范围 2θ 为 $20° \sim 80°$，扫描速度为 $4°/\mathrm{min}$。使用带有 PDF2 数据库的 MDI-Jade 相分析软件分析 XRD 图谱。

3. 界面缺陷和微观组织分析

1）涂层与基体间界面缺陷测试，需要制备试样。使用 240# ~ 3000# SiC 砂纸对锯切的矩形试样进行机械研磨。然后，用 W3.5 和 W1.5 磨料膏，使用抛光布对研磨后的矩形试样进行抛光。对涂层和基体间界面缺陷特征进行观察，试样横截面需要做喷碳处理，并在 SEM 背反射模式下测定。

2）界面基体第二相粒子特征，使用 LSCM 测定尺寸，借助能量分散光谱仪测定元素成分。

4. 残余应力测试

在涂层残余应力无损检测方法中，X 射线衍射法是目前应用最广泛的一种方法。在清华大学航空航天学院使用 X350-A 型 X 射线残余应力检测仪测试了涂层残余应力，如图 2-8 所示。利用该设备，残余应力的表达式为

$$\sigma_x = KM \tag{2-4}$$

式中，σ_x 是 x 方向上的应力；K 是应力测量的常数，其表达式为

$$K = -\frac{E}{2(1+\nu)} \times \frac{\pi}{180}\cot\theta_0 \tag{2-5}$$

式中，θ_0 是无应力状态时的衍射角；M 是应力测量因子，其表达式为

$$M = \frac{\partial(2\theta_{\psi x})}{\partial(2\sin^2\psi)} \tag{2-6}$$

式中，ψ 是正常晶体表面与材料表面之间的夹角；$2\theta_{\psi x}$ 是在 x 方向和 ψ 角下的衍射角。使用 X 射线衍射装置在 x 方向和若干 ψ 角下分别测定 $2\theta_{\psi x}$，$2\theta_{\psi x}$ 与 $\sin^2\psi$ 之间存在线性关系，如果确定了三个以上的点（$2\theta_{\psi x}$，$\sin^2\psi$），则可以计算斜率 M。将计算的应力测量因子 M 和应力测量常数 K 代入式（2-4）就可以算出 x 方

向的残余应力。

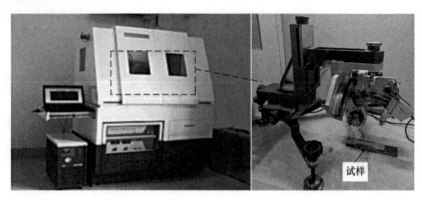

图 2-8　X350-A 型 X 射线残余应力检测仪

当涂层存在内应力时，必然存在内应变与之对应，导致氧化铝内部结构发生变化，从而在相应的 X 射线衍射谱线上有所反映。通过测试系统软件分析，就可以估算出局部区域的残余应力值。残余应力测试采用侧倾法（χ 法），该方法的特点是衍射峰的吸收因子作用很小，有利于提高测定精度。X 射线残余应力检测仪的工作电压和电流分别为 22kV 和 6mA。残余应力测试选择衍射晶面为 (311)，衍射角 2θ 的范围为 134°~144°，步距为 0.1°。在每个试样上选择 5 个点作为测量位置，并取各位置测试结果的平均值作为残余应力的值。

图 2-9 所示为残余应力检测仪（μ-x360s、Cr-Kα），用于测试涂层残余应力的另一种设备。该设备是在测试角 ψ_0 下单次曝光，测试一个二维面上的衍射角变化，就能计算出测试方向 ψ_0 上的残余应力。图 2-10 所示为残余应力检测仪的德拜环和光路图。对于测试面上不同 α 方向，都有其对应的衍射面。涂层存在残余应力会导致德拜环变形，各个衍射面上的衍射角变化对应这些面上的应变。根据德拜环不同位置的应变 ε_α 可计算出残余应力。

图 2-9　μ-x360s 残余应力检测仪

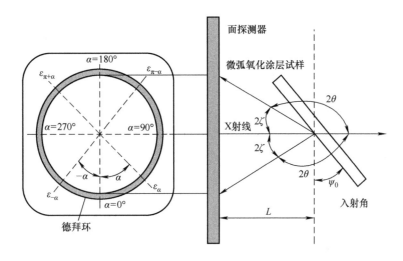

图 2-10　残余应力检测仪的德拜环和光路图

本研究中测试 2024-T3 铝合金和 7075-T6 铝合金涂层残余应力的参数如下：测试角 ψ_0 为 35.3°，30kV 管压力，衍射晶面为（311），衍射角 2θ 为 138.75°，氧化铝弹性模量（E）和泊松比（ν）分别为 253GPa 和 0.24。对于每种工艺条件，在试样测试段的表面上选择 5 个随机位置进行测试，取各个位置测试结果的平均值作为最终残余应力数值。委托自制的 Al-Cu 合金涂层残余应力也是使用 μ-x360s 型残余应力测试仪进行测试，衍射角 2θ 为 67°，衍射晶面为（220）。为了使残余应力的测试更加精确，在残余应力检测仪中加入了振荡单元，如图 2-9 所示。残余应力测试时，振荡单元工作，衍射角 ψ_0 为 10°～20°。Al-3Cu 合金涂层残余应力使用 μ-x360s 测试未能得到有效数据。使用 SmartLab X 射线衍射仪，通过 sin2ψ 方法测试 Al-3Cu 合金涂层残余应力，测试时的衍射角 2θ = 67°，衍射晶面为（220），入射角 ψ 为 0°、11°、16°和 20°。

在同一涂层 Al-Cu 合金试样表面测试到了不同性质的残余应力，需要对试样表面残余应力不同的位置进行标记，不能对不同位置测得的残余应力做均值处理作为涂层残余应力。为了分析涂层残余应力与表面形貌的关系，使用 SEM 观察已做好标记的涂层表面形貌，如图 2-11 所示。对于裸铝合金残余应力，也是使用 μ-x360s 残余应力检测仪，测试的衍射晶面为（311），衍射角为 140°，入射角为 25°。

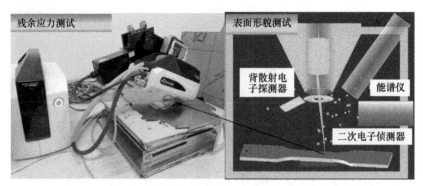

图 2-11　微弧氧化涂层 Al-Cu 合金残余应力和表面形貌测试

2.4.2　涂层表面应变测试

在外界拉应力作用下，微弧氧化涂层可以随着基体发生一定程度的变形。在涂层 2024-T3 铝合金的应力和位移的分析中，涂层与基体间的中间层（近涂层基体）和基体的应力和位移暂无法进行测试。为了验证所构建应力计算模型的准确性，在电液伺服疲劳试验机上，对涂层铝合金施加均匀增大的拉伸载荷（加载速度为 0.01kN/s），使用 YE2539 高速应变仪和 BX120-5AA 应变片测试了涂层表面的应变，直至试样断裂，试验停止，试验装置如图 2-12 所示。由于试样上施加的

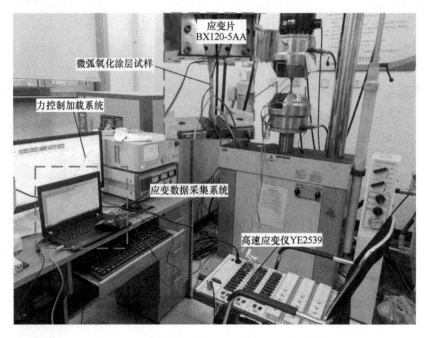

图 2-12　微弧氧化涂层铝合金的应变试验装置

外加载荷和应变仪采集的应变数据是通过不同的测试系统得到，无法建立实时对应关系。因此，在疲劳试验机的测试系统上读取试样所受到的拉伸载荷，在高速应变测试系统上可以获得该应力下涂层试样表面的应变，从而得到不同应力载荷下的涂层表面应变。

2.4.3 涂层表面性能和抗热冲击性测试

裸铝合金和微弧氧化涂层铝合金的腐蚀试验是在 Vertex. C. EIS 电化学工作站完成。采用三电极体系，辅助电极为铂电极，参比电极为饱和甘汞电极（SCE），工作电极为裸铝合金或涂层铝合金。测试试样工作面的表面积为 $1cm^2$。电化学试验所用溶液为去离子水配置的质量分数为 3.5% NaCl 中性盐溶液。在开路电位下稳定 30min，然后进行动电位极化测试。极化测试在相对于开路电位 ±300mV/SCE 的电位范围内进行，扫描速率为 1.6mV/s。使用 Ivium 软件分析极化曲线中的腐蚀电位（E_{corr}）和腐蚀电流密度（i_{corr}），使用 Tafel 斜率外推法（称为 Stern-Geary 方法）确定极化电阻。

使用 MFT-4000 往复式摩擦磨损测试仪测量了不同厚度涂层 Al-Cu 合金的磨损性能。磨损性能测试均在室温、干燥条件下进行，外加载荷设置为 5N，使用直径为 5mm 的 Si_3N_4 陶瓷球作为摩擦球。往复距离和速度分别设定为 6mm 和 200mm/min。

使用带有锥形尖端金刚石测针（半径为 200μm）的多功能材料表面性能仪（MFT-4000）测试室温条件下涂层与基体间的结合强度。结合强度测试方法可参考 ASTM C1624 测试标准。划痕测试的加载速率为 100N/min，最大载荷为 100N。MFT-4000 划痕试验仪配有声发射信号传感器和力传感器，用于获取金刚石测针和涂层间的声发射信号和摩擦力。声发射信号增强，金刚石测针和涂层间的摩擦力降低时，测得的外加载荷为涂层和基体间结合力临界载荷 L_C。测量涂层铝合金表面三个位置的临界载荷 L_C，取三个位置的临界载荷 L_C 均值作为涂层和基体间的结合强度。

进行循环加热-冷却试验以评估涂层的抗热冲击性。在试验之前，涂层表面形貌使用 SEM 进行观测，并在测试位置做好标记。将涂层试样放在电阻炉中加热至 450℃，为了使试样受热均匀，保温时间设置为 5min。随后，将试样快速浸入水中，停留时间为 3min，然后取出，通过 SEM 观察涂层是否形成裂纹。

2.5 本章小结

本章主要介绍铝合金微弧氧化基体的制备、微弧氧化工艺参数的选取、涂层制备和疲劳试验设备以及参数设置、涂层厚度和分布及相组成、物理结构缺陷和界面基体微观组织的测试设备以及相关参数设置，阐述了涂层表面应变测试方法以及涂层耐蚀性、耐磨性和抗冲击性能的评估方法。

参 考 文 献

[1] DAI W B, YUAN L X, LI C Y, et al. The effect of surface roughness of the substrate on fatigue life of coated aluminum alloy by micro-arc oxidation [J]. Journal of Alloys and Compounds, 2018, 765: 1018-1025.

[2] DAI W B, LI C Y, HE D, et al. Influence of duty cycle on fatigue life of AA2024 with thin coating fabricated by micro-arc oxidation [J]. Surface & Coatings Technology, 2019, 360: 347-357.

[3] YANG L, SUN L, BAI W W, et al. Thermal conductivity of Cu-Ti/diamond composites via spark plasma sintering [J]. Diamond and Related Materials, 2019, 94: 37-42.

[4] WANG L, GANDORFER M, SELVAM T, et al. Determination of faujasite-type zeolite thermal conductivity from measurements on porous composites by laser flash method [J]. Materials Letters, 2018, 221: 322-325.

[5] TROUGHTON S C. Phenomena associated with individual discharges during plasma electrolytic oxidation [D]. Cambridge: University of Cambridge, 2019.

[6] DAI W B, LIU Z H, LI C Y, et al. Fatigue life of micro-arc oxidation coated AA2024-T3 and AA7075-T6 alloys [J]. International Journal of Fatigue, 2019, 124: 493-502.

[7] LIANG J, YANG W B, LING Q B, et al. Correlations between the growth mechanism and properties of micro-arc oxidation coatings on titanium alloy: Effects of electrolytes [J]. Surface & Coatings Technology, 2017, 316: 162-170.

[8] SHAO L, LI H, JIANG B, et al. A comparative study of corrosion behavior of hard anodized and micro-arc oxidation coatings on 7050 aluminum alloy [J]. Metals, 2018, 8 (3): 165.

[9] YANG H H, WANG X S, WANG Y M, et al. Microarc oxidation coating combined with surface pore-sealing treatment enhances corrosion fatigue performance of 7075-T7351 Al alloy in different media [J]. Materials, 2017, 10 (6): 13.

[10] DEHNAVI V, LUAN B L, SHOESMITH D W, et al. Effect of duty cycle and applied current frequency on plasma electrolytic oxidation (PEO) coating growth behavior [J]. Surface & Coatings Technology, 2013, 226: 100-107.

[11] ARUNNELLAIAPPAN T, BABU N K, KRISHNA L R, et al. Influence of frequency and duty cycle on microstructure of plasma electrolytic oxidized AA7075 and the correlation to its corrosion behavior [J]. Surface & Coatings Technology, 2015, 280: 136-147.

[12] MADHAVI Y, RAMA K L, NARASAIAH N. Corrosion-fatigue behavior of micro-arc oxidation coated 6061-T6 Al alloy [J]. International Journal of Fatigue, 2021, 142: 105965.

[13] ZHU L J, GUO Z X, ZHANG Y F, et al. A mechanism for the growth of a plasma electrolytic oxide coating on Al [J]. Electrochimica Acta, 2016, 208: 296-303.

[14] MA X, BLAWERT C, HöCHE D, et al. A model describing the growth of a PEO coating on

AM50 Mg alloy under constant voltage mode [J]. Electrochimica Acta, 2017, 251: 461-474.

[15] KONG D J, LIU H, WANG J C. Effects of micro arc oxidation on fatigue limits and fracture morphologies of 7475 high strength aluminum alloy [J]. Journal of Alloys and Compounds, 2015, 650: 393-398.

[16] XIE X F, JIANG W, LUO Y, et al. A model to predict the relaxation of weld residual stress by cyclic load: Experimental and finite element modeling [J]. International Journal of Fatigue, 2017, 95: 293-301.

[17] 全国无损检测标准化技术委员会. 无损检测 X 射线应力测定方法: GB/T 7704—2017 [S]. 北京: 中国标准出版社, 2017.

[18] 叶璋, 王婧辰, 陈禹锡, 等. 基于二维面探的高温合金 GH4169 残余应力分析 [J]. 表面技术, 2016, 45 (4): 1-4.

[19] TAN D Q, MO J L, HE W F, et al. Suitability of laser shock peening to impact-sliding wear in different system stiffnesses [J]. Surface & Coatings Technology, 2019, 358: 22-35.

[20] LIN J, MA N S, LEI Y P, et al. Measurement of residual stress in arc welded lap joints by cos alpha X-ray diffraction method [J]. Journal of Materials Processing Technology, 2017, 243: 387-394.

[21] DAI W B, ZHANG C, ZHAO L J, et al. Effects of Cu content in Al-Cu alloys on microstructure, adhesive strength, and corrosion resistance of thick micro-arc oxidation coatings [J]. Materials Today Communications, 2022, 33: 104195.

[22] 纪开强, 何兆如, 闫晓波, 等. 试验条件对动电位极化曲线测量不锈钢点蚀电位的影响 [J]. 腐蚀与防护, 2021, 42 (9): 7-10.

[23] KOKTAS S, GOKCIL E, AKDI S, et al. Effect of copper on corrosion of forged AlSi1MgMn automotive suspension components [J]. Journal of Materials Engineering and Performance, 2017, 26: 4188-4196.

[24] SZEWCZYK-NYKIEL A, DŁUGOSZ P, DARŁAK P, et al. Corrosion resistance of cordierite-modified light MMCs [J]. Journal of Materials Engineering and Performance, 2017, 26: 2555-2562.

[25] DAI W B, ZHANG C, WANG Z Y, et al. Constitutive relations of micro-arc oxidation coated aluminum alloy [J]. Surface & Coatings Technology, 2021, 420: 127328.

[26] 杨眉, 刘清才, 薛屺, 等. TC11 微弧氧化膜制备及其结构性能研究 [J]. 功能材料, 2011, 42 (1): 34-36.

第3章　铝合金微弧氧化疲劳性能的影响因素

微弧氧化涂层物理结构缺陷影响基体疲劳性能。涂层微孔参数包括微孔尺寸和数量。涂层残余应力的性质对基体疲劳性能的影响目前还存在争议。研究不同占空比和基体表面粗糙度对涂层 2024-T3 铝合金表面形貌和截面形貌的影响规律，并进一步分析涂层表面孔隙率、界面特性和涂层残余应力对基体疲劳性能的影响。采用不同氧化时间制备涂层于 2024-T3 铝合金和 7075-T6 铝合金，探究基体元素对涂层微观结构和残余应力的影响，评价涂层铝合金的疲劳寿命，着重解析影响基体疲劳性能的关键因素，并揭示高低应力加载条件下，涂层对基体疲劳寿命的影响规律。

3.1　占空比对 2024-T3 铝合金涂层及疲劳性能的影响

在占空比为 8%、10%、15% 和 20%，基体表面粗糙度 Ra 值为 0.8μm，氧化时间 24min 下，在 2024-T3 铝合金上制备微弧氧化涂层。分析占空比对涂层表面、截面形貌、相组成和力学性能的影响，在此基础上研究不同占空比的涂层对 2024-T3 铝合金疲劳寿命的影响规律。

3.1.1　占空比对 2024-T3 铝合金涂层微观结构的影响

表 3-1 列出了不同占空比下微弧氧化涂层的表面粗糙度和涂层厚度。分析表 3-1 的数据得出占空比对涂层表面粗糙度影响很小的结论。微弧氧化处理采用较低的脉冲频率是涂层表面粗糙度无明显变化的主要原因。不过，涂层铝合金表面粗糙度值比基体的表面粗糙度值小。一方面，微弧氧化涂层填充了基体表面的凹口，降低了表面粗糙度值。虽然在微弧氧化过程中会形成许多微孔，但是其中一些微孔会被熔融氧化物填充，涂层表面粗糙度值并不会明显增大。另一方面，较薄涂层在基体表面凹口处的生长速度较快，致使涂层铝合金的表面粗糙度值低于基体的表面粗糙度值。如表 3-1 所示，占空比增大，涂层厚度增加。在较高的占空比下，大量的熔融氧化铝从放电通道中挤出，在电解液的冷却作用下黏附在试样表面，形成较厚的涂层。相反，较低的占空比下单次放电产生的熔融氧化物相对较少，涂层生长速度较慢，形成的微弧氧化涂层较薄。

表 3-1　微弧氧化涂层的表面粗糙度和涂层厚度

占空比（%）	表面粗糙度 $Ra/\mu m$	涂层厚度/μm
8	0.650	5.0
10	0.584	7.0
15	0.742	10.0
20	0.730	9.0

微弧氧化涂层铝合金的表面粗糙度并不能直接反映涂层在基体表面的分布。通过 LSCM 测试了涂层的三维表面形态，如图 3-1 所示。图 3-1b 显示占空比 10% 的涂层表面波峰和波谷较少，并且波谷均匀分布。在图 3-1a 中，虽然涂层表面没有很多波峰，但是波谷的分布相对集中。由图 3-1c 和 d 可以看出大量波峰分布在涂层表面，这说明占空比 15% 和 20% 的涂层在基体上分布不均匀。

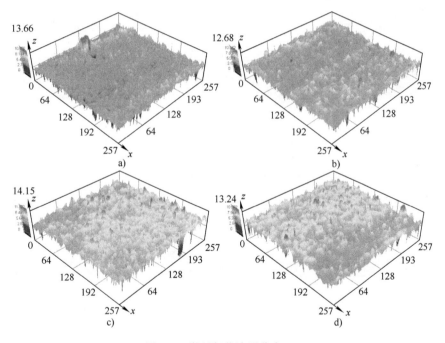

图 3-1　微弧氧化涂层分布

a）占空比为 8%　b）占空比为 10%　c）占空比为 15%　d）占空比为 20%

图 3-2 是不同占空比的微弧氧化涂层表面形貌。根据涂层表面形貌测试结果，用 ImageJ 软件统计了直径超过 3μm 的微孔，并计算了涂层表面孔隙率，结果见表 3-2。占空比从 8% 增加到 15%，涂层表面的孔隙率增加。对于占空比为 10% 的涂层，其表面微孔数量比其他占空比的微孔数量要少。频率和占空比对涂

层孔隙率都有重要影响。涂层表面直径超过7μm的微孔数量随着占空比增加而增加。占空比为8%的涂层表面含有许多微孔，其中大多数微孔直径小于6μm。随着占空比增加，微弧氧化输入能量变大，诱导较强微弧放电的产生，进而造成涂层表面形成较大尺寸的微孔。在图3-2b中，7～10μm的微孔数量较少，而在图3-2c中，涂层表面出现直径为13μm的微孔。然而，由表3-2和图3-2d可以得出占空比为20%的涂层含有3～6μm的微孔数量比其他占空比的涂层微孔数量要少，并且涂层表面孔隙率较低。在图3-2d中观察到因涂层表面二次放电造成的涂层脱落现象。占空比20%的涂层表面被较强微弧放电所破坏，脱落的涂层进入电解液，从而导致涂层厚度减小。

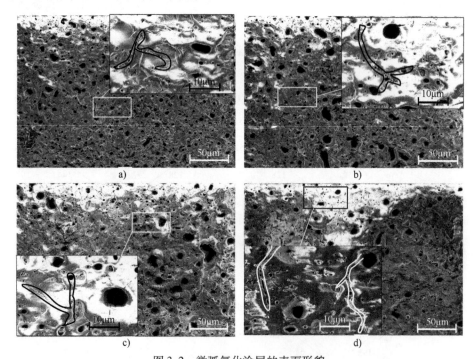

图3-2　微弧氧化涂层的表面形貌

a）占空比为8%　b）占空比为10%　c）占空比为15%　d）占空比为20%

表3-2　微弧氧化涂层表面微孔的统计结果

占空比（%）	不同尺寸的微孔数量					孔隙率计算结果	
	3～4μm	4～5μm	5～6μm	6～7μm	>7μm	数量	孔隙率（%）
8	49	31	12	2	0	3407	8.639
10	23	17	17	10	6	3031	9.312
15	15	14	6	10	8	4957	11.74
20	12	9	11	4	5	3120	4.824

由图 3-2 中微弧氧化涂层表面形貌的局部放大图可以看出，不同占空比的涂层表面均有裂纹产生。裂纹的形状呈现曲折和分叉特征，并且裂纹上存在微孔。基体表面的不光滑性影响了涂层生长，出现了不规则形状的裂纹。在图 3-2c 中发现大尺寸微孔附近有裂纹产生。在微弧氧化过程中，涂层残余应力释放引起裂纹在涂层表面形成。在裂纹等缺陷处涂层相对较薄，微弧放电较易发生在裂纹处，并在裂纹处形成微孔。从微孔中挤出的熔融氧化物填充了部分裂纹，造成裂纹不连续。在图 3-2d 中，涂层表面有较大尺寸裂纹产生。

使用 SEM 观察基体与涂层间界面的形貌。图 3-3 所示为不同占空比的截面均呈现波浪线形貌。截面附近没有出现明显的涂层向基体过度生长现象。截面的不光滑性是由于基体的初始表面缺陷引起。在微弧氧化处理之前，铝合金基体的初始表面粗糙度 Ra 值为 $0.8\mu m$，涂层生长受到基体表面形貌的影响，造成涂层在截面处呈现不规则分布。一般来说，在微弧氧化过程中，涂层首先向基体外部生长，而微孔数量较少时，熔融物不能及时排出，涂层开始向基体内生长。占空比 20% 的涂层孔隙率较低，容易诱导涂层向基体生长，但因微弧氧化时间短，界面未形成明显的弧形过度生长区。

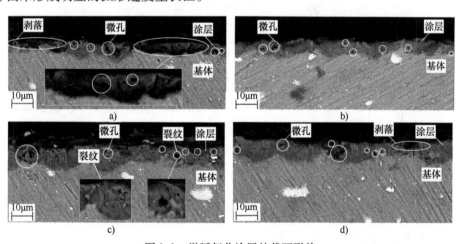

图 3-3　微弧氧化涂层的截面形貌

a) 占空比为 8%　b) 占空比为 10%　c) 占空比为 15%　d) 占空比为 20%

在图 3-3 中，圆形标记部分是涂层截面的微孔。占空比为 10% 的涂层截面微孔尺寸较小且数量较少。占空比为 8% 和 15% 的涂层截面存在较多的微孔。在图 3-3c 中，占空比为 15% 的涂层截面有穿透裂纹。对于椭圆形标记部分的涂层剥落现象是由试样制备过程中抛光引起，涂层并未与基体分离。

图 3-4 所示为不同占空比的涂层 X 射线衍射图。通过分析衍射峰，得出涂层主要由 γ-Al_2O_3 组成。在微弧氧化过程中，熔融的氧化铝从微孔中挤出，被电解

液迅速冷却而形成 γ- Al₂O₃。当局部发生较强的微弧放电时，微弧放电产生的大量热量会将 γ- Al₂O₃ 转化成 α- Al₂O₃。然而，24min 氧化时间下，涂层厚度相对较薄，并且涂层孔隙率较高，放电能量极易被电解液耗散，因此涂层中含有较少的 α- Al₂O₃。此外，微弧氧化会诱导基体和涂层产生残余应力，其中占空比为 10% 的涂层存在 109.4MPa 的残余压应力。

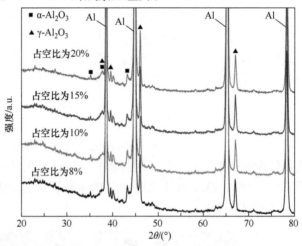

图 3-4　微弧氧化涂层的 X 射线衍射图

3.1.2　占空比对 2024- T3 铝合金微弧氧化疲劳性能的影响

在 $\sigma_{\max}$ =220MPa、240MPa、350MPa 和 390MPa 的循环载荷下，裸铝合金和微弧氧化涂层铝合金的疲劳寿命见表 3-3。为了清楚地说明占空比对涂层铝合金疲劳寿命的影响，选择基体的疲劳寿命 N_f 作为比较的基准。涂层引起基体疲劳寿命的变化率 λ_ζ 为

$$\lambda_\zeta = \frac{N_f' - N_f}{N_f} \times 100\% \tag{3-1}$$

式中，N_f' 是涂层铝合金的疲劳寿命。

表 3-3　微弧氧化涂层铝合金的疲劳寿命 N_f' 和裸铝合金的疲劳寿命 N_f 以及 λ_ζ 的数值

$\sigma_{\max}$/MPa	占空比（%）	N_f'	N_f	λ_ζ
390	8	29374	—	71.90%
	10	30372	—	77.74%
	15	31267	—	82.98%
	20	25945	—	51.83%
	0	—	17088	—

（续）

σ_{max}/MPa	占空比（%）	N'_f	N_f	λ_ζ
	8	51870	—	52.09%
	10	45482	—	33.36%
350	15	42888	—	25.75%
	20	36513	—	7.1%
	0	—	34105	—
	8	210720	—	36.99%
	10	234775	—	52.63%
240	15	200183	—	30.14%
	20	233592	—	51.86%
	0	—	153818	—
	8	309204	—	7.81%
	10	396620	—	38.30%
220	15	267046	—	-6.89%
	20	344659	—	20.18%
	0	—	286792	—

除了疲劳寿命变化率，通过最小二乘法拟合表 3-3 中的疲劳寿命数据，得到裸铝合金和涂层铝合金的材料常数。疲劳寿命和应力之间的表达式为

$$\lg N = \lg C_s - n\lg\sigma_{max} \qquad (3-2)$$

式中，N 是疲劳寿命；C_s 和 n 是材料常数；σ_{max} 是最大应力。通过拟合得到的材料常数见表 3-4，并绘制了对数坐标拟合曲线，如图 3-5 所示。

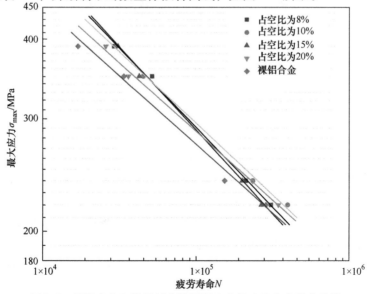

图 3-5　裸铝合金和微弧氧化涂层铝合金的疲劳寿命拟合曲线

表 3-4　裸铝合金和微弧氧化涂层铝合金的材料常数

占空比（%）	n	C_s
0	4.634	1.98×10^{16}
8	3.994	6.95×10^{14}
10	4.441	9.40×10^{15}
15	3.819	2.48×10^{14}
20	4.636	6.58×10^{16}

从疲劳寿命的变化率 λ_ζ 的数值可以看出，除了占空比为 15% 以外，其他占空比的涂层铝合金疲劳寿命大于裸铝合金疲劳寿命，微弧氧化并未降低基体的疲劳寿命。在 $\sigma_{max} = 220\mathrm{MPa}$ 时，占空比为 15% 的涂层铝合金疲劳寿命变化率 $\lambda_\zeta = -6.89\%$，表明涂层导致基体疲劳寿命降低，而在其他应力水平下，基体的疲劳寿命并未降低（$\lambda_\zeta > 30\%$）。占空比为 10% 的涂层存在 109.4MPa 的残余压应力。残余压应力可以平衡部分外加拉伸载荷对裂纹尖端的作用，减少疲劳裂纹在涂层表面萌生的概率和抑制裂纹过早扩展，降低裂纹扩展的驱动力，有利于涂层铝合金疲劳寿命的提高。

图 3-6 所示为裸铝合金和微弧氧化涂层铝合金在 $\sigma_{max} = 240\mathrm{MPa}$ 时的疲劳断口形貌。占空比为 8%、10%、15% 和 20% 的涂层试样以及裸铝合金的疲劳裂纹扩展区的宽度（W）均为 1.35mm。不过，裂纹扩展区的长度（L）分别是 3.48mm、3.34mm、2.83mm、3.32mm 和 2.08mm。涂层铝合金的疲劳扩展区域比裸铝合金大。对于裸铝合金，疲劳裂纹的扩展是向基体内部呈发散状扩展，疲劳失效主要发生在基体内部，而在表面扩展区域较小。涂层的存在使得疲劳裂纹从基体内部趋向于涂层与基体间界面扩展，裂纹扩展区域增大。涂层残余压应力及其诱发基体产生的残余拉应力会影响裂纹尖端的应力强度因子 K。裂纹尖端的应力表达式为

$$\sigma_{i,j} = \frac{K}{\sqrt{2\pi r}} f_{i,j}(\theta) \tag{3-3}$$

式中，K 是应力强度因子；r、θ 是极坐标；$f_{i,j}(\theta)$ 是与 θ 相关的无量纲函数。由于涂层和基体残余应力影响了应力强度因子，从而改变了裂纹尖端的应力场分布，使裂纹在基体中的扩展路径发生了改变。

图 3-7 所示为裂纹从基体扩展到微弧氧化涂层的形貌，发现涂层发生了脆性断裂。裂纹向界面扩展的趋向性改变了裂纹扩展路径，消耗了大量能量，且涂层残余压应力对裂纹扩展有抑制作用，这在一定程度上提升了涂层铝合金的疲劳寿命。因此，裂纹扩展路径的改变以及涂层残余压应力是涂层铝合金疲劳寿命提升

的重要原因。在裂纹扩展区，由于涂层和基体的结合强度较高，涂层残余压应力抑制了裂纹从基体扩展到涂层。当外部载荷和位错滑移所产生的背应力足够大时，将导致涂层发生脆性断裂。

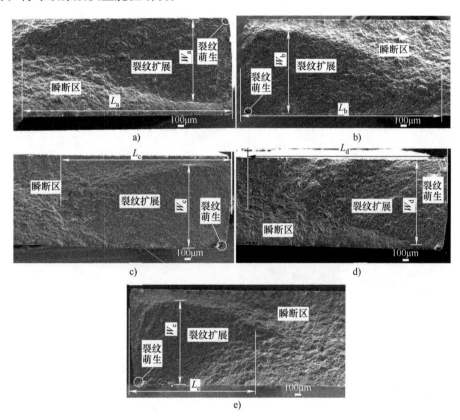

图 3-6　裸铝合金和微弧氧化涂层铝合金在 $\sigma_{max}=240\mathrm{MPa}$ 的疲劳断口形貌

a) 占空比为 8%　b) 占空比为 10%　c) 占空比为 15%　d) 占空比为 20%　e) 裸铝合金

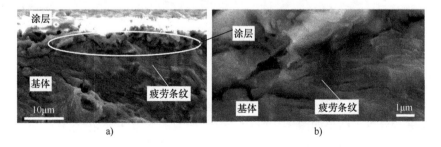

图 3-7　裂纹从基体扩展到微弧氧化涂层的断裂形貌

图 3-8 所示为裸铝合金和涂层铝合金疲劳裂纹扩展区形貌。裸铝合金和占空比为 8% 和 15% 的涂层铝合金疲劳裂纹扩展区有局部脆性断裂。在图 3-8a 中，疲劳扩展区有二次裂纹。一般来说，每个疲劳条纹代表一个应力循环，二次裂纹意味着裂纹扩展寿命低。脆性断裂和二次裂纹的产生加快了疲劳失效，涂层铝合金疲劳寿命较差。图 3-8 中的疲劳裂纹扩展区也存在台阶状的形貌，这是多处裂纹萌生并扩展引起或者裂纹在扩展过程中遇到硬质点和微孔导致裂纹尖端钝化，使得裂纹的扩展路径发生改变。

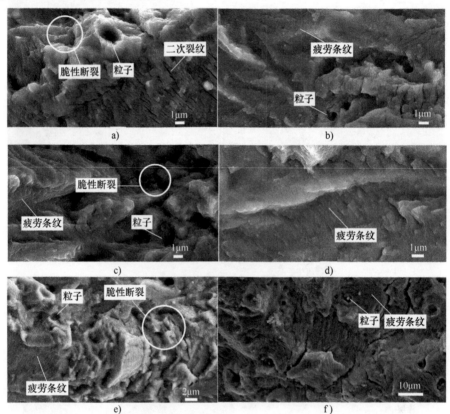

图 3-8　裸铝合金和微弧氧化涂层铝合金的疲劳裂纹扩展区形貌
a）占空比为 8%　b）占空比为 10%　c）占空比为 15%
d）占空比为 20%　e）裸铝合金　f）第二相粒子

图 3-8f 显示在 2024-T3 铝合金内部出现白色颗粒。通过能谱仪（EDS）对白色颗粒进行分析，结果如图 3-9 所示。白色颗粒的元素主要包含 Al、Cu 和 Mg，这是在铝合金基体内形成的第二相粒子。在第二相粒子周围存在许多疲劳条纹，这说明第二相粒子是疲劳裂纹的萌生源。在涂层表面的微孔、热裂纹以及第二相粒子处都有可能诱导疲劳裂纹的萌生。因此，有多个裂纹萌生源并在扩展过程中

相遇，导致台阶状的断口形貌形成。为了进一步探究第二相粒子对涂层铝合金疲劳寿命的影响，分析了第二相粒子在基体内的分布，如图 3-10 所示。图 3-10a显示第二相粒子主要存在于裸铝合金内，而很少存在于裸铝合金表面。涂层铝合金表面的第二相粒子部分被熔融，如图 3-10b 所示。关于第二相粒子的熔融问题，将在 Cu 元素对涂层铝合金微观结构的影响分析中进行详细探讨。

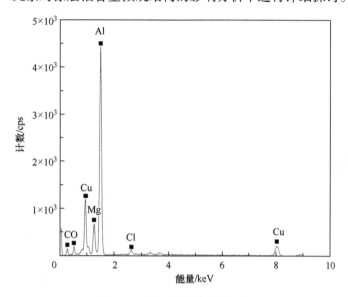

图 3-9　第二相粒子元素组成

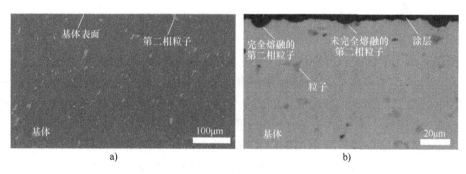

图 3-10　裸铝合金和微弧氧化涂层试样的第二相粒子分布

a）裸铝合金　b）占空比为 8%

根据裂纹扩展形貌分析，第二相粒子是裂纹萌生的来源之一（见图 3-8f）。由于微弧氧化过程中铝合金表面上的第二相粒子部分被熔融，尺寸减小。与裸铝合金相比，疲劳裂纹在涂层铝合金的基体表面萌生的概率减小。在循环载荷作用下，疲劳裂纹从涂层内扩展到基体与涂层间界面时，第二相粒子尺寸减小会抑制裂纹在界面处过早萌生，减轻涂层对基体疲劳性能的损伤。当涂层裂纹扩展到界面时，裂纹扩展速率没有被抑制，将造成基体的损伤，进而疲劳裂纹能够较容易跨过界面进入基体，最终引起试样发生疲劳失效。由于涂层存在残余压应力，涂层裂纹扩展速率被抑制，涂层致基体疲劳性能的损伤减小，而第二相粒子尺寸减小使得裂纹不易在基体表面萌生，且薄涂层缺陷较少。因此，疲劳裂纹跨界面扩展难易程度影响涂层铝合金疲劳寿命，含少缺陷和残余压应力微弧氧化涂层未显著损伤 2024-T3 铝合金的疲劳性能。

在高低应力循环载荷条件下，不同占空比的涂层 2024-T3 铝合金疲劳寿命变化不同。占空比为 10% 的涂层铝合金疲劳寿命呈现接近或高于其他占空比的涂层试样疲劳寿命。对于高应力循环载荷，虽然占空比为 8% 和 15% 的涂层试样具有较高的疲劳寿命，但是它们的高周疲劳性能较差。随着循环应力幅值的减小，涂层铝合金疲劳寿命的变化率 λ_ζ 降低。通常，整个疲劳寿命周期主要包括裂纹萌生周期和扩展周期。随着循环应力幅值的减小，裂纹萌生周期在整个疲劳寿命周期的占比增加。占空比为 20% 的低周疲劳寿命比其他占空比的低周疲劳寿命低。在高应力加载条件下，占空比为 20% 的涂层表面较大尺寸裂纹容易诱导涂层开裂，降低基体的疲劳寿命，但残余压应力和界面第二相尺寸的减小使得基体的疲劳性能不会受到严重损伤，故占空比为 20% 的涂层试样疲劳寿命变化率 λ_ζ 相对较低。此外，$\sigma_{max} = 390MPa$ 时，不同占空比的涂层铝合金 λ_ζ 要远高于 $\sigma_{max} = 350MPa$ 时的值，这是因为在低应力载荷条件下，疲劳裂纹扩展寿命在整个疲劳寿命中所占的比例降低。

占空比为 10% 和 20% 的涂层铝合金高周疲劳性能较好，占空比为 15% 的涂层铝合金疲劳寿命相对较低（$\lambda_{\zeta c} < \lambda_{\zeta a} < \lambda_{\zeta d} < \lambda_{\zeta b}$），甚至在 $\sigma_{max} = 220MPa$ 时其疲劳寿命低于基体的疲劳寿命（$\lambda_{\zeta c} = -6.89\%$）。由涂层表面形貌分析可知，占空比为 15% 的涂层横截面存在裂纹，涂层表面具有较高的孔隙率且大尺寸微孔附近存在裂纹。因此，在低循环应力条件下，占空比为 15% 的涂层裂纹易于扩展，涂层截面裂纹扩展速率加快，涂层裂纹容易穿过界面进入基体。随着应力水平的降低，在整个疲劳寿命周期中，裂纹萌生寿命占比增大，故占空比为 15% 的涂层对基体疲劳的损伤增大。占空比为 8% 的集中分布微孔容易诱导较长裂纹在涂层表面形成，涂层引起的基体疲劳寿命增量减小。占空比为 20% 的涂层表面孔隙率较低且较大尺寸裂纹在低应力水平下不易开裂，这是占空比为 20% 的涂层铝合金高周疲劳寿命较长的重要原因。占空比为 10% 的涂层表面孔隙率和表面粗糙度值较低，且涂层与基体间界面处并未出现明显的过度生长，微弧氧化涂层铝合金的疲劳性能相对较好。

综上所述，不同占空比的微弧氧化涂层微观结构（表面孔隙率、表面粗糙度和表面裂纹）会影响基体的疲劳寿命。涂层残余压应力改变了裂纹尖端的应力场，从而使得裂纹的扩展路径发生变化。随着循环应力水平的降低，涂层对基体疲劳寿命的影响程度减弱。特别地，占空比10%是提升涂层2024-T3铝合金疲劳寿命的较佳电参数。

根据上述试验结果可以得出：

1）随着占空比从8%到15%变化，涂层厚度和表面孔隙率增加。占空比为20%的涂层表面出现二次放电，涂层呈现细孔、较低孔隙率和较薄特征。涂层主要成分是$\gamma\text{-}Al_2O_3$，且涂层均具有热裂纹。占空比为15%的涂层截面上发现裂纹，占空比为8%的涂层表面微孔分布相对集中。

2）涂层铝合金的疲劳寿命高于裸铝合金。涂层残余压应力平衡部分拉应力对裂纹尖端的作用，并改变了裂纹尖端的应力场分布。残余压应力抑制了涂层裂纹扩展速率，减轻了涂层对基体的损伤，并且基体表面第二相粒子尺寸的减小，有利于涂层铝合金疲劳寿命的提高。在$\sigma_{max}=220MPa$时，与裸铝合金相比，占空比为15%的涂层截面裂纹、高孔隙率以及微孔处的裂纹导致涂层铝合金疲劳寿命降低了6.9%。

3）占空比为20%的涂层铝合金低周疲劳寿命比其他占空比低。较大的外部载荷使得涂层表面大尺寸裂纹开裂，损伤涂层与基体间界面。占空比为8%和15%的涂层铝合金高周疲劳寿命较低，这是由涂层缺陷引起的。微孔集中分布、截面裂纹和涂层高孔隙率均损伤涂层铝合金的高周疲劳性能。在高低应力加载条件下，占空比为10%的涂层铝合金疲劳寿命增加了33.4%~77.7%，疲劳性能相对较好。

由以上分析结果可知，涂层表面微孔和裂纹等缺陷显著影响涂层铝合金高周疲劳寿命，对低周疲劳寿命影响有所减弱。然而，在$\sigma_{max}=350MPa$的加载条件下，占空比为20%的涂层对基体疲劳寿命的增加量明显降低，当$\sigma_{max}=390MPa$时，不同占空比的涂层铝合金疲劳寿命显著提高。针对涂层微缺陷对疲劳寿命的影响与应力水平有关的问题，将在第5章作进一步探讨。

3.2　基体表面粗糙度对2024-T3铝合金涂层及疲劳性能的影响

在占空比对微弧氧化涂层2024-T3铝合金疲劳性能的影响因素研究中，因为占空比对涂层向基体的过度生长影响不大，涂层与基体间截面形貌对涂层铝合金疲劳性能的影响并没有进行讨论。占空比为10%的涂层铝合金的疲劳性能最佳。此部分选择占空比为10%，在基体表面粗糙度Ra值为$0.2\mu m$、$0.8\mu m$和$1.6\mu m$

的 2024-T3 铝合金上制备涂层，揭示涂层与基体间界面表面粗糙度对涂层铝合金微观结构和疲劳性能的影响。

3.2.1 基体表面粗糙度对 2024-T3 铝合金涂层微观结构的影响

表 3-5 列出了铝合金微弧氧化的涂层厚度和表面粗糙度。对于基体表面粗糙度 Ra 值为 $0.2\mu m$、$0.8\mu m$ 和 $1.6\mu m$ 的涂层铝合金，涂层厚度分别为 $5.1\mu m$、$4.6\mu m$ 和 $4.7\mu m$，涂层表面粗糙度 Ra 值分别为 $0.40\mu m$、$0.69\mu m$ 和 $0.74\mu m$。结果表明，基体表面粗糙度对涂层厚度的影响较小，除了基体表面粗糙度 Ra 值为 $0.2\mu m$ 以外，涂层表面粗糙度值均低于基体表面粗糙度值。微孔和薄饼状的波峰结构是涂层表面粗糙度值增大的重要因素，而 $Ra = 0.2\mu m$ 的涂层存在波峰结构。与基体相比，$Ra = 0.2\mu m$ 的涂层铝合金表面粗糙度值增大。对于较粗糙的基体，粗糙基体表面上的缺陷被涂层覆盖，会减小基体表面粗糙度值。与基体相比，$Ra = 0.8\mu m$ 和 $1.6\mu m$ 的涂层铝合金表面粗糙度值降低。

表 3-5　铝合金微弧氧化的涂层厚度和表面粗糙度

基体表面粗糙度 $Ra/\mu m$	平均涂层厚度 $/\mu m$	涂层表面粗糙度 $Ra/\mu m$
0.2	5.1	0.40
0.8	4.6	0.69
1.6	4.7	0.74

图 3-11 所示为微弧氧化涂层铝合金的三维表面轮廓。与其他粗糙基体涂层相比，$Ra = 0.8\mu m$ 的涂层表面波峰和波谷的分布相对集中，如图 3-11b 所示。$Ra = 1.6\mu m$ 的涂层表面有特殊犁沟产生。这是由于在微弧氧化之前用较粗的砂纸打磨铝合金基体表面，留下了较深的划痕，而涂层并未完全覆盖打磨痕迹，形成了犁沟形貌。需要说明的是，基体打磨最后工序产生的划痕是沿着试样的长度方向，并未进行横向打磨处理。这样减轻了基体打磨预处理对铝合金基体疲劳性能的损伤。

使用 SEM 观察不同表面粗糙度基体微弧氧化涂层表面形貌，其测试结果如图 3-12 所示。图 3-12d、e 和 f 分别是涂层表面形貌 a、b 和 c 的放大图像。在涂层表面发现大量较小尺寸的微孔。$Ra = 0.2\mu m$ 的涂层表面有较多直径为 $2\sim3\mu m$ 的微孔。$Ra = 0.8\mu m$ 的涂层有许多直径小于 $2\mu m$ 的微孔，直径 $3\sim4\mu m$ 的微孔数量很少。$Ra = 1.6\mu m$ 的涂层存在大量直径为 $1\mu m$ 的微孔。由以上分析可知，$Ra = 0.2\mu m$ 的涂层表面存在的微孔尺寸较大，但是数量较少，且涂层在基体上的分布较为均匀。由于微弧氧化时间较短，$Ra = 0.2\mu m$ 的涂层表面并未出现第 3.1 节中的较大尺寸微孔。$Ra = 0.8\mu m$ 和 $1.6\mu m$ 的涂层表面有许多小尺寸微孔，

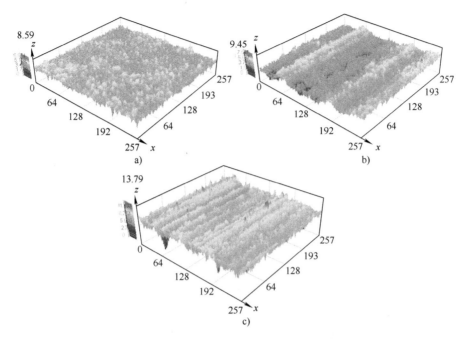

图 3-11　不同基体表面粗糙度微弧氧化涂层铝合金的三维表面轮廓

a) $Ra = 0.2\mu m$　b) $Ra = 0.8\mu m$　c) $Ra = 1.6\mu m$

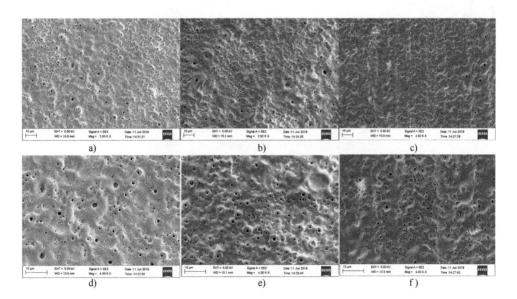

图 3-12　不同表面粗糙度基体微弧氧化涂层的表面形貌

a)、d) $Ra = 0.2\mu m$　b)、e) $Ra = 0.8\mu m$　c)、f) $Ra = 1.6\mu m$

涂层在基体上呈现不均匀分布。较大尺寸微孔可以促进涂层在基体表面的生长。因此，涂层在 $Ra = 0.2\mu m$ 的基体上生长较快，所形成的涂层较厚。此外，在不同表面粗糙度基体涂层表面，发现微孔附近有火山喷发状的放电典型形貌。这是因为熔融氧化物从放电通道中挤出，遇到电解液时迅速冷却，冷凝的熔融氧化物黏附在涂层表面，最终形成具有火山口形貌的微孔。基体表面粗糙度不同，涂层表面形貌存在较大的差异。

图 3-13 所示为不同表面粗糙度基体微弧氧化涂层铝合金的截面形貌。涂层铝合金横截面显示出两个以颜色和密度区分的区域。涂层导电性能比基体要差，SEM 电子束在涂层和基体上呈现不同的电子信号，试样呈现明暗不同的特征。图 3-13b 中的椭圆形标记是由试样制备过程中抛光造成，涂层与基体并未分离。由于涂层较薄，且微弧氧化前初始氧化膜未进行打磨处理，影响了涂层和基体的结合强度。在用于观察截面形貌的试样制备过程中，容易造成涂层脱落。虽然涂层出现部分脱落，但在涂层铝合金的截面形貌中仍可以观察到涂层和基体间的界面。如图 3-13b 和 c 所示，基体与涂层间界面呈现锯齿形，这不是涂层向基体内生长造成，而是由基体粗糙表面引起，这点在第 3.1 节中也进行了阐述。与 $Ra = 0.8\mu m$ 和 $1.6\mu m$ 的涂层铝合金界面相比，$Ra = 0.2\mu m$ 的涂层铝合金界面较为光滑，说明截面形貌与基体表面粗糙度有关。

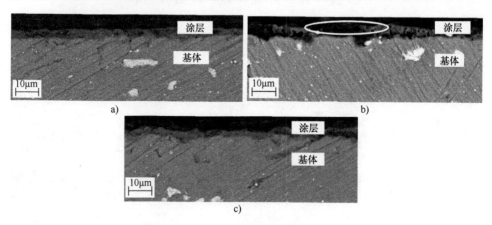

图 3-13　不同表面粗糙度基体微弧氧化涂层铝合金的截面形貌
a) $Ra = 0.2\mu m$　b) $Ra = 0.8\mu m$　c) $Ra = 1.6\mu m$

图 3-14 所示为不同表面粗糙度基体微弧氧化涂层的 XRD 图谱。可以看出，涂层 2024-T3 铝合金的衍射峰较强。因为涂层很薄并且其表面上有许多微孔，X 射线很容易穿透涂层，检测到基体的衍射峰。为了便于观察其他峰值较小的衍射峰，将铝的衍射峰作截断处理，在图谱中只显示一部分。如图 3-14 所示，不同

表面粗糙度基体涂层主要有 $\gamma\text{-}Al_2O_3$ 和少量的 $\alpha\text{-}Al_2O_3$。在微弧氧化初始阶段，涂层表面上有许多放电通道，熔融的氧化铝可以在电解液作用下快速冷却。电解液与从通道中喷出的熔融氧化铝相遇，并在氧化铝液滴固化过程中形成 $\gamma\text{-}Al_2O_3$。此外，在较短氧化时间下，放电微孔较多，电流密度较少出现局部增强现象，涂层中的 $\alpha\text{-}Al_2O_3$ 含量较少。

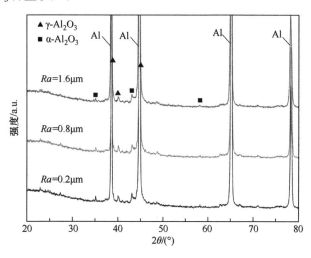

图 3-14　微弧氧化涂层的 XRD 图谱

3.2.2　不同基体表面粗糙度的 2024-T3 铝合金微弧氧化疲劳性能分析

图 3-15 所示为 2024-T3 铝合金和微弧氧化涂层铝合金在 σ_{max} = 220MPa、240MPa、350MPa 和 390MPa 的疲劳寿命柱形图，疲劳寿命数据列于表 3-6。与裸铝合金相比，Ra = 0.2μm 的涂层铝合金疲劳寿命较高。测试了 σ_{max} = 220MPa 时发生疲劳破坏涂层铝合金的残余应力，结果为 $\sigma_{R,0.2}$ = -280MPa、$\sigma_{R,0.8}$ = -359MPa 和 $\sigma_{R,1.6}$ = -766MPa。涂层残余应力均为残余压应力，而残余应力属于内应力，涂层存在残余压应力，则界面基体存在残余拉应力，残余压应力可以抑制裂纹的产生和扩展。Ra = 0.8μm 的铝合金微弧氧化疲劳寿命高于裸铝合金的疲劳寿命。薄涂层不易产生较大尺寸微孔、裂纹和过度生长区，且涂层残余压应力可以减轻涂层裂纹对基体造成的损伤，这是涂层铝合金疲劳寿命提高的一个重要原因。

与裸铝合金相比，涂层铝合金的表面粗糙度值降低，有助于改善疲劳性能。然而，对于 Ra = 0.8μm 的涂层铝合金，与高周疲劳寿命变化量（31% ~ 59%）相比，涂层对基体的低周疲劳寿命影响并不显著（9.0% ~ 28.5%）。在高应力加载条件下，裂纹扩展寿命是整个疲劳寿命周期的主要部分。Ra = 0.8μm 的涂层

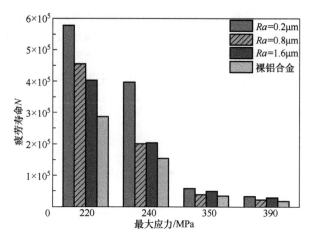

图 3-15　2024-T3 铝合金和微弧氧化涂层铝合金的疲劳寿命

表面波峰和波谷集中分布会引起涂层小裂纹连接成大裂纹，诱导裂纹扩展加快，造成涂层铝合金的低周疲劳寿命增加量有所降低。相反，在低循环应力条件下，裂纹扩展周期相对整个疲劳寿命占比较小，而疲劳裂纹萌生寿命是主要部分。涂层残余压应力以及较小表面粗糙度值导致涂层铝合金的疲劳寿命明显高于基体。这一结果与第 3.1 节的结论有所不同，这归因于不同占空比和氧化时间引发涂层微观结构存在差异。

表 3-6　不同基体表面粗糙度的涂层铝合金疲劳寿命以及疲劳寿命比值 η_ζ

σ_{max}/MPa	基体表面粗糙度 $Ra/\mu\text{m}$	N'_f	N_f	η_ζ
220	0.2	578140	—	1.271
	0.8	—	454832	—
	1.6	403415	—	0.887
240	0.2	396398	—	1.966
	0.8	—	201584	—
	1.6	202800	—	1.006
350	0.2	56381	—	1.516
	0.8	—	37190	—
	1.6	47433	—	1.275
390	0.2	31532	—	1.436
	0.8	—	21960	—
	1.6	29663	—	1.351

为了揭示基体表面粗糙度对涂层铝合金疲劳寿命的影响规律，疲劳寿命比值 η_ζ 定义为

$$\eta_\zeta = N'_f / N_f \tag{3-4}$$

式中，N'_f 是 $Ra = 0.2\mu m$ 和 $1.6\mu m$ 的涂层铝合金疲劳寿命；N_f 是 $Ra = 0.8\mu m$ 的涂层铝合金疲劳寿命。不同基体表面粗糙度的涂层试样在不同应力水平下的疲劳寿命的比值列于表 3-6。根据表 3-6 中的数据 η_ζ，容易发现在高低应力载荷条件下，$Ra = 0.2\mu m$ 的涂层试样疲劳寿命均高于其他试样。在 $\sigma_{max} = 350MPa$ 和 390MPa 时，$Ra = 1.6\mu m$ 的涂层铝合金的疲劳寿命高于 $Ra = 0.8\mu m$ 的涂层铝合金疲劳寿命。然而，在 $\sigma_{max} = 220MPa$ 和 240MPa 时，与 $Ra = 0.8\mu m$ 的涂层铝合金疲劳寿命相比，$Ra = 1.6\mu m$ 的涂层铝合金疲劳寿命下降。

基体与涂层间界面对基体疲劳寿命具有显著影响。基于涂层截面形貌分析，较薄的涂层不会在基体表面引入缺陷。因此，随着基体表面粗糙度值的增大，相应的涂层铝合金的界面表面粗糙度值也逐渐增大。在低应力循环载荷条件下，界面表面粗糙度是影响涂层 2024-T3 铝合金疲劳寿命的重要因素。在高应力循环载荷条件下，涂层表面粗糙度会影响涂层铝合金的疲劳寿命。$Ra = 0.2\mu m$ 涂层表面粗糙度值低，界面光滑，裂纹不易在界面萌生，能抑制涂层裂纹跨界面扩展至基体，故铝合金微弧氧化的疲劳寿命较高。然而，$Ra = 0.8\mu m$ 的涂层铝合金表面波峰和波谷分布相对集中易引起微小裂纹连接成大裂纹，造成涂层铝合金低周疲劳寿命增量有所降低。$Ra = 1.6\mu m$ 的涂层铝合金疲劳寿命比 $Ra = 0.8\mu m$ 的涂层铝合金疲劳寿命高，这是因为犁沟阻碍了较长疲劳裂纹在涂层内形成，从而抑制了裂纹的扩展速度。

将所得到的裸铝合金和涂层铝合金的疲劳寿命取平均值，然后用最小二乘法拟合均值疲劳试验数据，获得涂层试样和裸铝合金的材料常数 n 和 C_s，结果见表 3-7。

表 3-7　裸铝合金和微弧氧化涂层铝合金的材料常数

试样	n	C_s
基体表面粗糙度 $Ra = 0.2\mu m$ 的涂层试样	5.110	5.56×10^{17}
基体表面粗糙度 $Ra = 0.8\mu m$ 的涂层试样	5.038	2.43×10^{17}
基体表面粗糙度 $Ra = 1.6\mu m$ 的涂层试样	4.338	5.07×10^{15}
裸铝合金	4.634	1.98×10^{16}

为了便于表述，基体表面粗糙度 $Ra = 0.2\mu m$、$Ra = 0.8\mu m$ 和 $Ra = 1.6\mu m$ 的涂层铝合金分别标记为试样 a、b 和 c。将所得的材料常数代入 Basquin 方程以获得试样的 S-N 曲线，应力 σ_{max} 和疲劳寿命 N'_f 的关系式为

$$\sigma_{\max}^n N_f' = C_s \qquad (3-5)$$

图 3-16 所示为裸铝合金和微弧氧化涂层铝合金的 S-N 曲线。试样 a 在 150 ~ 450MPa 下的 S-N 曲线均高于其他基体表面粗糙度涂层试样的疲劳寿命曲线。试样 b 和试样 c 的 S-N 曲线在 $\sigma_{\max} = 240$MPa 处有交点。如前所述，在 150 ~ 240MPa 和 240 ~ 450MPa 的应力范围内，试样 b 和 c 的疲劳寿命变化不同。

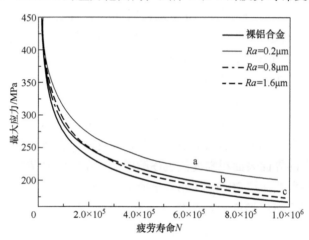

图 3-16 裸铝合金和微弧氧化涂层铝合金的 S-N 曲线

2024-T3 裸铝合金和不同基体表面粗糙度涂层铝合金的疲劳断口形貌如图 3-17 所示。在裸铝合金和涂层铝合金的疲劳断口中，发现裂纹扩展区存在明显的疲劳条纹。$Ra = 0.8\mu m$ 的涂层铝合金和裸铝合金的裂纹扩展区不同，如图 3-17 中的 B 和 B_1。尽管它们都具有疲劳条纹，但在区域 B 中存在脆性疲劳区。疲劳条纹的数量表示施加循环载荷的次数。因此，裸铝合金脆性疲劳区的存在导致疲劳条纹数量减少，裂纹扩展寿命较短。标记为 C 和 C_1 的区域是试样疲劳断裂表面形貌。涂层铝合金具有比裸铝合金更粗糙的断裂表面，这是由于涂层物理结构缺陷引起裂纹扩展路径发生了改变，裂纹在涂层铝合金表面扩展易引起粗糙断面的形成。

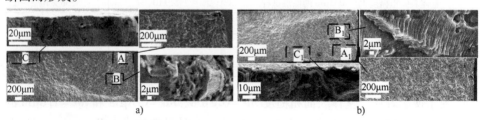

a)   b)

图 3-17 裸铝合金及不同基体表面粗糙度涂层铝合金的疲劳断口形貌

a）表面粗糙度 $Ra = 0.8\mu m$ 的基体 b）表面粗糙度 $Ra = 0.8\mu m$ 的涂层铝合金

图 3-18 所示为试样 a 和 c 疲劳断裂的表面形貌。标记为 A_2 和 A_3 的裂纹萌生区与裸铝合金以及试样 b 相同。图 3-17 和图 3-18 中标记为 B、B_1、B_2 和 B_3 的所有试样均具有二次裂纹，不同的是试样 a 的二次裂纹较少。此外，$Ra = 0.2\mu m$ 的涂层铝合金疲劳断口中，标记为 B_2 的疲劳扩展区形貌比其他基体表面粗糙度疲劳断口的形貌更平滑。图 3-18 中裂纹扩展区的凹坑可能是由铝合金内部夹杂物引起。在占空比对涂层 2024-T3 铝合金的疲劳断口分析中已对此问题进行了详细的论述。图 3-18b 中圆形标记区域是试样 c 的脆性断裂部分。在低应力循环载荷条件下，脆性断裂会引起疲劳裂纹扩展寿命降低。此外，试样 a 和试样 c 的断裂面比试样 b 的断裂面光滑，这是由于试样 b 的涂层表面上存在较多的缺陷，有多个裂纹源导致粗糙表面的形成。

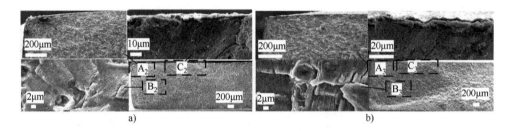

图 3-18　试样 a 和 c 疲劳断裂的表面形貌

a）基体表面粗糙度 $Ra = 0.2\mu m$ 的涂层铝合金

b）基体表面粗糙度 $Ra = 1.6\mu m$ 的涂层铝合金

通过以上研究可以得出如下结论：

1）基体表面粗糙度不同的微弧氧化涂层主要由 $\gamma\text{-}Al_2O_3$ 和少量的 $\alpha\text{-}Al_2O_3$ 组成。涂层残余压应力可以改善涂层铝合金的疲劳性能。此外，较薄涂层不会将微缺陷引入基体表面。与基体相比，$Ra = 0.2\mu m$ 的涂层表面变得粗糙，而 $Ra = 0.8\mu m$ 和 $1.6\mu m$ 的涂层表面较为光滑。$Ra = 0.8\mu m$ 的涂层表面呈现波峰和波谷集中分布，而 $Ra = 1.6\mu m$ 的涂层微孔尺寸较小，表面呈现犁沟形的特殊形貌。

2）涂层与基体间截面形貌显著影响涂层铝合金高周疲劳寿命。光滑的界面有利于涂层铝合金疲劳寿命的提高。在 $\sigma_{max} = 350MPa$ 和 $390MPa$ 的高循环应力载荷下，界面的表面粗糙度对涂层铝合金疲劳性能的影响减弱，而涂层表面形貌是影响涂层铝合金疲劳寿命的重要因素。粗糙的涂层表面以及波峰和波谷的集中分布会降低涂层铝合金的低周疲劳寿命，而犁沟状的涂层有利于涂层铝合金低周疲劳寿命的提高。

3.3　氧化时间对铝合金涂层及疲劳性能的影响

航空铝合金 2×××和 7××× 系列分别是典型的 Al-Cu 合金和 Al-Zn 合金。在占空比和基体表面粗糙度对微弧氧化涂层 2024-T3 铝合金疲劳性能的影响研究结论中，基体对涂层微观结构以及涂层残余应力性质对疲劳性能的影响尚未进行深入分析。此部分在占空比为 10% 和基体表面粗糙度 $Ra = 0.8\mu m$ 的条件下制备微弧氧化涂层于 2024-T3 铝合金和 7075-T6 铝合金基体，进一步探究残余应力对基体疲劳性能的影响。初步探究基体中 Cu 元素和 Zn 元素对微弧氧化涂层微观结构和残余应力的影响，并揭示在不同的氧化时间下影响两种涂层铝合金疲劳性能的因素。

3.3.1　氧化时间对铝合金涂层微观结构的影响

用 SEM 测试了微弧氧化涂层铝合金表面形貌，如图 3-19 所示。微弧氧化涂层表面粗糙度、厚度和表面孔隙率见表 3-8。涂层均显示出多孔隙和含裂纹缺陷的特征，这些物理结构缺陷不可避免。如图 3-19f 所示，7075-T6 铝合金涂层表面裂纹与其他涂层不同，呈现为平面三角形相交的形态。除了裂纹，随着氧化时间的延长，涂层表面粗糙度值增加，微孔数量减少。在微弧氧化初始阶段，微弧放电更容易进行，许多微孔分布在涂层表面，这促进了涂层的形成。铝合金在电解液中暴露 12min，涂层微孔的形状大多为规则几何形状，并且微孔直径小于 1.5μm，而较厚涂层微弧放电变得困难，涂层放电通道数量减少。图 3-19b 显示出具有不规则形状且直径超过 2.5μm 的微孔。图 3-19e 展示了圆形孔的存在。氧化 50min 制备的涂层表面微孔数量明显减少，表面更粗糙。图 3-19c 显示了熔池的存在，图 3-19f 显示了涂层较大裂纹的存在。随着氧化时间从 12min 增加至 50min，大量熔融物从部分放电通道中挤出，在电解液的冷却作用下形成较大的熔池。然而，涂层增厚，涂层的散热性能变差，容易诱导微弧氧化涂层表面形成较大尺寸的裂纹。

表 3-8　微弧氧化涂层表面粗糙度、厚度和表面孔隙率

试样	2024-T3			7075-T6		
	12min	24min	50min	12min	24min	50min
表面粗糙度 $Ra/\mu m$	0.46	0.58	0.61	0.44	0.59	0.78
涂层厚度/μm	4.7	7.0	9.6	4.7	5.3	7.4
表面孔隙率（%）	14.1	9.8	6.1	6.7	5.0	4.7
残余应力/MPa	—	-109.4	—	—	42	—

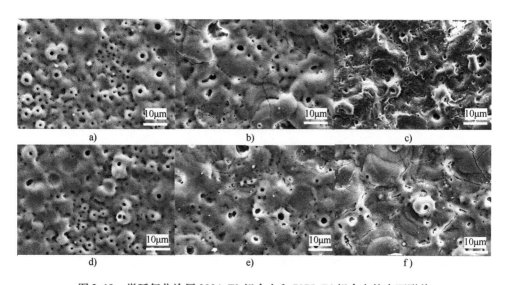

图 3-19 微弧氧化涂层 2024-T3 铝合金和 7075-T6 铝合金的表面形貌

a) 氧化 12min 2024-T3 铝合金 b) 氧化 24min 2024-T3 铝合金 c) 氧化 50min 2024-T3 铝合金
d) 氧化 12min 7075-T6 铝合金 e) 氧化 24min 7075-T6 铝合金 f) 氧化 50min 7075-T6 铝合金

随着微弧氧化时间的增加，涂层厚度、表面粗糙度值和孔隙率不是线性增加。与 7075-T6 铝合金相比，相同氧化时间下 2024-T3 铝合金涂层厚度和表面孔隙率更高。在 50min 氧化时间条件下，2024-T3 铝合金涂层表面粗糙度值低于 7075-T6 铝合金涂层，其余相应氧化时间下在两种铝合金上制备的涂层表面粗糙度基本相同。基体 Zn 元素和 Cu 元素含量会影响涂层的表面孔隙率和厚度，基体 Zn 元素增加有利于涂层孔隙率和厚度的增加。试验结果表明，Cu 元素含量对涂层生长的影响比 Zn 元素要明显，两种基体 Cu 元素含量不同是微弧氧化涂层表面形貌存在显著差异的主要原因。

图 3-20 所示为微弧氧化涂层表面三维轮廓。从氧化时间 12min 到 50min，3D 光学图像显示涂层在基体上趋于均匀分布。在涂层的缺陷和较薄涂层位置易发生微弧放电，形成放电通道。熔融的基体氧化物从放电通道挤出，遇到温度较低的电解液，形成氧化铝陶瓷，该熔融氧化铝附着在放电通道周围的涂层外层。因此，涂层分布更均匀。较薄涂层表面出现了波峰和波谷形貌，这是由涂层表面的微孔、薄饼结构和裂纹引起。虽然图 3-19c 的表面比图 3-19f 所示的表面更粗糙，但是测得前者的表面粗糙度值低于后者，且涂层表面粗糙度值低于基体。由于基体初始表面粗糙度 $Ra = 0.8\mu m$，涂层在基体表面生长并覆盖了基体的凹口缺陷，导致涂层铝合金表面粗糙度 Ra 值低于 $0.8\mu m$。

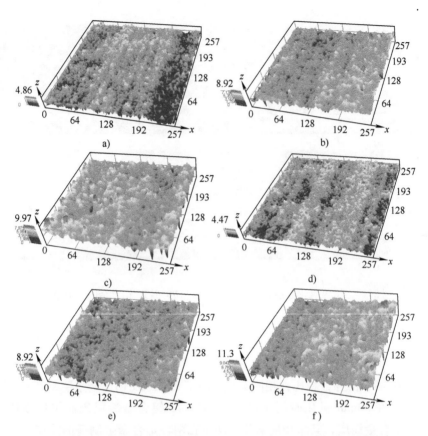

图 3-20 微弧氧化涂层 2024-T3 铝合金和 7075-T6 铝合金的三维轮廓

a) 氧化 12min 2024-T3 铝合金　b) 氧化 24min 2024-T3 铝合金　c) 氧化 50min 2024-T3 铝合金
d) 氧化 12min 7075-T6 铝合金　e) 氧化 24min 7075-T6 铝合金　f) 氧化 50min 7075-T6 铝合金

图 3-21 是基体和涂层间截面形貌，它影响涂层和基体间的结合强度和基体的疲劳寿命。如图 3-21b 和 c 所示，在涂层 2024-T3 铝合金界面处未观察到明显的过度生长区。然而，当氧化 50min 时，7075-T6 铝合金涂层向基体显著生长，如图 3-21f 所示。依据涂层表面和涂层铝合金的截面形貌分析结果，可以得出基体是影响涂层生长的因素之一。在处理 50min 后，在涂层上观察到较低的表面孔隙率，这导致在相同位置持续产生大火花的微弧放电，局部持续较强放电导致基体部分被过度熔融，出现涂层向基体生长现象。图 3-21d 显示涂层横截面存在穿透裂纹。涂层裂纹的产生是由残余应力引起，残余应力的影响因素之一是铝合金和涂层间的热膨胀系数存在差异。通常，在微弧氧化初期和后期都容易诱发裂纹产生。当微弧氧化时间较短时，形成的涂层由高孔隙率的疏松层组成。较厚涂层阻止了电解液冷却涂层内部，涂层内部的温度相对较高，涂层内产生了较大热应

力，热应力大于涂层应力时，裂纹产生。高孔隙率的疏松层和有较高热应力存在的涂层极易产生裂纹。图 3-21c 和 f 显示涂层的横截面粗糙，并且在界面附近发现了孔（圆圈），这是因为在熔融/未熔融的涂层界面附近可能会维持较高温度和较低黏度的熔融层，这有利于在结节周边产生气体。

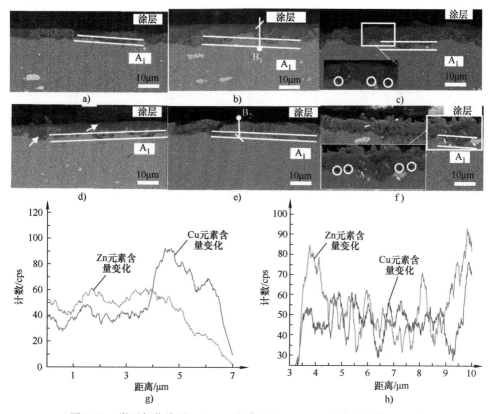

图 3-21　微弧氧化涂层 2024-T3 铝合金和 7075-T6 铝合金的截面形貌

a）氧化 12min 2024-T3 铝合金　b）氧化 24min 2024-T3 铝合金　c）氧化 50min 2024-T3 铝合金
d）氧化 12min 7075-T6 铝合金　e）氧化 24min 7075-T6 铝合金　f）氧化 50min 7075-T6 铝合金
g）B_1 的元素含量变化　h）B_2 的元素含量变化

用 EDS 对 2024-T3 铝合金和 7075-T6 铝合金涂层截面中的 Cu 和 Zn 含量进行了分析。图 3-21b 显示，沿着扫描线 B_1，涂层表面附近的 Cu 含量显著高于 Zn 含量，而涂层内的 Zn 含量则略高于 Cu 含量。不过，这两种元素的含量沿着扫描线 B_2 的变化与 2024-T3 铝合金涂层表面的元素含量相反。涂层元素分布的变化归因于基体中元素（Cu 和 Zn）含量的差异，见表 2-1。

使用 XRD 分析了不同基体微弧氧化涂层的成分。涂层的相组成分析结果如图 3-22 所示。2024-T3 铝合金和 7075-T6 铝合金涂层主要包含 $\gamma\text{-}Al_2O_3$，而

α-Al$_2$O$_3$的含量少。γ-Al$_2$O$_3$相的形成是由于涂层外层的冷却速率较大。研究表明，相组成影响涂层的耐蚀性和耐磨性。在衍射峰中未观察到 Cu 氧化物和 Zn 氧化物的存在，这可能是由于其在涂层中的含量极低。

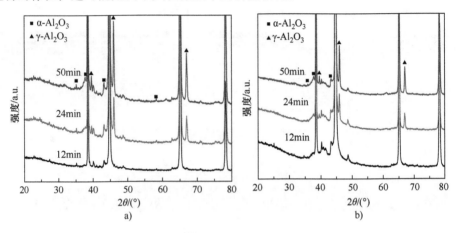

图 3-22 铝合金微弧氧化涂层 XRD 图谱

a）2024-T3 铝合金 b）7075-T6 铝合金

2024-T3 铝合金和 7075-T6 铝合金微弧氧化涂层分别存在 109.4MPa 的残余压应力和 42MPa 的残余拉应力。在相同的微弧氧化工艺下，2024-T3 铝合金和 7075-T6 铝合金涂层的残余应力性质相反。通常，残余应力归因于涂层与基体间热膨胀系数的差异。不过，2024-T3 铝合金和 7075-T6 铝合金涂层的表面形貌和元素在截面上分布的差异性表明基体 Cu 和 Zn 影响了涂层局部放电，进而导致残余应力性质不同。热膨胀系数的差异是影响残余应力的一个因素，但是也要考虑微弧放电对涂层微观形貌的影响，两者都影响残余应力性质。2024-T3 铝合金在不同占空比和基体表面粗糙度条件下制备的涂层存在残余压应力，在 7075-T6 铝合金涂层中检测到残余拉应力。通过对比 2024-T3 铝合金和 7075-T6 铝合金涂层孔隙率，可以推测出涂层孔隙率的显著不同是造成残余应力呈现不同性质的重要因素之一。基于孔隙率影响因素分析，基体元素的不同引起孔隙率存在差异，进而影响了涂层残余应力性质。关于涂层残余应力与微观结构的关系、残余应力产生的机理以及残余应力对涂层铝合金疲劳性能的影响机制，将在第 4 章进行详细讨论。

3.3.2 氧化时间对涂层 2024-T3 铝合金和 7075-T6 铝合金疲劳性能的影响

图 3-23 所示为裸铝合金和微弧氧化涂层铝合金疲劳寿命柱状图。与裸铝合金相比，涂层 2024-T3 铝合金的疲劳寿命增加，而涂层 7075-T6 铝合金的疲劳寿

命下降。通过分析涂层的微观结构，发现 2024-T3 铝合金涂层表面孔隙率高于 7075-T6 铝合金涂层。这表明涂层的表面孔隙率并不一定会损伤铝合金基体的疲劳性能。2024-T3 铝合金涂层存在的残余压应力可以延迟涂层表面裂纹扩展到基体。相反，7075-T6 铝合金涂层存在的残余拉应力导致裂纹很容易穿过界面扩展到基体。

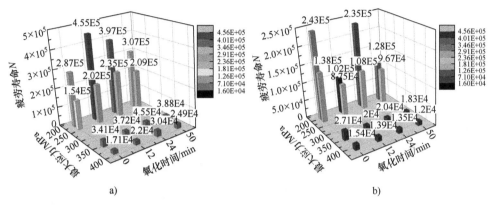

图 3-23　裸铝合金和微弧氧化涂层铝合金疲劳寿命柱状图
a）2024-T3 铝合金　b）7075-T6 铝合金

疲劳寿命柱状图仅能反映出疲劳寿命的变化趋势，要评价涂层对基体疲劳寿命的影响程度，需要对疲劳寿命变化量进行定量分析。式（3-1）用于评估涂层对基体疲劳性能的损伤程度。为了与占空比引起疲劳寿命的变化率 λ_ζ 区别，这里氧化时间导致疲劳寿命的变化量用 ψ 表示。ψ 的值如图 3-24 所示。总的来说，随着氧化时间从 12min 增至 50min，涂层铝合金的疲劳寿命呈现先增加后降低的变化规律。不过，在 $\sigma_{\max} = 220$MPa 时，与 24min 和 50min 的涂层 2024-T3 铝合金相比，12min 时其疲劳寿命最长。此外，微弧氧化时间对相对较薄和较厚涂层铝合金疲劳寿命的影响不同。在高应力加载条件（$\sigma_{\max} = 350$MPa 和 390MPa）下，24min 的涂层 2024-T3 铝合金疲劳寿命较长，而 12min 的涂层表面孔隙率较高，这引起涂层铝合金的疲劳寿命降低。在微孔周围应变积累有所增加，位错分布更密集。因此，涂层表面微孔易于产生应力集中并在微孔内引发疲劳裂纹的产生。当微弧氧化 50min 时，界面附近出现微孔，并且涂层表面存在较大的熔池，这损伤了涂层 2024-T3 铝合金的疲劳寿命提高。因此，50min 的涂层 2024-T3 铝合金疲劳寿命相对较低。

图 3-24 显示涂层 2024-T3 铝合金疲劳寿命变化量 ψ 在 $\sigma_{\max} = 390$MPa 的值比 $\sigma_{\max} = 350$MPa 的值高 19% ~ 45%，而涂层 7075-T6 铝合金的 ψ 值在 $\sigma_{\max} = 410$MPa 比 $\sigma_{\max} = 350$MPa 的低 10% ~ 16%。一方面，7075-T6 铝合金涂层的波谷

集中分布，诱导涂层表面大尺寸裂纹形成，这种涂层表面形貌不利于涂层铝合金疲劳寿命的提高；另一方面，24min 的 2024-T3 铝合金涂层存在 109.4MPa 的残余压应力，比相应氧化时间下 7075-T6 铝合金涂层残余拉应力（42MPa）大得多。在高循环应力加载条件下，疲劳裂纹扩展周期是整个疲劳失效周期的主要部分，裂纹在含残余拉应力的涂层中扩展时间非常短，疲劳寿命低。不过，涂层残余压应力会抑制裂纹扩展，并延长裂纹在涂层中的扩展寿命，减轻涂层裂纹对基体的损伤。因此，残余压应力显著影响涂层铝合金的疲劳寿命，而残余拉应力对涂层铝合金低周疲劳寿命影响很小。

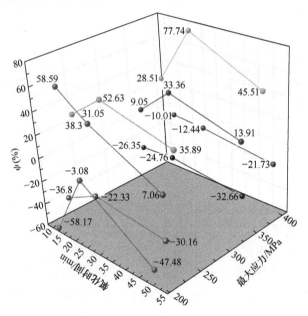

图 3-24　疲劳寿命变化量

随着循环应力幅值的降低，与裸铝合金的疲劳寿命相比，具有较厚涂层的 2024-T3 铝合金的高周疲劳寿命降低。在低应力加载条件下，疲劳裂纹产生在含有微孔和裂纹的涂层表面，而涂层残余应力性质显著影响基体的疲劳性能。2024-T3 铝合金涂层存在残余压应力，界面基体会承受相应的拉应力用以平衡涂层压应力。涂层残余压应力减轻了涂层开裂对基体的损伤，而界面基体残余拉应力与外部应力的综合作用使得裂纹相对容易从涂层通过界面扩展到基体。因此，在 $\sigma_{max} = 220\text{MPa}$ 时，12min 的涂层 2024-T3 铝合金的疲劳寿命较高。随着加载应力水平的增加，残余应力释放，裂纹扩展寿命占比增大，且界面基体残余拉应力与外加高幅值应力损伤界面，12min 的涂层铝合金的疲劳寿命有所降低。由于不同氧化时间下 2024-T3 铝合金涂层较薄，涂层微缺陷较少，疲劳寿命变化量 ψ

的值大于或等于 0。12min 的涂层 7075-T6 铝合金横截面上有穿透性裂纹，50min 的涂层表面有较大的三角形相交裂纹，这些缺陷容易诱发疲劳裂纹，降低基体的疲劳寿命。随着循环应力水平的降低，涂层缺陷对基体疲劳性能的影响增大。不过，涂层残余拉应力在裂纹扩展的过程中快速释放，由涂层残余拉应力诱导的界面基体残余压应力并不能阻碍裂纹从涂层扩展到基体。微弧氧化涂层损伤 7075-T6 铝合金的疲劳性能。

图 3-25 所示为裸铝合金和涂层铝合金在 $\sigma_{\max} = 220\text{MPa}$ 的宏观疲劳断口形貌。通过比较裂纹萌生和扩展区，发现涂层铝合金的裂纹扩展区发生了改变。在第 3.1.2 节中指出涂层存在残余压应力，改变了裂纹尖端的应力场，导致裂纹扩展路径发生变化。由图 3-25 可知，残余拉应力和残余压应力都会改变疲劳裂纹原来的扩展方向。

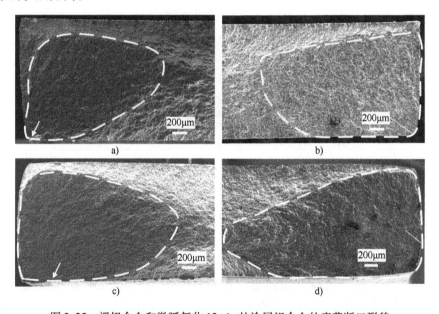

图 3-25　裸铝合金和微弧氧化 12min 的涂层铝合金的疲劳断口形貌
a）2024-T3 裸铝合金　b）氧化 12min 的涂层 2024-T3 铝合金
c）7075-T6 裸铝合金　d）氧化 12min 的涂层 7075-T6 铝合金

图 3-26 所示为半椭圆形表面裂纹的几何定义。a 是裂纹深度，c 是裂纹宽度的一半。在疲劳裂纹扩展一段时间内，点 A 移至 A'，点 C 移至 C'。考虑在较小的循环数增量 ΔN 中出现较小的裂纹增量，在 A 和 C 处的增量 Δa（AA'）和 Δc（CC'）分别为

$$\Delta a = \Delta N (\mathrm{d}a/\mathrm{d}N)_A = \Delta N f_R (\Delta K_A)$$

$$\Delta c = \Delta N (dc/dN)_C = \Delta N f_R (\Delta K_C) \tag{3-6}$$

式中，ΔK_A 和 ΔK_C 分别是 A 点和 C 点的应力强度因子。裂纹扩展主要发生在铝合金内部。微弧氧化后，裂纹沿着涂层铝合金的表面以及基体内扩展。除了残余应力的影响，涂层表面微缺陷也是改变裂纹扩展路径的原因。由式（3-6）和第3.1 节中残余应力对应力强度因子的影响分析可知，残余压应力会降低 Δc 的值，而残余拉应力会增大其值。因此，沿着涂层表面的裂纹扩展路径有利于延长涂层2024-T3 铝合金的疲劳寿命，但对涂层 7075-T6 铝合金疲劳寿命的提高不利。不过，沿 AA' 方向的裂纹扩展主要发生在基体中，残余应力对 Δa 的值影响很小。7075-T6 铝合金的残余应力和涂层微缺陷诱导裂纹扩展路径发生改变，裂纹扩展区的增大会消耗更多的能量，但涂层仍损伤了基体的疲劳寿命。这说明了涂层微缺陷和残余拉应力导致疲劳裂纹较易在涂层表面萌生，并在残余拉应力的作用下快速扩展，损伤了基体的疲劳性能，尤其在低应力循环载荷下较为明显。

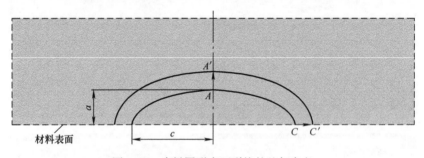

图 3-26　半椭圆形表面裂纹的几何定义

铝合金抛光后的表面形貌和 EDS 分析结果如图 3-27 所示。如图 3-27a 所示，2024-T3 铝合金存在许多第二相粒子，并且基体中第二相粒子的数量多于表面附近。图 3-27a 中第二相粒子 A 的主要成分是 Al 和 Cu。如图 3-27b 所示，在 7075-T6 铝合金内发现了两种类型的第二相粒子。然而，与 2024-T3 铝合金相比，7075-T6 铝合金内的第二相粒子的分布相对均匀，并且在基体中观察到相对较少的第二相粒子。7075 铝合金的第二相粒子的元素主要包括 Al、Fe、Si 和 Mg。图 3-28 所示为微弧氧化涂层 2024-T3 铝合金界面的第二相粒子被溶解。在微弧氧化过程中，第二相粒子的聚热作用使其优先被熔化，形成的氧化物从放电通道中挤出，并在电解液的冷却下黏附到涂层外表面。因此，涂层横截面分布的少部分 Cu 来源于第二相粒子熔融的 Cu。

夹杂物引起的应力集中导致疲劳裂纹容易在第二相粒子处萌生，且夹杂物尺寸与其对基体疲劳损伤程度呈正相关。通过对不同占空比的涂层 2024-T3 铝合金疲劳断口分析，发现第二相粒子附近存在大量疲劳条纹，证实了第二相粒子是裂纹的萌生源。基体夹杂物尺寸的减小对涂层 2024-T3 铝合金的疲劳性能产生了有益影响。由于 2024-T3 铝合金表面的裂纹萌生源较少且其尺寸减小，在涂层裂纹跨过界面的周期会有所延长。本部分在第 3.1.2 节的基础上进一步分析了第二相粒子在基体的分布，通过分析 2024-T3 铝合金和 7075-T6 铝合金第二相粒子的差异，证实涂层与基体界面处第二相粒子的熔融是涂层 2024-T3 铝合金疲劳寿命提升的原因之一。此外，7075-T6 铝合金的第二相粒子分布较为均匀，涂层铝合金的裂纹扩展路径的改变并未改善基体的疲劳寿命。

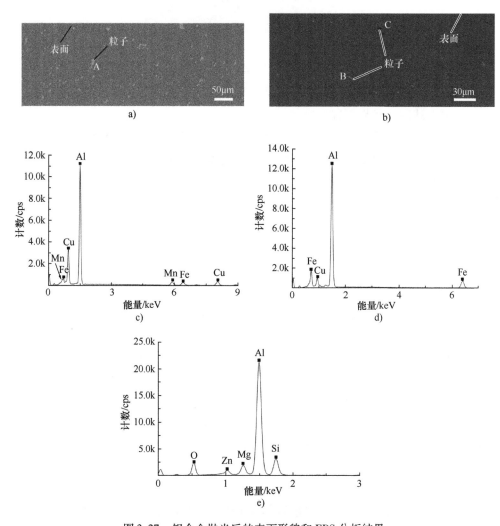

图 3-27　铝合金抛光后的表面形貌和 EDS 分析结果

a）2024-T3 铝合金抛光后的表面形貌　b）7075-T6 铝合金抛光后的表面形貌

c）图 a 中粒子 A 的 EDS 分析　d）图 b 中粒子 B 的 EDS 分析　e）图 b 中粒子 C 的 EDS 分析

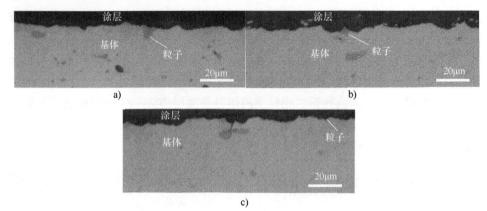

图 3-28　微弧氧化涂层 2024-T3 铝合金界面的第二相粒子被溶解

a）氧化 12min　b）氧化 24min　c）氧化 50min

根据上述试验结果可以得出：

1）基体 Cu 元素促进高孔隙率微弧氧化涂层的形成，并且基体 Cu 和 Zn 的元素含量几乎不会改变涂层表面粗糙度值，基体对相组成影响不大。在 7075-T6 铝合金低孔隙率涂层表面出现较大的裂纹，涂层向基体过度生长。此外，基体 Cu 和 Zn 元素含量影响涂层的残余应力性质。Cu 含量较高的 2024-T3 铝合金涂层内存在残余压应力，而 Zn 含量较高的 7075-T6 铝合金的涂层存在残余拉应力。

2）微弧氧化涂层残余应力性质和界面第二相粒子以及涂层大尺寸微缺陷是影响基体疲劳性能的关键因素。涂层残余压应力和界面基体第二相粒子尺寸减小是涂层 2024-T3 铝合金疲劳寿命高于裸铝合金的主要因素，而涂层残余拉应力导致涂层 7075-T6 铝合金疲劳寿命下降。残余应力改变了疲劳裂纹在基体中的扩展方向，涂层残余压应力抑制了裂纹在涂层 2024-T3 铝合金的表面扩展，界面基体第二相粒子尺寸减小，延缓涂层裂纹跨过界面进入基体扩展。涂层横截面的穿透裂纹和表面较大尺寸三角形相交裂纹以及涂层残余拉应力严重损伤了低应力载荷条件下涂层 7075-T6 铝合金的疲劳性能。然而，在高应力载荷条件下，涂层缺陷和残余拉应力对涂层铝合金疲劳性能的损伤减弱。与裸铝合金相比，涂层 2024-T3 铝合金在 $\sigma_{max} = 390MPa$ 时疲劳寿命显著提高，涂层缺陷对基体疲劳寿命的影响较小。

3.4　Cu 含量对涂层微观结构和残余应力的影响验证

在 Al-xCu（x = 1、3 和 4.5，质量分数，%）合金上以 10min、24min 和 40min 氧化时间制备微弧氧化涂层。目的是探讨 Cu 含量对铝基体热导率和电导率的影响，研究 Cu 含量对涂层的生长速率的影响及其与残余应力的关系，评价了微弧氧化 40min 时涂层铝合金的耐蚀性。随后，为了减少涂层厚度对涂层微观结构和残余应力的影响，分别在 Al-1Cu 合金和 Al-4.5Cu 合金上制备了 3 种厚度的涂层并且两种铝合金相应的涂层厚度接近，研究了 Cu 含量对涂层微观结构、残余应力和耐磨性的影响。

3.4.1　Cu 含量对涂层微观结构的影响

图 3-29 所示为裸铝合金的表面形貌，其中点 A 和 B 的谱线如图 3-30 所示。在 Al-4.5Cu 合金中发现大量的金属间化合物析出。通过对金属间化合物的元素进行分析，该化合物为 Al-Cu 合金相。然而，在 Al-1Cu 和 Al-3Cu 合金中发现的 Al-Cu 金属间化合物较少。这可以归因于当 Cu 含量超过其在 Al 基体中的溶解度时，Al-Cu 金属间化合物的析出。当 Cu 含量由 1% 增至 3% 时，大量的 Cu 在基体溶解。与 Al-1Cu 合金和 Al-3Cu 合金相似，分散的较多的小尺寸 Al_2Cu 相分布在 Al-4.5Cu 合金内。

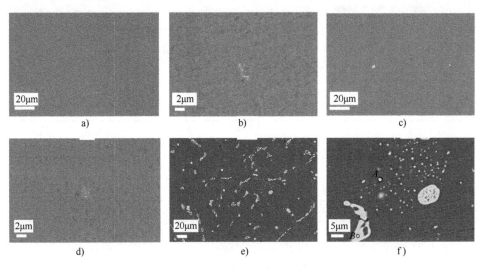

图 3-29　裸铝合金的表面形貌

a)、b) Al-1Cu 合金　c)、d) Al-3Cu 合金　e)、f) Al-4.5Cu 合金

表 3-9 是 Al-Cu 合金的化学成分、电导率、热导率和力学性能。随着 Cu 含量的增加，铝合金基体的屈服强度和抗拉强度先升高后降低。屈服强度和抗拉强度的提高可归因于析出相的形成。测得的 Al-1Cu 合金的电导率和热导率分别是 Al-3Cu 合金的 1.18 倍和 1.19 倍，是 Al-4.5Cu 合金的 1.06 倍和 1.07 倍。Cu 含量的增加提高了固溶体中晶格畸变程度，并降低了 Al-Cu 合金的电导率和热导

率。大量的 Al₂Cu 相析出可能会降低固溶体的 Cu 含量。因此，增加铝基体中溶解的 Cu 含量会削弱基体的导热和导电性能，而金属间化合物降低了基体中溶解的 Cu 含量，有利于合金的电导率和热导率的提高。Al-4.5Cu 合金中的大量 Al₂Cu 相降低了晶格畸变程度，增加了其电导率和热导率。铝合金中 Cu 含量的变化和 Al₂Cu 相的产生改变了基体的热导率和电导率，这是讨论 Cu 含量影响涂层微观结构和残余应力的重要物理参数。

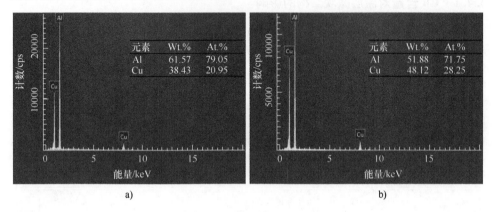

图 3-30   图 3-29 中点 A 和 B 的谱线

a）A 点的光谱线   b）B 点的光谱线

表 3-9   Al-Cu 合金的化学成分、电导率、热导率和力学性能

Al（质量分数，%）	Cu（质量分数，%）	Fe、Si、Ca 和 Mg	电导率（%IACS）	热导率/[W/(m·K)]	抗拉强度/MPa	屈服强度/MPa
98.97	1.02	<1	58.4	258	100	43
96.95	3.04	<1	49.4	216	210	86
95.52	4.47	<1	55.1	241	163	71

图 3-31 所示为氧化时间为 10min、24min 和 40min 时微弧氧化涂层的表面形貌。当氧化时间从 10min 到 24min 时，裂纹变得清晰，微孔尺寸增加，并且随着 Cu 含量的增加，微孔尺寸增加。此外，微孔数量随着氧化时间的增加而减少。微孔数量的减少导致少数微孔放电能量增加。大量热量的产生增加了涂层和基体间的失配应变，导致高幅值热应力的产生，损坏涂层并形成大尺寸的热裂纹。

与 Al-1Cu 合金和 Al-3Cu 合金涂层特征不同，Al-4.5Cu 合金涂层含有大尺寸裂纹。表 3-10 记录了氧化 10min 时不同铝合金的母线电流变化，这一结果表明 Cu 含量的增加影响了电流。平均电流的关系为 $I_{4.5Cu} > I_{1Cu} > I_{3Cu}$，可以得出结论，Al₂Cu 相的析出和高电导率有利于电流的增加。由于涂层是在 550V 的电压

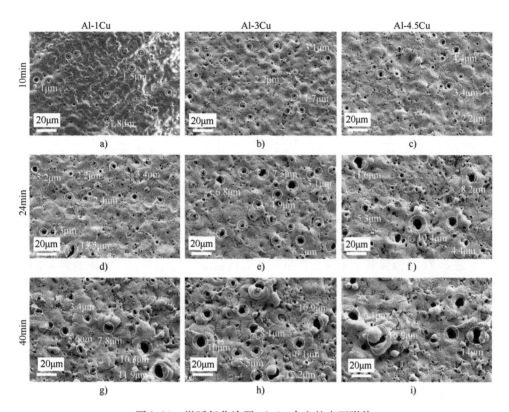

图 3-31 微弧氧化涂层 Al-Cu 合金的表面形貌

下制备，含 4.5% Cu 的合金的输入能量很高，导致出现大尺寸的微孔和裂纹。与含 1% Cu 的合金相比，含 3% Cu 的合金涂层的微孔直径较大，这表明微孔的大小除了与放电能量有关外，还与基体 Cu 元素含量有关。Al_2Cu 相的析出诱发强微弧放电产生，导致涂层表面出现了大尺寸的微孔和裂纹。微弧放电结束后，放电通道被熔体重新填充，熔融氧化物喷发影响微孔的形成。电解液对涂层的快速冷却导致熔融氧化物黏附在微孔的内壁上，从而减小了放电通道的尺寸。能量输入 Q 包括化学反应和焦耳热 ΔUI。热量被电极-基板和电解液吸收，关系式为

$$Q + \phi A(T_s - T_e) = -\lambda_s \partial T \partial x \tag{3-7}$$

式中，ϕ、A 分别是电极-电解液界面的传热系数和表面积；T_s 和 T_e 分别是基体和电解液的温度；λ_s 是基体的热导率。由于热导率随施加的热流密度的增加而增加，所以 T_s 没有增加或者只是缓慢增加。热导率的增加有利于涂层试样的散热。由于含 1% Cu 的合金热导率较高，涂层容易被电解液迅速冷却到室温，形成小尺寸的放电通道。

表 3-10　氧化 10min 时不同铝合金的母线电流变化

时间/min	Al-1Cu 合金		Al-3Cu 合金		Al-4.5Cu 合金	
	电压/V	电流/A	电压/V	电流/A	电压/V	电流/A
1	146	6	328	5	123	7
2	457	10	433	8	320	13
3	550	13	550	13	550	16
4	550	9	550	9	550	11
5	550	9	550	8	550	10
6	550	8	550	8	550	9
7	550	8	550	7	550	9
8	550	8	550	7	550	8
9	550	8	550	7	550	8
10	550	8	550	7	550	8

表 3-11 是微弧氧化涂层孔隙率和表面粗糙度。Cu 含量从 1% 增加到 4.5%，涂层孔隙率增加。由于高热导率导致微孔尺寸减小，含 1% Cu 的铝合金涂层孔隙率较低而较大的输入能量导致含 4.5% Cu 的铝合金涂层孔隙率最高。含 4.5% Cu 的铝合金涂层存在大量直径小于 1.5μm 的微孔，并且它们的分布是均匀的。在图 3-31c 中，微孔的分布与先前相应的裸铝合金表面分散的小尺寸的 Al_2Cu 相的形态基本一致。由于 Al-4.5Cu 合金的电导性能较好而 Al_2Cu 相的导热性能较差，导致在 Al_2Cu 附近的 α-Al 容易溶解，故涂层表面的微孔与 Al_2Cu 相的分布有关。分析 40min 的涂层也发现 Al_2Cu 相促进了涂层的生长和多孔涂层的形成，Cu 含量对涂层表面粗糙度值影响不大。在图 3-31i 中发现了大尺寸的裂纹，有长度为 16.9μm 和 14μm 的微孔形成。Al-4.5Cu 合金涂层微孔尺寸大但数量少。相比之下，Al-1Cu 合金涂层含有较少直径小于 5.6μm 的孔。如图 3-31h 所示，大尺寸微孔（12.2μm 和 10.9μm）和较多直径小于 6.1μm 的微孔分布在 Al-3Cu 合金涂层表面，且 Al-3Cu 合金的涂层孔隙率最大，表面粗糙度值最小。不过，含 1% Cu 的铝合金涂层表现出孔隙率降低和表面粗糙度值增加的现象。

表 3-11　微弧氧化涂层孔隙率和表面粗糙度

铝合金	Al-1Cu 合金			Al-3Cu 合金			Al-4.5Cu 合金		
氧化时间/min	10	24	40	10	24	40	10	24	40
孔隙率（%）	2.36	4.76	6.00	4.12	6.94	8.50	4.46	8.26	7.00
表面粗糙度 Ra/μm	0.83	1.02	1.71	0.86	0.99	1.26	0.93	1.08	1.36
涂层厚度/μm	5.0±0.5	9.2±1.5	14.4±2.0	7.0±1.5	11.9±1.0	15.1±1.5	6.4±1.5	10.4±1.5	16.0±2.0

为了说明金属间化合物 Al_2Cu 对涂层的影响，在 Al-1Cu 合金和 Al-4.5Cu 合金表面进行微弧氧化。图 3-32 所示为不同氧化时间下 Al-Cu 合金涂层的三维形貌。随着氧化时间的增加，涂层在基体的分布更加均匀。涂层的沟槽是由于基体抛光预处理产生抛痕影响了涂层生长。为了去除铝合金制备时因表面研磨引起的氧化铝层，沿长度方向对基体进行打磨。因此，在 Al-Cu 合金的表面上形成了纵向沟槽。

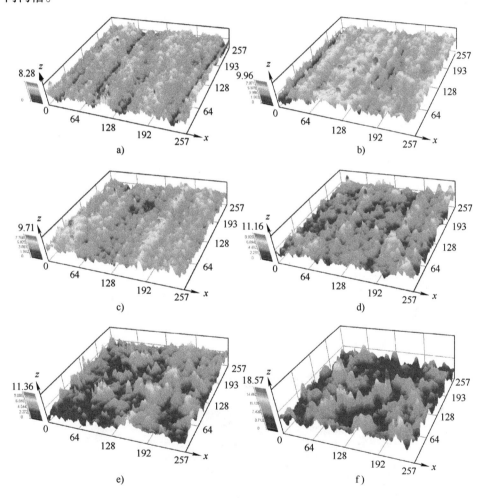

图 3-32　微弧氧化涂层 Al-Cu 合金的三维形貌

a) Al-1Cu 合金氧化 10min　　b) Al-4.5Cu 合金氧化 9min　　c) Al-1Cu 合金氧化 24min

d) Al-4.5Cu 合金氧化 24min　　e) Al-1Cu 合金氧化 40min　　f) Al-4.5Cu 合金氧化 40min

在微沟槽的底部，涂层的增长率为"先慢随后快"型的生长方式。在微弧氧化早期阶段，两个相邻沟槽间的尖端放电促进沟槽间涂层生长。随着氧化时间延长，涂层厚度差的增加，底部的涂层生长速度加快。微弧氧化时间短，犁沟没有完全被涂层填充，从而在涂层表面产生了图 3-32a 和 b 所示的特殊形貌。氧化 24min 后，底部几乎完全被涂层覆盖。对于相同的微弧氧化时间，与 Al-1Cu 合金涂层相比，Al-4.5Cu 合金涂层分布相对均匀。金属间化合物 Al_2Cu 影响了微弧放电和涂层生长。在本研究中沟槽和金属间化合物 Al_2Cu 均会影响基体涂层分布。由于涂层的厚度增加，涂层生长速度降低。在金属间化合物 Al_2Cu 处的热量积累增加了涂层与界面基体的温度，大量的熔融氧化物从放电通道中排出，引起 Al_2Cu 处的涂层变厚。然而 Al-4.5Cu 合金中大尺寸 Al_2Cu 处的微弧放电较强，导致 Al-4.5Cu 合金涂层的 z 轴值明显高于 Al-1Cu 合金，如图 3-32e 和 f 所示。

图 3-33 所示为 Cu 含量和氧化时间对 Al-1Cu 合金和 Al-4.5Cu 合金涂层形貌的影响。与 Al-1Cu 合金相比，在 Al-4.5Cu 合金涂层上发现了较多的微孔和裂纹。随着氧化时间的增加，Al-1Cu 和 Al-4.5Cu 合金涂层表面的微孔尺寸增加。对涂层的表面粗糙度和孔隙率进行了测试分析，结果见表 3-12。随着氧化时间的增加，涂层表面变得粗糙。Al-4.5Cu 合金涂层表面粗糙度值大于 Al-1Cu 合金涂层表面粗糙度值。氧化 9min，在 Al-4.5Cu 合金涂层上发现了直径小于 1.5μm 的聚集分布微孔。如图 3-33b 所示，微孔也分布在犁沟表面。图 3-29 所示小尺寸的 Al_2Cu 相呈现集中分布，说明涂层表面出现的特殊形貌归因于小尺寸的 Al_2Cu 相，Al_2Cu 相影响了基体上的涂层生长。在涂层表面均发现了薄饼状的微观形

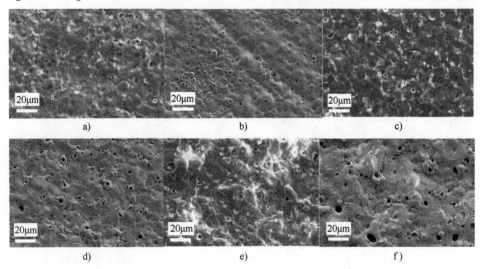

图 3-33　不同氧化时间下在 Al-Cu 合金表面形成的涂层形貌

a）Al-1Cu 合金氧化 10min　b）Al-4.5Cu 合金氧化 9min　c）Al-1Cu 合金氧化 24min
d）Al-4.5Cu 合金氧化 24min　e）Al-1Cu 合金氧化 45min　f）Al-4.5Cu 合金氧化 45min

表 3-12　微弧氧化涂层表面孔隙率、表面粗糙度和厚度

试样	Al-1Cu 合金			Al-4.5Cu 合金		
氧化时间/min	10	24	45	9	24	45
表面孔隙率（%）	1.85	3.51	2.67	3.23	4.45	6.08
表面粗糙度 $Ra/\mu m$	0.80	0.90	1.07	1.00	1.20	1.36
涂层厚度/μm	5.00±0.5	7.0±1.0	11.5±2.0	4.5±0.5	8.0±2.0	11.5±2.0
残余应力/MPa	—	266±55	167±90	—	−170±46	−331±22

貌。在 Al-4.5Cu 合金的涂层表面发现了"火山口"形貌，而 Al-1Cu 合金涂层表面的微孔周围并未发现氧化物的堆积。金属间化合物 Al_2Cu 是引起 Al-Cu 合金涂层微观结构存在差异的重要因素。此外，Al_2Cu 相的聚热增加了放电通道周围的温度，导致熔融氧化铝的生成量增加。较强的微弧放电导致新产生的氧化物从排放通道挤出，挤出的熔融氧化物温度较高，不容易黏附在孔壁上。低温电解液导致熔融的氧化物固化，形成了带有波峰的"火山坑"。相反，低 Cu 含量的 Al-1Cu 合金具有较高的热导率，引起熔融金属氧化物容易附着在放电通道壁上，而且新形成涂层可能会堵塞较小尺寸的放电通道，这导致微孔的数量和尺寸均减少。金属间化合物 Al_2Cu 是大尺寸微孔产生和凝固的氧化物在孔边缘分布的关键因素。此外，熔融金属氧化物从熄灭的火花的位置喷出，随后在涂层表面形成一个坑状孔。

在每次微弧放电过程中，随着等离子体放电产生的氧化物的冷却和坍塌，产生了新涂层。对于较厚涂层，微弧放电主要发生在薄弱区域，并且火花越来越大，造成涂层排放通道数量减少而其平均尺寸增加。此外，较强微弧放电会在涂层表面诱导多孔且粗糙形貌形成，导致表面粗糙度值增加。表 3-11 和表 3-12 表面粗糙度的差异可能是由电流密度的不同造成的。电流密度的减小使得 Cu 含量对涂层表面粗糙度值的影响变大。如图 3-33d、e 和 f 所示，涂层表面上形成了具有径向取向的裂纹。同心和径向分布的表面裂纹可归因于熔池凝固过程中的失配应力松弛。熔池的快速凝固，使得熔融氧化物产生较大的热应力，造成熔池与周围涂层产生较大的应力，裂纹的形成可以释放熔池的部分失配应力。即使在厚涂层的情况下，Al_2Cu 相也会诱导微弧放电的发生。由于 Al_2Cu 相的热量积聚降低了放电孔封闭的可能性，并且氧离子 O^{2-} 仍然可以进入纳米级连续无定形氧化铝层，微弧放电可以继续。因此，在 Al-4.5Cu 合金上制备的涂层表面孔隙率随着氧化时间的增加而增加。

厚度近似相等的微弧氧化涂层 Al-1Cu 合金和 Al-4.5Cu 合金的孔隙率差异与相同氧化时间制备的涂层分析结果相比并不显著，这可以归因于同时处理试样数

量的差异。在控制相同氧化时间下，3 个材质相同的试样同时进行微弧氧化处理，这是控制涂层厚度相同的试验件数量的一半。电流密度的增加有利于微弧放电的产生，增加了涂层孔隙率，Al_2Cu 相加速了涂层生长速度。随着 Al-4.5Cu 合金涂层变厚，微弧放电变得困难，涂层生长速度减慢。然而，与控制氧化时间制备的涂层相比，Al-1Cu 合金因电流密度增大，氧化时间为 40min 时涂层表面仍会发生微弧放电。因此，Al-1Cu 和 Al-4.5Cu 合金涂层表面孔隙率大，涂层孔隙率差别不大。一般来说，电源和电化学反应提供的能量主要耗散方式：电解液 M_1 吸收的热量占据了大部分，涂层形成 M_2 和相变 M_3 消耗热量。基体的高热导率防止热量在局部积累并迅速向界面扩散。这加速了涂层与电解液间的热交换，电解液吸收了更多的热量。M_1 的增加减少了用于形成涂层的热量。此外，在电解液的快速冷却作用下，熔融的氧化物可以快速附着到基体的表面。因此，小尺寸的微孔容易闭合，导致孔隙率降低。相反，Al-3Cu 合金的低热导率降低了涂层和电解液间的热交换效率。熔融氧化铝不能快速冷却。M_1 的减少允许排放通道打开，并形成更大尺寸的熔池，如图 3-31h 所示。因此，Al-3Cu 合金的涂层高孔隙率的产生归因于较低的热导率。图 3-31i 中形成的 $16.9\mu m$ 和 $14\mu m$ 的微孔是 Al_2Cu 相引起的强微弧放电导致，并在微孔附近容易形成裂纹。

图 3-34 所示为微弧氧化涂层铝合金的横截面形貌。依据横截面形貌图测得的涂层厚度见表 3-11。氧化时间 40min 时，涂层厚度随着 Cu 含量的增加而增加。然而，氧化 10min 和 24min 时，Al-4.5Cu 合金涂层厚度低于 Al-3Cu 合金，即涂层厚度 h_C 的关系为 $h_{C,3Cu} > h_{C,4.5Cu} > h_{C,1Cu}$。Cu 的加入有利于微弧氧化涂层的形成。在横截面上观察到孔隙和裂纹。随着氧化时间从 10min 至 24min 增加，微孔和裂纹的数量增加，Al-3Cu 合金上涂层的横截面显示出松散的多孔形态。通过对 Al-4.5Cu 合金的涂层横截面的分析，发现在大尺寸 Al_2Cu 相的位置观察到较大的孔洞，大空腔可能与产氧有关。Al_2Cu 相诱导强烈的氧气产生并充满空穴，而涂层破裂是由于氧气压力最终上升到足够使膜层失效的水平。涂层的破裂为电解液穿透涂层进而接触基体提供了一条途径。因此，表 3-10 中含 4.5% Cu 的合金电流相对较高，可以用这一观点来解释。

图 3-35 所示为大空腔的典型特征和沿微弧氧化涂层横截面的 EDS 线谱。Al_2Cu 相导致大空腔的形成。EDS 线谱表明，P 元素主要分布在距涂层与基体界面 $2 \sim 3\mu m$ 处的涂层。涂层外侧的 Si 元素含量较高。因为 Cu 溶解在电解液中，不能被涂层吸收，所以在涂层中没有发现 Cu 元素。在 2024-T3 铝合金和 7075-T6 铝合金中测试到了 Cu 含量，可能是电流减小，导致 Cu 未能进入电解液而被固结到涂层。图 3-35b 和 d 显示 Si 和 P 元素含量在接近大空腔的位置更高。不同放电通道的连接和反应产物在放电通道处快速积累分别与 P- 电解质和 Si- 电解质

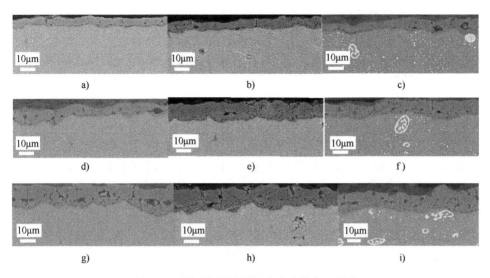

图 3-34 微弧氧化涂层铝合金的横截面形貌

a) Al-1Cu 合金氧化 10min b) Al-3Cu 合金氧化 10min c) Al-4.5Cu 合金氧化 10min

d) Al-1Cu 合金氧化 24min e) Al-3Cu 合金氧化 24min f) Al-4.5Cu 合金氧化 24min

g) Al-1Cu 合金氧化 40min h) Al-3Cu 合金氧化 40min i) Al-4.5Cu 合金氧化 40min

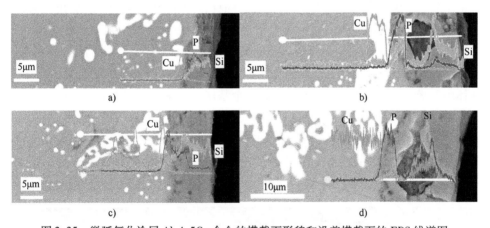

图 3-35 微弧氧化涂层 Al-4.5Cu 合金的横截面形貌和沿着横截面的 EDS 线谱图

a) 氧化 10min b) 氧化 24min 空腔处 c) 氧化 24min 非空腔处 d) 氧化 40min 空腔处

有关。大空腔使电解液中 PO_3^{3-} 和 SiO_3^{2-} 的带负电粒子进入涂层，导致 P 和 Si 元素增加。这个结果可以用 Al_2Cu 第二相模型来解释。表 3-11 显示涂层厚度随着 Cu 含量的增加而增加。然而，含 4.5% Cu 的合金涂层厚度低于含 3% Cu 的合金。由于 Al_2Cu 相导致破裂的涂层进入电解液，含 4.5% Cu 的合金涂层厚度减少。然而，具有 4.5% Cu 的合金的高电流有助于涂层生长，导致形成更厚涂层。含

3%Cu的合金低热导率阻止了涂层快速冷却并且排放通道不易闭合。然后，熔融氧化物可以从排放通道中挤出，这有利于涂层形成。相比之下，由于高热导率降低了孔隙率，含1%Cu的合金涂层厚度最低。不同的是，Cu含量对氧化40min制备的涂层厚度影响很小。恒定电压和厚涂层是导致这一结果的主要原因。即便如此，涂层横截面的形态也大不相同，不过，在Al-Cu合金涂层中都发现了微孔和热裂纹。

图3-36所示为控制涂层厚度条件下涂层Al-Cu合金的横截面形貌。在氧化24min时，Al-4.5Cu合金涂层厚度大于Al-1Cu合金，而氧化45min时它们的涂层厚度接近，表明在氧化时间从24min到45min变化时，Al-4.5Cu合金涂层生长速率下降，而Al-1Cu合金由于其涂层较薄，涂层生长速度并未受到明显抑制。与表3-11数据相比，Cu含量在短氧化时间和长氧化时间对涂层厚度影响不大，这归因于减小的电流密度。在微弧氧化早期，微弧放电常发生在α-Al处，Al_2Cu相对涂层形成的影响不显著，但表面形貌与Al_2Cu相的分布明显相关。此外，覆盖含多微孔薄涂层的基体可以通过电解液快速冷却。由于增加涂层厚度会损害涂层铝合金的导热性，微弧放电产生的热量会聚集在Al_2Cu相周围，涂层生长速度加快。然而，微孔数量的减少降低了涂层生长速度。在氧化45min后，在Al-1Cu合金上产生了含有裂纹的多孔涂层。同样，Al-4.5Cu合金涂层也出现裂纹，如图3-36f所示。图3-36e显示在大尺寸微孔含多小尺寸的微孔。微弧氧化涂层存在局部级联，这是涂层生长速率提高的关键因素。Al_2Cu相诱导产生的放电通道减少了级联的形成，在图3-36e和f中观察到涂层显著过度生长到Al-1Cu合金基体中，而没有明显生长到Al-4.5Cu合金基体。在涂层表面形貌分析中，Al_2Cu相导致涂层表面存在局部开放的放电通道。随后，由于Al-4.5Cu合金存在大量

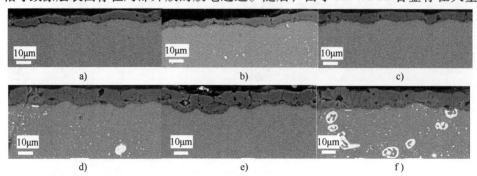

图3-36　微弧氧化涂层Al-Cu合金的横截面形貌

a）Al-1Cu合金氧化10min　b）Al-4.5Cu合金氧化9min　c）Al-1Cu合金氧化24min

d）Al-4.5Cu合金氧化24min　e）Al-1Cu合金氧化45min　f）Al-4.5Cu合金氧化45min

的金属间化合物 Al_2Cu，基体局部不易发生过度熔化。对于 Al-1Cu 合金，氧化 45min 时孔隙的减少和涂层厚度的增加导致微弧放电能量集中在少数放电通道中，致使局部基体的熔融深度增加。

图 3-37 所示为不同氧化时间下制备的涂层 XRD 图谱。涂层主要由 γ-Al_2O_3 相组成，莫来石含量较少。Al-4.5Cu 合金涂层中 α-Al_2O_3 的含量相对较高。在氧化 10min 时制备的 Al-3Cu 合金涂层中没有检测到 α-Al_2O_3。然而，随着氧化时间的延长，测得 α-Al_2O_3 的衍射峰，如图 3-37b 所示。在涂层 Al-4.5Cu 合金的 XRD 图谱中发现了 Al_2Cu 相的衍射峰。由图 3-35 可知，涂层中有较多的 Si 元素。Si 元素可能主要来源于莫来石和 SiO_2，相应产物的反应如下：

$$2SiO_3^{2-} - 4e^- \rightarrow 2SiO_2 + O_2 \uparrow \tag{3-8}$$

$$SiO_2 + xAl_2O_3 \rightarrow SiO_2 \cdot x(Al_2O_3) \tag{3-9}$$

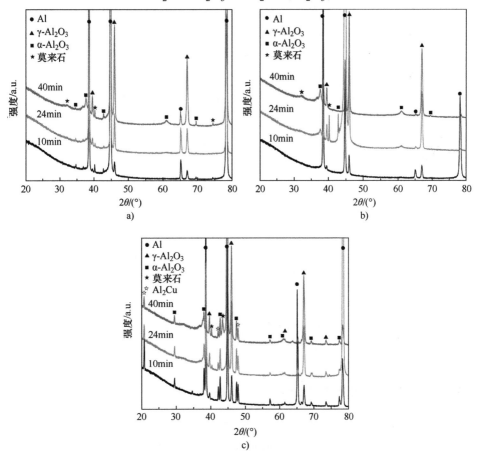

图 3-37　微弧氧化涂层 Al-Cu 合金的 XRD 图谱

a）Al-1Cu 合金　b）Al-3Cu 合金　c）Al-4.5Cu 合金

电解液中无水硅酸钠有助于莫来石的形成。由于 SiO_3^{2-} 的强大吸附能力,在涂层表面检测到了大量的 Si 元素。由于 P 元素主要由无定形偏磷酸盐组成,未发现含 P 晶相,而在涂层中检测到 P 元素。在 10min 氧化时间下,高空间密度和低放电强度有利于 γ-Al_2O_3 的形成。与 γ-Al_2O_3 的产生机制不同,α-Al_2O_3 在强放电下很容易形成,且较多的 α-Al_2O_3 会在厚涂层中形成。基体中大量 Al_2Cu 相的存在增加了涂层中 α-Al_2O_3 的含量。对 6 个试样同时处理,通过不同氧化时间制备的涂层 XRD 图谱如图 3-38 所示。在 XRD 图谱中也发现了 Al 基体和 Al_2Cu 的峰。与图 3-37 不同的是,涂层相组成的测试采用了小角度掠射法,这降低了基体的衍射峰数值。由于较弱的空间放电密度,莫来石的含量较少。Al-1Cu 合金涂层在氧化 10min 和 24min 时主要由 γ-Al_2O_3 相组成,而在 45min 氧化时间下也存在小部分 α-Al_2O_3。在氧化 24min 和 45min 时间下,Al-4.5Cu 合金上涂覆涂层的相主要由 γ-Al_2O_3 和 α-Al_2O_3 组成。γ-Al_2O_3 相是在 Al-4.5Cu 合金上氧化 9min 涂层的主要成分。在分析涂层表面形貌和横截面特征时,Al_2Cu 相增强了微弧放电。此外,Al_2Cu 相的聚热作用增加了放电通道周围涂层的温度,涂层温度的升高导致 α-Al_2O_3 形成。因此,在 Al-4.5Cu 合金涂层中产生较多的 α-Al_2O_3 相。

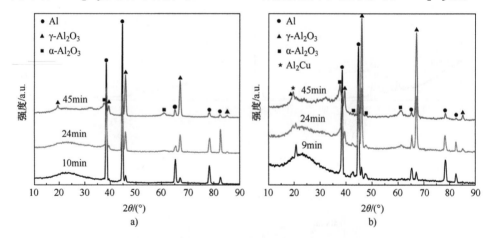

图 3-38 微弧氧化涂层 Al-1Cu 合金和 Al-4.5Cu 合金的 XRD 图谱
a)Al-1Cu 合金 b)Al-4.5Cu 合金

3.4.2 涂层残余应力及微观结构对其表面性能的影响

图 3-39 所示为微弧氧化涂层 Al-Cu 合金残余应力。由于 5 个位置处残余应力的性质相同,因此图 3-39a 中残余应力是涂层均值残余应力。在 40min 氧化时间下,在 Al-1Cu 和 Al-4.5Cu 合金涂层中发现了不同性质的残余应力。图 3-39b 是不同位置残余应力的统计结果。由于锻造和抛光预处理,在裸露的 Al-Cu 合金

中产生了残余压应力。在氧化 10min 和 24min 时，Al-1Cu 合金涂层残余应力为拉应力；Al-3Cu 和 Al-4.5Cu 合金涂层含残余压应力。随着氧化时间的延长，Al-1Cu 合金和 Al-4.5Cu 合金涂层均包含残余压应力和拉应力。对于 Al-3Cu 合金，在 10min、24min 和 40min 氧化时间下，涂层残余应力是压应力。虽然同一氧化时间涂层厚度不同，但残余应力的性质没有随着氧化时间的增加而改变。可以得到影响涂层残余应力的因素是 Cu 含量。表 3-12 的残余应力数值证实 Cu 含量是影响残余应力性质的关键因素。氧化 45min 制备的涂层并未检测到 2 种性质的残余应力，主要是由于电流密度减小。输入放电能量的减小使得微弧放电强度相对较弱，减少了局部的微弧放电不均匀性，并且涂层厚度与 40min 氧化时间相比明显变薄，而涂层较厚时残余应力性质较为复杂，Cu 含量对残余应力的影响需要从涂层生长机理上做进一步探究。

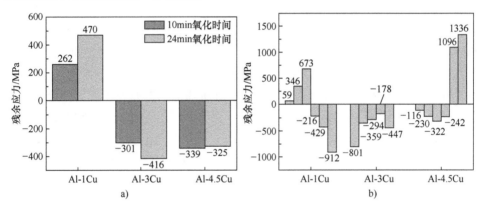

图 3-39　微弧氧化涂层 Al-Cu 合金残余应力

a) 微弧氧化 10min 和 24min　b) 微弧氧化 40min

Al_2Cu 相除了影响涂层的表面形貌、横截面形貌和相组成外，还对裸铝合金及涂层铝合金的力学性能产生影响。裸铝合金和微弧氧化涂层 Al-Cu 合金的力学性能见表 3-13。在铝合金的成分分析中，我们初步讨论了 Cu 含量对抗拉强度和屈服强度的影响，在此部分将结合静拉伸过程中试样表面变化进一步分析 Cu 含量变化和涂层对基体力学性能的影响。

表 3-13　裸铝合金和微弧氧化涂层 Al-Cu 合金的力学性能

试样	氧化时间/min	抗拉强度/MPa	屈服强度/MPa
	0	100 ± 1	43 ± 1
Al-1Cu 合金	10	100 ± 1	43 ± 1
	24	100 ± 1	43 ± 1

（续）

试样	氧化时间/min	抗拉强度/MPa	屈服强度/MPa
Al-1Cu 合金	45	100 ± 1	43 ± 1
Al-4.5Cu 合金	0	163 ± 1	71 ± 1
	9	168 ± 2	69 ± 4
	24	163 ± 4	69 ± 5
	45	165 ± 4	70 ± 3
Al-3Cu 合金	0	210 ± 1	86 ± 1

随着 Cu 质量分数从 1.02% 增至 3.04%，Al-Cu 合金极限抗拉强度（UTS）和屈服强度（YS）分别增加了 110% 和 100%，从 1.02% 增至 4.47%，Al-Cu 合金的 UTS 和 YS 分别增加了 63% 和 65%。涂层对 UTS 和 YS 的影响很小。较高的 UTS 和 YS 可以归因于更多的 Cu 原子溶解在 α-Al 基体中以及金属间化合物 Al_2Cu 的析出。Cu 原子改变了 α-Al 基体的晶格畸变并阻碍了位错运动，而且由 Al_2Cu 析出物引起的钉扎效应可能会阻碍位错运动。不过，与 Al-3Cu 合金相比，Al_2Cu 相的析出致使 Al-4.5Cu 合金的 UTS 和 YS 有所降低，这归因于析出物降低了晶格畸变程度，削弱了位错运动的阻碍作用。图 3-40 所示为裸铝合金和涂层 Al-Cu 合金的表面形貌。拉伸试样屈服后，Al-1Cu 合金表面出现明显的挤压和侵入，这是因为位错积累造成表面粗糙。由位错运动引起的表面粗化现象也出现在 Al-4.5Cu 合金表面，如图 3-40c 所示。与 Al-1Cu 合金相比，由于抑制了位错运动，Al-4.5Cu 合金表面粗化程度明显降低。由于位错滑移诱导基体表面材料存在挤入和挤出，涂层出现剥落，如图 3-40b 和 d 所示。与裸铝合金相比，涂层

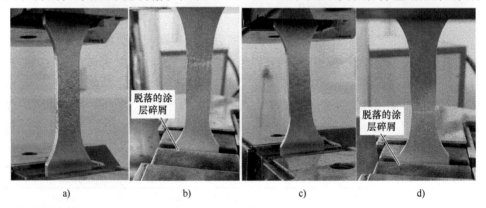

脱落的涂层碎屑

脱落的涂层碎屑

a)　　　　　　　b)　　　　　　　c)　　　　　　　d)

图 3-40　裸铝合金和涂层 Al-Cu 合金的表面形貌

a）Al-1Cu 合金　b）涂层 Al-1Cu 合金　c）Al-4.5Cu 合金　d）涂层 Al-4.5Cu 合金

Al-4.5Cu 合金的 UTS 和 YS 的幅值偏差增加。此外，足够粗大的 Al_2Cu 相会引起裂纹的快速扩展，并在拉伸变形过程中加快裂纹的生长速度，从而降低了 UTS 和 YS。如图 3-36f 所示，在与 Al_2Cu 相相邻的涂层上发现了孔洞和裂纹。涂层 Al-4.5Cu 合金的力学性能由于 Al_2Cu 相尺寸的减小以及相应位置的涂层微孔和裂纹的出现而略有变化。Al_2Cu 相的尺寸减小会增加 UTS 和 YS。但是，涂层微孔和裂纹会降低 Al-4.5Cu 合金的 UTS 和 YS。

Al_2Cu 相影响涂层 $\alpha\text{-}Al_2O_3$ 的含量，可以通过耐磨性测试，验证上述试验结果。图 3-41 所示为不同氧化时间下涂层 Al-Cu 合金的磨损形貌。由于所有磨损试验采用的摩擦球均是直径为 5mm 的 Si_3N_4 陶瓷球，相同氧化时间磨损的宽度增大，涂层铝合金的耐磨性较差。与 Al-1Cu 合金涂层相比，Al-4.5Cu 合金涂层其磨损宽度较小，涂层具有很好的耐磨性。对于同一种铝合金，涂层厚度的增加，涂层磨损宽度减小，涂层耐磨性提高。对于 Al-4.5Cu 合金，尽管涂层厚度没有显著增加，但在 45min 氧化时间制备的涂层耐磨性优于 24min 氧化时间的涂层。优异的耐磨性可以归因于涂层中 $\alpha\text{-}Al_2O_3$ 含量的增加。相反，较差的耐磨性归因

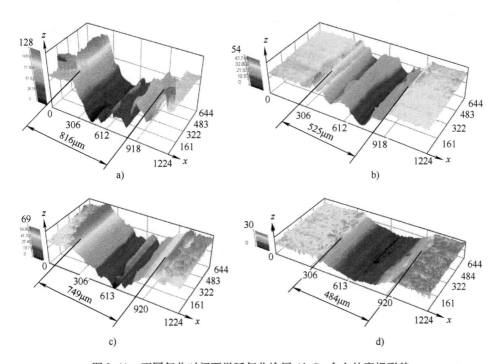

图 3-41　不同氧化时间下微弧氧化涂层 Al-Cu 合金的磨损形貌

a）Al-1Cu 氧化 24min　b）Al-4.5Cu 氧化 24min

c）Al-1Cu 氧化 45min　d）Al-4.5Cu 氧化 45min

于 Al-1Cu 合金涂层中含有较少的 α-Al_2O_3。对于 Al-1Cu 合金，在 45min 氧化时制备的涂层厚度是 24min 氧化时的 1.64 倍。然而，耐磨性没有显著改善，如图 3-41a 和 c 所示。另外，由表 3-12 和图 3-33 可知，涂层的表面粗糙度、孔隙率和裂纹对耐磨性的影响较小。Al_2Cu 相的存在增加了 α-Al_2O_3 的含量并改善了耐磨性。由 Al_2Cu 相的聚热引起的涂层缺陷不会削弱涂层的耐磨性。

通过动电位极化（PDP）技术评价裸铝合金和 40min 氧化时间下涂层 Al-Cu 合金的腐蚀行为。图 3-42 是 PDP 曲线，提取电化学腐蚀参数，并列于表 3-14。基体 Cu 含量增加，Al-Cu 合金的 i_{corr} 增加。基体中 Cu 元素降低了 Al-Cu 合金的耐蚀性。增加 Al 基体 Cu 含量会增加电偶腐蚀，导致 Al-Cu 合金的耐蚀性降低。与裸铝合金相比，涂层铝合金的 i_{corr} 显著降低，表明涂层提高了基体耐蚀性。涂层 Al-1Cu 合金的腐蚀电流密度最低，表明涂层表现出优异的耐蚀性。相反，涂层 Al-3Cu 合金的腐蚀电流密度较高，其耐蚀性较差。

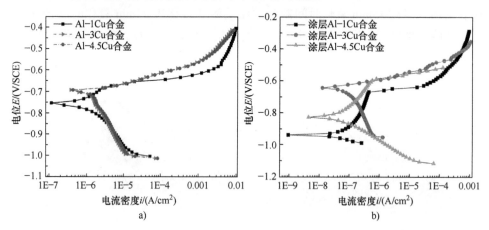

图 3-42　裸铝合金和 40min 氧化时间下微弧氧化涂层 Al-Cu 合金的 PDP 曲线

a）裸铝合金　b）涂层 Al-Cu 合金

表 3-14　裸铝合金和微弧氧化涂层 Al-Cu 合金的 PDP 曲线参数

试样	E_{corr}（相对于 SCE）/V	i_{corr}/（A/cm^2）	R_p/（k$\Omega \cdot$ cm^2）
Al-1Cu 合金	−0.7587	1.378×10^{-6}	18.42
Al-3Cu 合金	−0.6981	2.490×10^{-6}	5.808
Al-4.5Cu 合金	−0.6735	3.857×10^{-6}	2.716
涂层 Al-1Cu 合金	−0.9428	3.249×10^{-8}	343.2
涂层 Al-3Cu 合金	−0.6429	1.496×10^{-7}	113.8
涂层 Al-4.5Cu 合金	−0.8238	9.574×10^{-8}	348.1

Stern-Geary 方程用于计算极化电阻（R_p）。具有较小腐蚀电流密度的涂层 Al-1Cu 合金 R_p 较高，而涂层 Al-3Cu 合金的 R_p 较低。低孔隙率的涂层可以有效地保护基体免受腐蚀破坏，高孔隙率导致 Al-3Cu 合金涂层的耐蚀性较差。Al-4.5Cu 合金涂层表面和横截面存在大尺寸孔隙，这会损伤防腐性能。然而，较多的 α-Al_2O_3 可改善其耐蚀性。因此，低 Cu 含量和 Al_2Cu 相析出有助于涂层耐蚀性的提高。

3.4.3　试验结论

在不同的氧化时间下，微弧氧化涂层表面孔隙率、厚度、相组成和残余应力受 Cu 含量和 Al_2Cu 相的影响，涂层残余应力性质与孔隙率有关。Al-3Cu 合金涂层具有较高的孔隙率，涂层存在残余压应力。相反，Al-1Cu 合金的低孔隙率涂层含残余拉应力。在较长氧化时间下，Al_2Cu 相有利于涂层生长和 α-Al_2O_3 形成，但会诱导有大尺寸的放电通道和裂纹形成，且大尺寸的 Al_2Cu 相导致较大的空腔产生。Cu 含量和 Al_2Cu 相的形成影响 Al-Cu 合金的电导率和热导率。电导率和热导率以及 Al_2Cu 相的差异是影响涂层微观结构和残余应力的关键问题，这将在第 4 章进行详细阐述。

含 1% Cu 的铝合金涂层表现出优异的耐蚀性。Al-3Cu 合金涂层的耐蚀性较差，涂层的高孔隙率削弱了涂层铝合金的耐蚀性。然而，Al_2Cu 相的形成有利于提高涂层 Al-4.5Cu 合金的耐蚀性。在拉伸的过程中，由位错滑移引起的涂层铝合金的表面粗糙导致涂层出现脱落现象，而涂层微缺陷对涂层铝合金的抗拉强度和屈服强度的影响较小。基体中的 Al_2Cu 相有利于提高涂层的耐磨性。涂层的高表面粗糙度与孔隙率和较多的裂纹不显著影响涂层铝合金的耐磨性。然而，Al-1Cu 合金厚涂层未表现出优异的耐磨性，是因为涂层中 α-Al_2O_3 的含量较少。

3.5　本章小结

通过本章研究获得了微弧氧化涂层铝合金具有较佳表面形貌和疲劳性能的占空比（10%）和基体表面粗糙度（$Ra = 0.2\mu m$），高 Cu 含量的铝合金涂层孔隙率高，残余应力为压应力，有利于涂层铝合金疲劳性能的改善，但其耐蚀性较差。铝合金基体 Al_2Cu 相促进 α-Al_2O_3 的形成，有助于涂层耐磨性的提高。以上结论为基于设计目的微弧氧化工艺参数的选择和基体预处理提供了参考。本章的主要研究结论：

1）占空比、基体表面粗糙度和基体元素影响涂层表面形貌，但对涂层相组成影响较小。对于 2024-T3 铝合金，较高占空比有利于涂层生长，占空比 15% 的涂层较厚、表面孔隙率高且微孔尺寸较大，占空比 10% 的涂层分布较为均匀且未发现较大尺寸的裂纹。基体表面粗糙度影响涂层的表面粗糙度，较薄涂层不会将缺陷引入基体。与 2024-T3 铝合金涂层相比，7075-T6 铝合金涂层孔隙率低且涂层薄。在氧化时间 50min 时 7075-T6 铝合金涂层出现较大的裂纹且向基体过度生长。2024-T3 铝合金和 7075-T6 铝合金涂层分别存在残余压应力和残余拉应力，Cu 含量是影响残余应力性质的关键因素。

2) 基体中 Cu 含量的变化影响涂层铝合金的耐磨性和耐蚀性。涂层的孔隙率和 α-Al_2O_3 相的含量显著影响其耐磨性和耐蚀性。Al_2Cu 相的析出有利于 α-Al_2O_3 相的产生，涂层耐磨性提高。α-Al 基体中 Cu 含量减少，涂层表面孔隙率降低，涂层耐蚀性较好。

3) 薄涂层 2024-T3 铝合金疲劳寿命比裸铝合金疲劳寿命高，而涂层削弱了 7075-T6 铝合金的疲劳性能。采用占空比 10%、基体表面粗糙度值 $Ra = 0.2\mu m$ 的涂层 2024-T3 铝合金疲劳性能相对较好，且涂层厚度增加，疲劳寿命呈现先升高后降低的趋势。2024-T3 铝合金和 7075-T6 铝合金涂层残余应力性质的差异是导致涂层对铝合金疲劳性能的影响呈现显著不同的关键因素。与其他占空比相比，占空比 15% 的涂层 2024-T3 铝合金高周疲劳性能较差。此外，基体与涂层间的界面表面粗糙度显著影响涂层 2024-T3 铝合金高周疲劳寿命，较小界面表面粗糙度的涂层铝合金疲劳性能好。

4) 涂层残余应力和微缺陷对涂层铝合金的高低周疲劳寿命影响不同。在高应力加载条件下，涂层微缺陷对铝合金疲劳性能的影响减小。在低应力加载条件下，涂层表面缺陷极易萌生裂纹，残余拉应力的存在会增加裂纹萌生的概率，显著损伤了 7075-T6 铝合金的疲劳性能。涂层残余压应力降低了裂纹在涂层表面的萌生概率，涂层微缺陷诱导裂纹向表面扩展，而残余压应力对裂纹扩展有抑制作用，第二相粒子尺寸减小延迟涂层裂纹向基体扩展，使得涂层铝合金的疲劳寿命高于基体。微孔的集中分布、涂层横截面的穿透裂纹和涂层表面较大的三角形相交裂纹均不利于涂层铝合金高周疲劳性能的改善，而涂层分布影响涂层铝合金低周疲劳寿命。

涂层物理结构缺陷对涂层铝合金疲劳性能的影响是独立作用，还是各因素存在耦合机制尚不可知，这将在下一章进行研究。此外，在高低应力加载条件下涂层微缺陷对基体疲劳性能的影响，仅从涂层微观和断口形貌上进行分析，缺乏相应理论支撑。在 $\sigma_{max} = 350MPa$ 的应力水平下，占空比为 20% 的涂层铝合金疲劳寿命比其他占空比低 18%~45%，这归因于涂层表面的大尺寸裂纹，但涂层表面大尺寸裂纹对基体疲劳性能的影响机制还缺乏相应的理论基础。因此，计算涂层铝合金的应力，确定应力在涂层厚度方向的分布，揭示涂层微缺陷对基体高低周疲劳性能的影响机制，对于涂层铝合金疲劳性能优化具有重要意义。

参 考 文 献

［1］ CLYNE T W, TROUGHTON S C. A review of recent work on discharge characteristics during plasma electrolytic oxidation of various metals ［J］. International Materials Reviews, 2019, 64: 127-162.

［2］ ARUNNELLAIAPPAN T, BABU N K, KRISHNA L R, et al. Influence of frequency and duty cycle on microstructure of plasma electrolytic oxidized AA7075 and the correlation to its corrosion behavior ［J］. Surface & Coatings Technology, 2015, 280: 136-147.

［3］ DAI W B, LI C Y, HE D, et al. Influence of duty cycle on fatigue life of AA2024 with thin coating fabricated by micro-arc oxidation ［J］. Surface & Coatings Technology, 2019, 360: 347-357.

［4］ EGORKIN V S, GNEDENKOV S V, SINEBRYUKHOV S L, et al. Increasing thickness and protective properties of PEO-coatings on aluminum alloy ［J］. Surface & Coatings Technology, 2018, 334: 29-42.

［5］ KONG D J, LIU H, WANG J C. Effects of micro arc oxidation on fatigue limits and fracture morphologies of 7475 high strength aluminum alloy ［J］. Journal of Alloys and Compounds, 2015, 650: 393-398.

［6］ DAI W B, YUAN L X, LI C Y, et al. The effect of surface roughness of the substrate on fatigue life of coated aluminum alloy by micro-arc oxidation ［J］. Journal of Alloys and Compounds, 2018, 765: 1018-1025.

［7］ LI C Y, LI S F, DUAN F, et al. Statistical analysis and fatigue life estimations for quenched and tempered steel at different tempering temperatures ［J］. Metals, 2017, 7 (8): 312.

［8］ 赵波，姜燕，别文博. 超声滚压技术在表面强化中的研究与应用进展 ［J］. 航空学报, 2020, 41 (10): 37-62.

［9］ WANG X S, GUO X W, LI X D, et al. Improvement on the fatigue performance of 2024-T4 alloy by synergistic coating technology ［J］. Materials, 2014, 7 (5): 3533-3546.

［10］ LING K, MO Q, LV X, et al. Growth characteristics and corrosion resistance of micro-arc oxidation coating on Al-Mg composite plate ［J］. Vacuum, 2022, 195: 110640.

［11］ LI C Y, DAI W B, DUAN F, et al. Fatigue life estimation of medium-carbon steel with different surface roughness ［J］. Applied Sciences, 2017, 7 (4): 338.

［12］ CAMPANELLI L C, DUARTE L T, CARVALHO PEREIRA DA SILVA P S, et al. Fatigue behavior of modified surface of Ti-6Al-7Nb and CP-Ti by micro-arc oxidation ［J］. Materials & Design, 2014, 64: 393-399.

［13］ DAI W B, LIU Z H, LI C Y, et al. Fatigue life of micro-arc oxidation coated AA2024-T3 and AA7075-T6 alloys ［J］. International Journal of Fatigue, 2019, 124: 493-502.

［14］ ZHU L Y, ZHANG W, ZHANG T, et al. Effect of the Cu content on the microstructure and corrosion behavior of PEO coatings on Al-xCu alloys [J]. Journal of the Electrochemical Society, 2018, 165 (9): 469-483.

[15] REIHANIAN M, SHAHMANSOURI M J, KHORASANIAN M. High strength Al with uniformly distributed Al_2O_3 fragments fabricated by accumulative roll bonding and plasma electrolytic oxidation [J]. Materials Science and Engineering A, 2015, 640: 195-199.

[16] ZHANG X, ALIASGHARI S, NEMCOVA A, et al. X-ray computed tomographic investigation of the porosity and morphology of plasma electrolytic oxidation coatings [J]. Acs Applied Materials & Interfaces, 2016, 8 (13): 8801-8810.

[17] YANG H H, ZHANG Z H, TAN C H, et al. Rotating bending fatigue microscopic fracture characteristics and life prediction of 7075-T7351 Al alloy [J]. Metals, 2018, 8 (4): 210.

[18] JIANG R, BULL D J, EVANGELOU A, et al. Strain accumulation and fatigue crack initiation at pores and carbides in a SX superalloy at room temperature [J]. International Journal of Fatigue, 2018, 114: 22-33.

[19] XU L P, WANG Q Y, ZHOU M. Micro-crack initiation and propagation in a high strength aluminum alloy during very high cycle fatigue [J]. Materials Science and Engineering A, 2018, 715: 404-413.

[20] BAG A, DELBERGUE D, BOCHER P, et al. Statistical analysis of high cycle fatigue life and inclusion size distribution in shot peened 300M steel [J]. International Journal of Fatigue, 2019, 118: 126-138.

[21] ZHANG X, HASHIMOTO T, LINDSAY J, et al. Investigation of the de-alloying behaviour of theta-phase (Al_2Cu) in AA2024-T351 aluminium alloy [J]. Corrosion Science, 2016, 108: 85-93.

[22] DAI W B, ZHANG C, ZHAO L J, et al. Effects of Cu content in Al-Cu alloys on microstructure, adhesive strength, and corrosion resistance of thick micro-arc oxidation coatings [J]. Materials Today Communications, 2022, 33: 104195.

[23] DAI W B, LI C Y, ZHANG C, et al. Effect of Cu on microarc oxidation coated Al-xCu alloys [J]. Surface Engineering, 2021, 37 (9): 1098-1109.

[24] DAI W B, ZHANG X L, LI C Y, et al. Effect of thermal conductivity on micro-arc oxidation coatings [J]. Surface Engineering, 2022, 38 (1): 44-53.

[25] WU T, BLAWERT C, ZHELUDKEVICH M L. Influence of secondary phases of $AlSi_9Cu_3$ alloy on the plasma electrolytic oxidation coating formation process [J]. Journal of Materials Science & Technology, 2020, 50: 75-85.

[26] CHEN J K, HUNG H Y, WANG C F, et al. Thermal and electrical conductivity in Al-Si/Cu/Fe/Mg binary and ternary Al alloys [J]. Journal of Materials Science, 2015, 50: 5630-5639.

[27] DEAN J, GU T, CLYNE T W. Evaluation of residual stress levels in plasma electrolytic oxidation coatings using a curvature method [J]. Surface & Coatings Technology, 2015, 269: 47-53.

[28] WANG D D, LIU X T, WANG Y, et al. Role of the electrolyte composition in establishing plasma discharges and coating growth process during a micro-arc oxidation [J]. Surface & Coatings Technology, 2020, 402.

[29] HUANG H J, WEI X W, YANG J X, et al. Influence of surface micro grooving pretreatment on MAO process of aluminum alloy [J]. Applied Surface Science, 2016, 389: 1175-1181.

[30] ROGOV A B, YEROKHIN A, MATTHEWS A. The role of cathodic current in plasma electrolytic oxidation of aluminum: phenomenological concepts of the "Soft Sparking" mode [J]. Langmuir, 2017, 33 (41): 11059-11069.

[31] ZHU L J, GUO Z X, ZHANG Y F, et al. A mechanism for the growth of a plasma electrolytic oxide coating on Al [J]. Electrochimica Acta, 2016, 208: 296-303.

[32] MIERA M S D, CURIONI M, SKELDON P, et al. The behaviour of second phase particles during anodizing of aluminium alloys [J]. Corrosion Science, 2010, 52 (7): 2489-2497.

[33] WANG S X, LIU X H, YIN X L, et al. Influence of electrolyte components on the microstructure and growth mechanism of plasma electrolytic oxidation coatings on 1060 aluminum alloy [J]. Surface & Coatings Technology, 2020, 381: 125214.

[34] LI W P, QIAN Z Y, LIU X H, et al. Investigation of micro-arc oxidation coating growth patterns of aluminum alloy by two-step oxidation method [J]. Applied Surface Science, 2015, 356: 581-586.

[35] NAGUMOTHU R B, THANGAVELU A, NAIR A M, et al. Development of black corrosion-resistant ceramic oxide coatings on AA7075 by plasma electrolytic oxidation [J]. Transactions of the Indian Institute of Metals, 2019, 72: 47-53.

[36] TROUGHTON S C, NOMINE A, DEAN J, et al. Effect of individual discharge cascades on the microstructure of plasma electrolytic oxidation coatings [J]. Applied Surface Science, 2016, 389: 260-269.

[37] DEHNAVI V, LIU X Y, LUAN B L, et al. Phase transformation in plasma electrolytic oxidation coatings on 6061 aluminum alloy [J]. Surface & Coatings Technology, 2014, 251: 106-114.

[38] MARTIN J, NOMINE A, NTOMPROUGKIDIS V, et al. Formation of a metastable nanostructured mullite during plasma electrolytic oxidation of aluminium in "soft" regime condition [J]. Materials & Design, 2019, 180: 107977.

[39] ZHANG Y, LI R Q, CHEN P H, et al. Microstructural evolution of Al_2Cu phase and mechanical properties of the large-scale Al alloy components under different consecutive manufacturing processes [J]. Journal of Alloys and Compounds, 2019, 808: 151634.

[40] GUO T, CHEN Y M, CAO R H, et al. Cleavage cracking of ductile-metal substrates induced by brittle coating fracture [J]. Acta Materialia, 2018, 152: 77-85.

［41］GUO T, QIAO L J, PANG X L, et al. Brittle film-induced cracking of ductile substrates ［J］. Acta Materialia, 2015, 99: 273-280.

［42］WANG S Q, WANG Y M, ZOU Y C, et al. Biologically inspired scalable-manufactured dual-layer coating with a hierarchical micropattern for highly efficient passive radiative cooling and robust superhydrophobicity ［J］. Acs Applied Materials & Interfaces, 2021, 13 （18）: 21888-21897.

第4章 铝合金微弧氧化残余应力对
疲劳性能的影响

在第 3.4 节的研究中发现，涂层孔隙率与过度生长区和残余应力有关，并且残余应力与过度生长区也有关。此外，微弧氧化产生的失配应力诱导涂层产生裂纹，失配应力与裂纹和微孔诱发的应力释放量差值显著影响残余应力，裂纹也会影响涂层生长和微孔的产生。因此，涂层微缺陷与残余应力存在物理关系，揭示这一物理关系可为微弧氧化涂层物理结构缺陷调控提供理论参考。

残余应力是影响涂层铝合金疲劳性能的关键因素之一。涂层微缺陷是疲劳裂纹的主要萌生源，残余应力影响涂层裂纹扩展行为。分析残余应力对裂纹萌生和扩展行为的影响，揭示残余应力和微缺陷在涂层铝合金疲劳失效过程中的耦合作用机制，是建立疲劳损伤机理模型和疲劳寿命优化的前提和基础。

本章选择不同的基体表面粗糙度和占空比制备涂层 7075-T6 铝合金，分析基体表面粗糙度和占空比对涂层微观结构的影响，解析残余应力的产生机理，明确残余应力与涂层微缺陷的关系，开展残余应力稳定性及其对基体疲劳性能的影响分析。在此基础上，提出含物理结构缺陷的涂层对基体疲劳性能的损伤机制，为基于提升涂层铝合金疲劳寿命的微弧氧化技术方案设计提供指导。

4.1 基体表面粗糙度对 7075-T6 铝合金涂层及疲劳性能的影响

7075-T6 铝合金基体表面粗糙度 $Ra = 0.2\mu m$、$0.8\mu m$ 和 $1.6\mu m$，在碱性电解液中处理 12min，分析涂层微观结构、残余应力和涂层铝合金的疲劳寿命。依据残余应力是涂层和基体间存在的失配应变产生的，基于涂层和基体的热膨胀系数的差异和温度梯度的不同，揭示残余应力的产生机理。探究残余应力松弛现象，进一步分析残余应力松弛对涂层铝合金疲劳寿命的影响。

4.1.1 涂层微观结构和放电能量传递

图 4-1 所示为不同表面粗糙度的 7075-T6 铝合金微弧氧化涂层表面形貌。涂层均有典型的"火山口"形貌、大量直径为 1μm 的微孔和裂纹（白色箭头标记部分）。在图 4-1a 和 b 中存在一些直径为 2μm 的微孔。$Ra = 0.2\mu m$ 的涂层微孔比 $Ra = 0.8\mu m$ 和 $1.6\mu m$ 的微孔分布更均匀。$Ra = 0.8\mu m$ 的涂层中存在许多直径

为 $2\mu m$ 的微孔，而 $Ra = 0.2\mu m$ 的涂层中直径为 $2\mu m$ 的微孔数量相对较少。在图 4-1c 中，以椭圆标记的区域几乎没有微孔存在。微孔可以减小热应力对涂层与基体间结合强度产生的不利影响。用 ImageJ 软件分析了涂层表面孔隙率，结果见表 4-1。通过分析涂层表面形貌和表 4-1 中的数据，7075-T6 铝合金基体表面粗糙度影响了涂层表面微孔的分布和表面孔隙率。图 4-1c 中涂层表面的微孔分布不均匀，并且数量相对较少。

图 4-1　7075-T6 铝合金微弧氧化涂层的表面形貌

a) $Ra = 0.2\mu m$　b) $Ra = 0.8\mu m$　c) $Ra = 1.6\mu m$

表 4-1　微弧氧化涂层表面粗糙度、厚度和表面孔隙率

基体表面粗糙度 $Ra/\mu m$	0.2	0.8	1.6
孔隙率（%）	5.2	6.7	3.3
厚度/μm	4.5	4.7	3.3
涂层表面粗糙度 $Ra/\mu m$	0.33	0.44	0.74

图 4-2 所示为微弧氧化涂层的横截面形貌及局部位置的元素分布，通过图像标尺，可获得涂层厚度，分析结果列于表 4-1。$Ra = 1.6\mu m$ 的涂层厚度为 $3.3\mu m$，低于 $Ra = 0.2\mu m$ 和 $0.8\mu m$ 的涂层厚度。涂层厚度与基体表面粗糙度有关，但影响较小。在恒压条件下，涂层厚度随涂层表面孔隙率的增加而增加。由于孔隙率接近，$Ra = 0.2\mu m$ 和 $0.8\mu m$ 的涂层厚度也大致相同。对于短时间微弧氧化，涂层分布不均匀，不同位置的厚度也存在差异。在图 4-2 中标记了与外部涂层不同的氧化层，并分析了该氧化层元素分布。与外层相比，发现氧和铝元素在基体表面附近密集分布。纳米级连续无定形氧化铝层（AAL）存在于基体与涂层之间，其主要组成元素是氧和铝，并且 AAL 对于涂层的生长至关重要。AAL是通过离子迁移而形成的，所形成涂层可能朝着基体内部和涂层外部同时生长。由于氧化时间较短，涂层中并未出现局部较强的微弧放电，基体表面未形成明显的过度生长区，基体与涂层间界面表面粗糙度与基体表面粗糙度呈正相关。

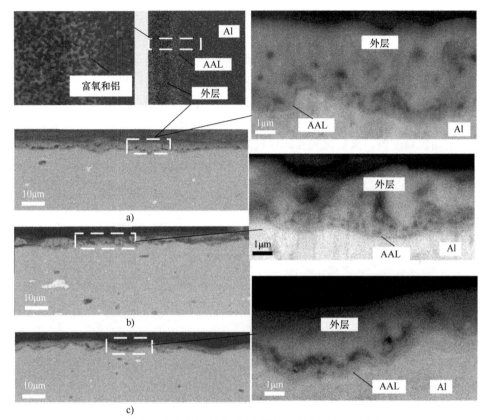

图 4-2 微弧氧化涂层的横截面形貌及局部位置的元素分布

a) 基体 $Ra = 0.2\mu m$ b) 基体 $Ra = 0.8\mu m$ c) 基体 $Ra = 1.6\mu m$

涂层的厚度和表面孔隙率以及微孔的分布受基体表面粗糙度的影响。通常，涂层的生长取决于放电能量。微弧放电瞬时高温和高压显著增强了 AAL 中 O^{2-} 和 Al^{3+} 之间的相互扩散。放电能量 Q 由化学反应的焓和焦耳热确定，关系式为

$$Q = \sum \Delta H_i + \Delta UI \tag{4-1}$$

式中，$\sum \Delta H_i$ 是化学反应的焓之和；ΔUI 是焦耳热，它主导着放电能量。在高电流密度下，微沟槽附近的涂层生长到一定阶段后，在沟槽底部，涂层生长速率增加，导致涂层厚度高于平均厚度。因此，涂层在基体上的分布呈现出锯齿形特征。此外，基体的表面粗糙度影响波谷和波峰的数量。$Ra = 0.2\mu m$ 的涂层分布比 $Ra = 0.8\mu m$ 和 $1.6\mu m$ 的涂层分布更均匀。粗糙表面的波峰和波谷比光滑表面多，粗糙基体涂层微孔分布不均匀且微孔尺寸大小不同，涂层厚度的标准偏差较大。由于微弧氧化时间较短，涂层平均厚度变化不大。$Ra = 1.6\mu m$ 的涂层表面具有沟槽，犁沟侧面微孔数量少且尺寸小，涂层表面孔隙率较低，涂层厚度相对较小。

如图4-3所示，$Ra=0.2\mu m$、$0.8\mu m$ 和 $1.6\mu m$ 的涂层分布明显不同。$Ra=0.2\mu m$ 的涂层分布相对均匀，$Ra=0.8\mu m$ 的薄涂层和厚涂层集中分布，而 $Ra=1.6\mu m$ 的涂层存在犁沟。在微弧氧化处理之前，基体的打磨处理导致了沟槽的形成。在微弧氧化初期阶段，AAL覆盖在基体表面，且AAL的生长伴随着涂层的增厚，而沟槽不能完全被薄涂层覆盖。$Ra=1.6\mu m$ 的涂层表面出现与打磨痕迹相关的犁沟形貌。此外，$Ra=0.8\mu m$ 和 $1.6\mu m$ 的涂层表面粗糙度值低于相应基体的表面粗糙度值。涂层优先在凹口处生长，12min氧化时间的涂层表面相对光滑。$Ra=0.2\mu m$ 的涂层表面粗糙度值为 $0.33\mu m$，与基体相比略有增加，这是由"火山口"状的微孔和裂纹引起的。

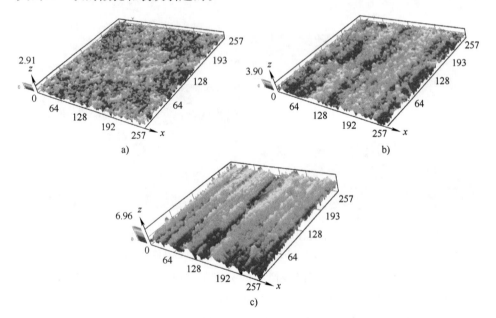

图4-3 不同基体表面粗糙度的微弧氧化涂层三维表面轮廓

a) $Ra=0.2\mu m$ b) $Ra=0.8\mu m$ c) $Ra=1.6\mu m$

图4-4所示为7075-T6铝合金微弧氧化涂层的XRD图谱。涂层的相组成主要是 $\gamma\text{-}Al_2O_3$，而 $\alpha\text{-}Al_2O_3$ 和 W 的量较少。由于电解液中 Na_2WO_4 浓度高，在涂层中可以测到 W 的衍射峰。电解液成分参与涂层形成可以通过涂层生长机理理解。然而，基于AAL的涂层生长机理并未考虑涂层生长初级阶段的成膜机理。图4-5所示为微弧氧化涂层生长过程中的能量传递。基于孔内放电，水发生电离，形成 H^+ 和 O^{2-}。由于金属基体与基体表面氧化膜之间存在电位差，在氧化膜/电解液界面产生的 O^{2-} 开始向AAL迁移。Al^{3+} 是7075-T6铝合金氧化后在Al/AAL界面生成的，可表示为

$$Al \rightarrow Al^{3+} + 3e^{-} \tag{4-2}$$

Al^{3+} 和 O^{2-} 在电迁移的作用下结合形成非晶态氧化铝（$a\text{-}Al_2O_3$），反应方程为

$$2Al^{3+} + 3O^{2-} = Al_2O_3 \, (a\text{-}Al_2O_3) \tag{4-3}$$

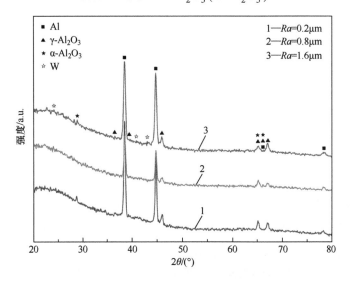

图 4-4　7075-T6 铝合金微弧氧化涂层的 XRD 图谱

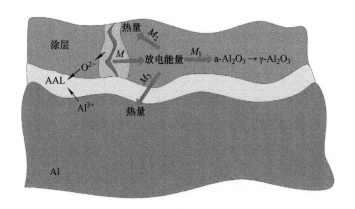

图 4-5　微弧氧化涂层生长过程中的能量传递

　　一次微弧放电能量的很少部分足以熔化放电通道底部的铝基体，而微弧氧化初期形成的 $a\text{-}Al_2O_3$ 在微弧放电产生的热量作用下转化为 $\gamma\text{-}Al_2O_3$。同时，放电通道周围的涂层也被加热。通过图 4-1 可知，涂层表面形成了直径约为 $2\mu m$ 的微孔，较强局部放电产生的大量能量将非稳定态 $a\text{-}Al_2O_3$ 转化为稳定态 $\alpha\text{-}Al_2O_3$。因此，在涂层中检测到少量的 $\alpha\text{-}Al_2O_3$，氧化铝的转化路径为

$$2Al + 3O \rightarrow a\text{-}Al_2O_3 \rightarrow \gamma\text{-}Al_2O_3 \rightarrow \alpha\text{-}Al_2O_3 \tag{4-4}$$

4.1.2 基体物理特性对涂层微观结构的影响

依据图 4-5 中的能量传递，对第 3.4 节中指出的 Cu 含量影响涂层微观结构做深入分析。在微弧氧化过程中，基体内部温度可以增加到 113℃。对于薄微弧氧化涂层，基体温度会迅速下降。虽然基体吸收的热量占总放电能量的小部分，但通过基体导热进入电解液的热量也不容忽视。Al-Cu 合金涂层生长、相组成和残余应力的差异可归因于基体的电导率和热导率的变化。在分析热导率和电导率对微弧氧化涂层表面形貌、相组成和残余应力的影响之前，有必要说明薄涂层的生长机制。

由图 4-2 可知，在基体和涂层间存在 AAL。因此，基于 AAL 的涂层生长机理备受关注。图 4-6 所示为铝合金微弧氧化涂层生长机理模型。电解液中的阴离子吸附在基体表面，形成钝化膜，该钝化膜的成分主要由电解液成分决定。当基体与钝化膜之间的电压足够高时，膜层被击穿，引起微弧放电。同时，铝基体和电解液被电离，分别产生 Al^{3+} 和 O^{2-}。在电迁移的帮助下，Al^{3+} 和 O^{2-} 结合形成非晶氧化铝（$a\text{-}Al_2O_3$）。因此，在基体上形成 AAL，如图 4-6d 所示。此外，阴离子也很容易吸附在薄膜表面。足够高的电压击穿 AAL。击穿部位的非晶氧化铝被加热转化为 $\gamma\text{-}Al_2O_3$。然而，由于强放电，非晶氧化铝可以转化为 $\alpha\text{-}Al_2O_3$。因此，在具有较小尺寸微孔的涂层中检测到较少的 $\alpha\text{-}Al_2O_3$。同时，OH^- 电离产生氧气。熔融氧化铝在气体的作用下从放电通道中挤出，然后沉积在 AAL 表面，形成了涂层，并且气体的溢出导致涂层表面出现"火山口"状形貌。等离子体放电的高温导致 P 和 Si 元素分别以无定形磷酸盐和偏硅酸盐的形式结合到微弧氧化涂层。此外，等离子体放电导致新 AAL 的形成和基体的弱消耗，如图 4-6f 所示，并且涂层的生长伴随 AAL 的持续分解、消耗和形成。

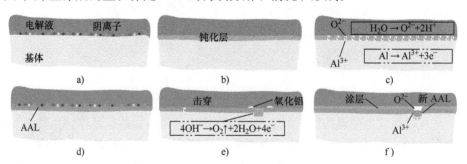

图 4-6 铝合金微弧氧化涂层生长机理模型

a）阴离子吸附在基体 b）钝化层形成 c）钝化层击穿

d）AAL 形成 e）AAL 击穿 f）涂层形成

随着涂层厚度的增加，微孔数量减少，较强的微弧放电使微孔周围的涂层熔化和加热，形成更大尺寸的微孔。涂层中的 $\gamma\text{-}Al_2O_3$ 转变为 $\alpha\text{-}Al_2O_3$。对于 Al-Cu 合金，氧化 24min 的涂层微孔尺寸较大，数量较少，涂层含有较多的 $\alpha\text{-}Al_2O_3$。在微弧氧化过程中，记录了母线电流，结果见表 3-10。Al-3Cu 合金基体与涂层的电导率差导致均值电流较低。Al-4.5Cu 合金中大量的 Al_2Cu 相显著增加了母线电流。较大的能量输入导致 $a\text{-}Al_2O_3$ 转化为 $\alpha\text{-}Al_2O_3$。在 Al-4.5Cu 合金涂层中形成了更多的 $\alpha\text{-}Al_2O_3$，而在氧化 10min 时在 Al-3Cu 合金涂层中没有检测到 $\alpha\text{-}Al_2O_3$。然而，随着氧化时间的延长，$\alpha\text{-}Al_2O_3$ 含量增加，基体的电导率不再是影响涂层相组成的关键因素。因此，Al_2Cu 相有助于 $\alpha\text{-}Al_2O_3$ 的形成，而基体的低电导率导致较薄涂层中产生较少的 $\alpha\text{-}Al_2O_3$。

基于第 3.4.1 节分析，基体的热导率和 Al_2Cu 相影响涂层表面形貌、厚度和相组成。基体的热导率主要影响微弧氧化能量耗散。图 4-7 所示为微弧氧化过程中的能量耗散方式，主要包括形成熔融氧化物的能量耗散 Q_{11}、电解液的吸热 Q_{22}、相变消耗 Q_{33} 和基体的吸热 Q_{44}，Q_d 是放电能量。基于对铝合金涂层微观结构和残余应力分析，在图 4-7 中标记了热导率和 Al_2Cu 相的变化对放电能量和能量耗散的影响。电解液吸热 Q_{22} 消耗了大部分放电能量 Q_d。熔融氧化物形成耗散能量 Q_{11} 的增加有助于厚涂层的形成，而涂层破裂引起涂层厚度降低。Al_2Cu 相导致微弧氧化电流增大，从而引起 Q_d 增加。增加 Q_{33} 有助于更多的 $\alpha\text{-}Al_2O_3$ 产生。微弧放电产生的热量会在放电通道周围扩散。热影响区定义为 ΔA。由于热

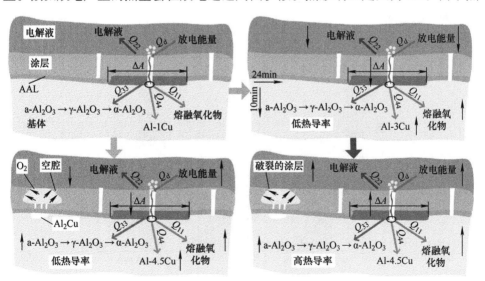

图 4-7　微弧氧化过程中的能量耗散方式

量传递是从高温到低温，热影响区可近似为整个涂层的 A。由式（3-7）可知，减少 A 不利于电解液对涂层的冷却，电解液吸热 Q_{22} 减少。Al-3Cu 合金热导率低于其他铝合金，因此涂层 Al-3Cu 合金的 ΔA 相对较小，从而导致 Q_{22} 降低，导致涂层的冷却时间相对较长。Q_{22} 的减少有助于形成厚且多孔的涂层。此外，由于空腔的存在引起的 Q_d 增加也有助于形成 α-Al$_2$O$_3$。然而，由于涂层破裂，Al-4.5Cu 合金涂层厚度降低。值得注意的是，Al-4.5Cu 合金的 Q_{11} 高于 Al-3Cu 合金，因为 Al-4.5Cu 合金涂层厚度没有明显低于 Al-3Cu 合金，这表明 Al$_2$Cu 相促进了熔融氧化物的产生。

4.1.3 残余应力的产生机理及其稳定性分析

测试最大循环应力 $S_{max}=200$MPa 和 410MPa 下微弧氧化涂层铝合金疲劳断裂的残余应力，其结果如图 4-8 所示。不同基体表面粗糙度的 7075-T6 铝合金涂层残余应力为拉应力。以下将揭示涂层残余应力的产生机理。如图 4-5 所示，放电能量在 AAL/基体（M_2）和涂层/电解液（M_3）处被吸收。微弧放电的一部分能量 M_1 用于将 a-Al$_2$O$_3$ 转化为 γ-Al$_2$O$_3$。一般而言，由于铝合金基体的热膨胀系数是氧化铝的 4 倍，涂层会产生残余压应力，而涂层与基体间的温度梯度可能会导致残余拉应力的产生。将涂层冷却至电解液的温度，一次放电产生的热量可能需要几毫秒的时间冷却。如果相邻的多个放电通道同时发生微弧放电可能会产生较多的热量，能量的耗散需要更长时间。因此，涂层的表面孔隙率会影响基体和涂层间的温度梯度。

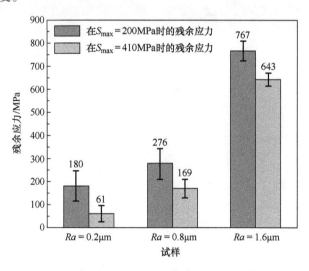

图 4-8　不同应力水平下微弧氧化涂层铝合金疲劳断裂的残余应力

图 4-9 所示为微弧氧化涂层残余应力随表面孔隙率的变化曲线。在第 3 章中基体元素对涂层残余应力的影响分析中，得出孔隙率是影响残余应力性质的主要因素。当涂层孔隙率低至临界孔隙率（P_0）时，涂层残余应力的性质可能会从压缩变为拉伸。根据该试验中残余应力的测试参数，再次测量了不同氧化时间的涂层 2024-T3 铝合金的残余应力。微弧氧化 12min（表面孔隙率为 14.1%）和 24min（表面孔隙率为 9.8%）的 2024-T3 铝合金涂层残余应力为压应力。如图 4-9所示，表面孔隙率大于 P_0。在相同的工艺参数下，7075-T6 铝合金涂层（陶瓷表面孔隙率 <7% < P_0）残余应力是拉应力。由于存在最大和最小涂层孔隙率（P_t 和 P_c），残余应力具有相应的极端值（σ_t 和 σ_c）。

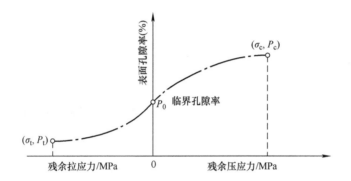

图 4-9　微弧氧化涂层残余应力随表面孔隙率的变化曲线

$Ra = 0.2\mu m$、$0.8\mu m$ 和 $1.6\mu m$ 的 7075-T6 铝合金涂层的表面孔隙率均小于 7%。对于 $Ra = 1.6\mu m$ 的涂层，在 $S_{max} = 200MPa$ 时残余拉应力为 767MPa，可能大于实际值。残余应力测试仪要求试样表面光滑，涂层沟槽导致残余应力的测试存在较大误差。微孔是微弧放电得以发生的先决条件，较少的微孔产生的热量可以被及时耗散，使基体吸收的热量减少，7075-T6 铝合金与涂层之间的温度梯度增加。因此，$Ra = 1.6\mu m$ 的涂层残余拉应力较大。此外，抛光处理（$Ra = 0.2\mu m$）使基体产生了压应力。采用残余应力测试仪测试抛光试样的残余压应力为 53MPa，比未抛光基体中的残余压应力（26MPa）高。随着氧化时间的延长，基体残余压应力被释放，从而导致 $Ra = 0.2\mu m$ 的涂层残余拉应力降低。此外，由于尖端效应，基体表面放电的不均匀性导致涂层残余应力过大。基体粗糙表面许多凹坑都易于形成厚涂层，从而导致局部热量集中。因此，对于表面粗糙的基体，涂层与基体间的失配应变幅度较大。

较低孔隙率是由于 7075-T6 铝合金中高含量的 Zn（质量分数为 5.98%）和低含量的 Cu（质量分数为 1.53%）引起。随着 Zn 含量的增加（质量分数为

4%~8%），涂层表面孔隙率降低。对于 Al-Cu 合金，α 相（α-Al）的热导率高于 θ 相（θ-Al$_2$Cu），因此热量可能会在 Al$_2$Cu 相中积聚。热量的积聚加速了基体的熔化并促进了涂层的形成，并且涂层表面孔隙率较高。此外，由于铝合金的热膨胀系数比氧化铝高，在基体表面积聚的热量会引起基体热应变大于涂层，从而在涂层铝合金中产生失配应变，导致涂层存在压应力。另外，如图 4-2 所示，AAL 完全沉积在基体上。a-Al$_2$O$_3$ 的热导率比铝合金低大约一个数量级。因此，涂层吸收的热量远高于基体吸收的热量。基体和涂层之间的温度差导致失配应变产生。

铝合金的温度和热膨胀系数之间的关系为

$$\alpha_S = 23.64 + 8.328 \times 10^{-3} \times (T_S - 27) + 2.481 \times 10^{-5} \times (T_S - 27)^2 \quad (4-5)$$

式中，α_S（$10^{-6}/℃$）和 T_S（$27℃ \leqslant T_S \leqslant 627℃$）分别是铝合金的热膨胀系数和温度。

涂层的温度和热膨胀系数的关系为

$$\alpha_C = 4.5 + 0.0062 \times (T_C + 273) - 1.5 \times 10^{-6} \times (T_C + 273)^2 \quad (4-6)$$

式中，α_C（$10^{-6}/℃$）和 T_C（$20℃ \leqslant T_C \leqslant 1627℃$）分别是涂层的热膨胀系数和温度。

失配应变 ϵ_m 的计算公式为

$$\epsilon_m = (\alpha_C - \alpha_S)\Delta T \quad (4-7)$$

由于温度梯度存在于基体和涂层之间，当试样被温度较低的电解液冷却到 50℃时，式（4-7）可以重写为

$$\epsilon_m = \alpha_C(T_C - 50) - \alpha_S(T_S - 50) \quad (4-8)$$

涂层中的残余应力 σ_m 的表达式为

$$\sigma_m = \epsilon_m M_C \quad (4-9)$$

式中，M_C 是双轴弹性模量，其与弹性模量 E 和泊松比 ν 有关，表达式为

$$M_C = \frac{E}{1 - \nu} \quad (4-10)$$

值得注意的是，由于涂层存在微孔和裂纹，弹性模量 E 和泊松比 ν 的数据与无缺陷涂层不同。将式（4-8）和式（4-10）代入式（4-9），得到残余应力的计算式为

$$\sigma_m = \frac{E}{1 - \nu}[\alpha_C(T_C - 50) - \alpha_S(T_S - 50)] \quad (4-11)$$

式（4-11）显示，当 $\epsilon_m > 0$ 时，涂层残余应力为拉应力。涂层残余应力的性质取决于基体和涂层间的热膨胀系数和温度梯度。

基体和涂层的热膨胀系数是由材料本身决定的，影响残余应力性质的主要因

素是温度梯度。由式（4-11）可知，基体的热应变大于涂层的热应变，涂层中容易形成残余压应力。涂层与基体接触部分的高冷却速率会导致更多的 γ-Al_2O_3 形成。Al-Cu 合金基体与涂层热导率的差异可能是残余应力性质不同的主要原因。基于对影响涂层微观结构的 Al-Cu 合金热导率分析，高热导率导致涂层快速冷却，基体吸收的热量较少，基体的热应变小。因此，残余拉应力在涂层中产生。相比之下，由于基体热导率低，涂层不能快速冷却，基体温度升高。此外，低热导率导致热量在与涂层相邻的铝合金基体中积累，导致界面处基体的热应变增加。在 Cu 的质量分数为 3% 和 4.5% 的合金涂层中形成残余压应力。Al_2Cu 相会在涂层中产生空洞，大量的氧气充满空腔，导致涂层承受压应力。虽然涂层破裂使残余应力得到释放，但由于熔融氧化物附着在微孔内壁上，涂层的有效体积增加，导致残余压应力仍然存在。另外，Al_2Cu 相诱导涂层中空洞的形成，为电解液进入涂层到达基体提供了条件。微弧放电强度增强，Al_2Cu 相的低热导率和热积累导致基体产生较大的热应变。此外，进入空腔的电解液可以降低涂层热应变。因此，在 Cu 的质量分数为 4.5% 的合金涂层中发现了残余压应力。由空腔的存在引起的放电能量 Q_d 的增加也有助于在 Cu 的质量分数为 4.5% 的合金涂层中形成残余压应力。因此，涂层残余应力受基体热导率和 Al_2Cu 相析出的影响。因为没有考虑残余应力大小，在图 4-7 中没有讨论基体和 Al_2Cu 相的热导率对 Al-3Cu 和 Al-4.5Cu 合金间基体吸收能量 Q_{44} 的影响。

在 Al-1Cu 和 Al-4.5Cu 合金涂层中发现了残余压应力和拉应力同时存在，通过扫描电子显微镜（SEM）分别观察具有不同性质的残余应力对应的表面形貌，如图 4-10 所示。Al-1Cu 合金涂层残余压应力的位置表现出高孔隙率的特征。在残余拉应力区，发现较少且尺寸较小的微孔。同样，涂层 Al-4.5Cu 合金的残余压应力区分布一些小尺寸微孔。然而，在存在大尺寸微孔的涂层处测试出了残余拉应力。

由于残余应力取决于基体和涂层间的失配应变，温度梯度的变化是残余应力性质发生变化的主要原因。Al-1Cu 合金的高热导率导致涂层通过电解液快速散热，基体的温度相对较低。基体的失配应变低于涂层的失配应变。因此，涂层中容易产生残余拉应力，如图 4-10b 所示。然而，微孔数量和尺寸的增加使得放电能量无法快速消散，基体的温度升高。基体热应变的增加导致涂层中产生残余压应力，如图 4-10a 所示。对于 Al-4.5Cu 合金，界面附近 Al_2Cu 相的热量积累增加了基体的失配应变，涂层产生残余压应力。图 4-10d 显示了细长微孔和大尺寸圆孔的存在。较强的放电导致较大放电通道周围的涂层温度升高。涂层失配应变可能高于基体，形成了残余拉应力。同时，较大的残余拉应力导致大尺寸裂纹的形成，如图 3-31i 所示。

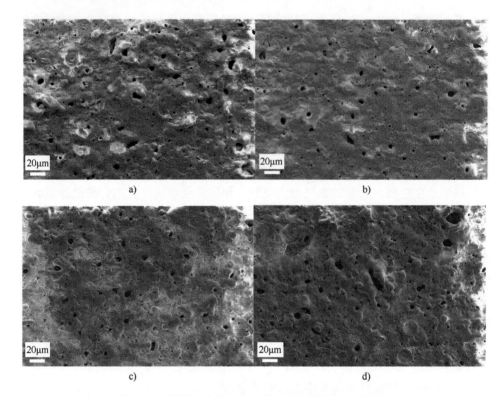

图 4-10　不同性质残余应力微弧氧化涂层的表面形貌

a) Al-1Cu 合金残余压应力　b) Al-1Cu 合金残余拉应力　c) Al-4.5Cu 合金残余压应力
d) Al-4.5Cu 合金残余拉应力

　　图 4-11 所示为涂层初始表面形貌和经过 20 次水冷热冲击试验后的 SEM 图像。在所有涂层上均未发现肉眼可见的大面积剥落和热裂纹，这表明微弧氧化涂层与 Al-Cu 合金间具有良好的附着力和抗热震性（TSR）。由图 4-11d 可以看出，涂层表面形成了明显的热裂纹，大尺寸裂纹穿过无孔区和有孔区。由图 4-11g 可以看出，在大尺寸的微孔附近容易出现热裂纹。对于 Al-3Cu 合金和 Al-4.5Cu 合金，涂层会产生短裂纹。Al-1Cu 合金涂层的 TSR 比在其他两种铝合金涂层的 TSR 要差。在图 4-11h 和 i 中观察到内聚破坏，表现为涂层碎裂或压缩剥落。不过，涂层仍未完全从基体表面剥落。

　　由于铝合金的热膨胀系数约为涂层的 4 倍，在热冲击试验中，热疲劳会引起裂纹的产生和扩展。涂层残余拉应力增加了裂纹在表面上产生的可能性，而涂层的低孔隙率并不能抑制大尺寸裂纹的形成。因此，Al-1Cu 合金涂层的抗热冲击性能很差。相比之下，Al-3Cu 和 Al-4.5Cu 合金涂层的高孔隙率有助于抗热冲击性能的提高。残余压应力抑制了裂纹扩展，提高了热疲劳性能。另外，基体热导

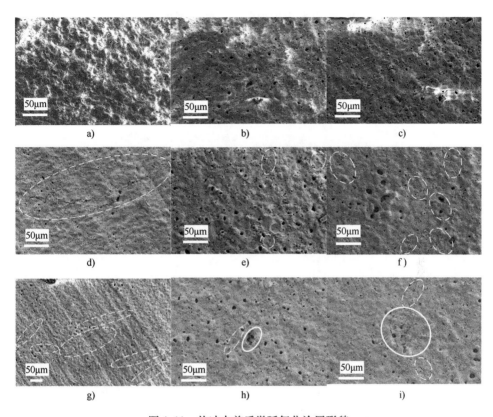

图 4-11　热冲击前后微弧氧化涂层形貌

a）涂层 Al-1Cu 合金热冲击前　b）涂层 Al-3Cu 合金热冲击前

c）涂层 Al-4.5Cu 合金热冲击前　d）、g）涂层 Al-1Cu 合金热冲击后

e）、h）涂层 Al-3Cu 合金热冲击后　f）、i）涂层 Al-4.5Cu 合金热冲击后

率也影响了抗热冲击性能。当涂层铝合金加热到 450℃时，热导率会影响基体的温度变化率。较高温度变化率增加了涂层与基体间的失配应变。涂层的高热应力和涂层的抗拉强度低于基体是涂层抗热冲击性能差的关键问题。与 Al-1Cu 合金相比，Al-4.5Cu 合金的热导率仅降低了 7%，但涂层高孔隙率和大尺寸微孔导致抗热冲击性能较佳。涂层内聚破坏归因于涂层残余压应力。高孔隙率有利于热失配应变松弛。当涂层铝合金冷却至室温时，涂层易受压应力影响。残余压应力和热冲击产生的压应力导致涂层的内聚破坏。基体温度变化率的增加导致涂层中产生更大的压应力。因此，在图 4-11i 中，涂层表面出现显著的内聚破坏。

对 40min 氧化时间下微弧氧化涂层 Al-Cu 合金的界面结合力（AS）进行了评估。临界载荷 L_{c2}，即涂层与基体之间的结合力，是结合划痕、声发射信号和摩擦力共同确定的。图 4-12 所示为用于确定 Al-1Cu 合金涂层附着力的试验数据和划痕形貌。划痕形貌显示没有出现肉眼可见的涂层剥离现象，而声发射信号的增强和摩擦力的减小说明涂层开始剥落。结果表明，涂层与 Al-Cu 合金间具有较高的结合强度。由于不同铝合金的涂层厚度相差不大，因此可以忽略涂层厚度对 AS 的影响。

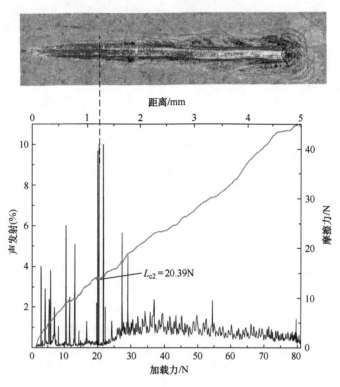

图 4-12　微弧氧化涂层附着力的试验数据及划痕形貌

　　由于涂层高孔隙率增强了机械互锁效应，并改善了涂层和基体的 AS，涂层与 Al-3Cu 合金和 Al-4.5Cu 合金的界面结合强度很高。所测试的涂层 Al-1Cu 合金、Al-3Cu 合金和 Al-4.5Cu 合金的临界载荷分别为（20 ± 1）N、（18 ± 2）N 和（17.5 ± 1.5）N，界面结合强度由大到小的顺序为 Al-1Cu、Al-4.5Cu、Al-3Cu。图 4-13 所示为残余应力对涂层铝合金结合强度的影响，在图 4-13b 中，与金刚石压头相邻的涂层受到残余压应力和外部压应力的综合影响，随着外载荷的增加，涂层从基体上剥落，导致涂层发生断裂失效。具有残余拉应力的涂层会导致涂层出现裂纹，裂纹沿涂层厚度方向扩展。图 4-13e 表明裂纹的形成降低了外部应力，提高了 AS。然而，外部应力的增加最终导致涂层失效，如图 4-13f 所示。因此，涂层残余拉应力有利于涂层与基体间 AS 的提高，而残余压应力损伤了涂层与基体间的 AS。

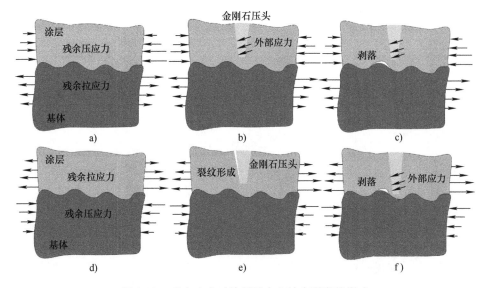

图 4-13 残余应力对涂层铝合金结合强度的影响

a）涂层含残余压应力 b）金刚石压头作用于涂层 c）外部应力致使涂层剥落
d）涂层含残余拉应力 e）金刚石压头诱发裂纹形成 f）外部应力诱发涂层剥落

由图 4-8 可知，残余拉应力在高循环应力作用下幅值减小。对于 $R = -1$ 和施加循环应力幅值 σ_a、试样表面残余应力 σ_{rs}、材料的屈服强度 σ_Y 和循环次数 N（$10^3 < N < 10^7$）之间的关系表示为

$$\sigma_{rs}(\sigma_a, N) = (1.50\sigma_Y - 2.75\sigma_a) + (-0.75\sigma_Y + 0.91\sigma_a)\lg N \qquad (4\text{-}12)$$

由式（4-12）可以得到，增加 σ_a 可能会减少 σ_{rs}。尽管 N 值影响残余应力松弛，但是与最大循环应力相比，残余应力幅值的减小并不显著。如图 4-8 所示，当最大循环应力为 200 ~ 410MPa 时，不同基体表面粗糙度的涂层残余应力减少量大致相同。不过，在此循环应力范围内，不同基体表面粗糙度的涂层铝合金疲劳寿命却有明显差异。因此，在低循环应力下的 N 值几乎不会影响残余应力。

在高循环应力水平下，残余应力松弛出现在短的疲劳循环内。微孔和裂纹可以降低基体和涂层间失配应变的幅值，故残余应力松弛可能与存在的微孔和裂纹有关。因此，在 $S_{max} = 200MPa$ 和先经受 200MPa 的循环应力再施加 $S_{max} = 410MPa$ 的循环应力的疲劳试验后，测试了 $Ra = 0.2\mu m$ 的涂层形貌，如图 4-14 所示。首先，在 $S_{max} = 200MPa$ 的循环应力作用下对涂层铝合金进行疲劳试验，在试样发生疲劳破坏前停止；然后，通过激光共聚焦扫描显微镜（LSCM）观察涂层形貌并标记位置；随后，在 $S_{max} = 410MPa$ 的循环应力作用下进行疲劳试验，并观测相应位置的涂层形貌。如图 4-14a 所示，在 $S_{max} = 200MPa$ 的循环应力作用下，涂层铝合金表面可以观察到裂纹和小尺寸微孔。图 4-14b 是在 $S_{max} =$

410MPa 的循环应力下涂层铝合金的形貌。在图 4-14b 中发现了裂纹和微孔的闭合现象，这说明涂层残余拉应力的减小与裂纹和微孔的闭合有关。

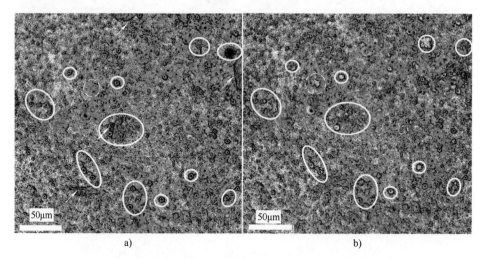

a)   b)

图 4-14　疲劳试验后基体表面粗糙度 $Ra = 0.2\mu m$ 的涂层形貌

a）在 $S_{max} = 200MPa$ 循环应力下的表面形貌　b）在 $S_{max} = 410MPa$ 循环应力下的表面形貌

与位错运动相关的微塑性变形逐渐释放应变能会引起残余应力松弛。在低循环应力下，残余应力的大小无明显降低。晶粒尺寸（$2a$）中的总塑性变形位移 γ_1 为

$$\gamma_1 = (\tau_1 - k)ba^2/2A_\zeta \qquad (4-13)$$

式中，τ_1 是外部切应力；b 是伯格斯矢量；A_ζ 是与位错应力场相关的常数 [$A_\zeta = Gb/2\pi(1-\nu)$，G 是剪切模量，ν 是泊松比]。式（4-13）表明在高循环应力水平下位错容易移动，塑性变形较大。对于涂层 7075-T6 铝合金，基体的塑性变形会引起基体局部区域伸长，从而降低了基体中的失配应变 ϵ_m 和残余应力 σ_m。随后，涂层微孔和裂纹闭合以减小涂层应变，并平衡涂层和基体间的残余应力释放。相比之下，在低循环应力下，位错滑移困难并且少量的位错移动在基体中引起的塑性变形较小，残余应力的大小并未显著降低。残余应力松弛与涂层微观形貌变化的关系将在第 5 章进行深入探讨。在图 4-14 中，还观察到了涂层应变的降低导致局部脆性的产生（在虚线圆中标记）。另外，使用引伸计测量 $Ra = 0.8\mu m$ 的 7075-T6 铝合金及其涂层试样的应变。与裸铝合金相比，在 $S_{max} = 200MPa$ 和 410MPa 的循环应力载荷下进行 2000 次循环时，涂层试样的应变变化幅值分别为 0.002% 和 0.023%。根据式（4-9）可以计算出因涂层引起的基体应变变化所产生的失配应力。考虑涂层孔隙率的影响，涂层的弹性模量和泊松比分别取 253GPa 和 0.24。对于 $S_{max} = 200MPa$ 和 410MPa 的循环应力，残余应力的计算结果分别为 7MPa 和 77MPa。在 $S_{max} = 410MPa$ 时，失配应力的大小低于残余应

力松弛的大小，这可能与涂层表面形貌的变化有关。在高循环应力下涂层铝合金发生较大的塑性变形，$S_{max}=410MPa$ 的失配应力是 $S_{max}=200MPa$ 失配应力的 11 倍。基于应力对塑性区的影响和失配应力的计算，外部循环应力显著影响残余应力的松弛。

4.1.4 残余应力和界面缺陷对疲劳寿命的影响分析

疲劳试验在室温下进行，最大循环应力 $S_{max}=410MPa$、$350MPa$、$220MPa$ 和 $200MPa$，其结果如图 4-15 所示。将图 4-15 中的试验数据取平均值，作为涂层铝合金的疲劳寿命。采用 β' 表示疲劳寿命变化的百分比，N_R 和 N_B 分别表示涂层铝合金和裸铝合金的疲劳寿命。计算 β' 的值以评估涂层对 7075-T6 铝合金疲劳寿命的影响，并研究基体表面粗糙度对涂层铝合金疲劳寿命的影响规律。如图 4-16 所示，涂层损伤了基体的疲劳性能（$\beta'_0 < 0$）。β'_0 的绝对值随着最大循环应力 S_{max} 的减小而增大，说明涂层对基体疲劳性能的损伤程度增大。当 $S_{max}=200MPa$ 时，β'_0 的绝对值甚至高达 48%。在第 3.3.2 节中氧化时间对涂层 7075-T6 铝合金疲劳寿命的影响分析中，也发现了涂层显著降低了基体的高周疲劳寿命。随着最大循环应力的减小，β'_1 和 β'_2 增大。在 $S_{max}=350MPa$ 和 $410MPa$ 时，$Ra=0.2\mu m$、$0.8\mu m$ 和 $1.6\mu m$ 的涂层铝合金疲劳寿命未见明显变化。因此，在高低循环应力加载条件下，涂层对基体疲劳寿命的影响并不相同。

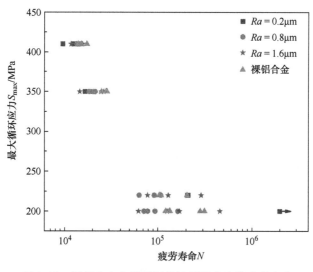

图 4-15　裸铝合金和微弧氧化涂层铝合金的疲劳寿命

对于含脆性涂层铝合金的疲劳裂纹扩展，当裂纹尖端的 J 积分（J_{tip}）小于远场作用的 J 积分（J_{app}），即 $J_{tip}/J_{app} < 1$ 时，涂层会屏蔽外部载荷对裂纹尖端

的影响，而与裂纹尖端相邻的基体承受了较大的张开应力，如图 4-17 所示。先前的研究表明，涂层的形成主要是由于基体表面部分熔融，并在电解液的作用下迅速冷却，微弧放电产生的高温并不会改变基体的微观结构。因此，通过微弧氧化在近涂层基体产生的残余应力分布深度 h 要比喷丸产生的残余应力的深度（175μm）小。

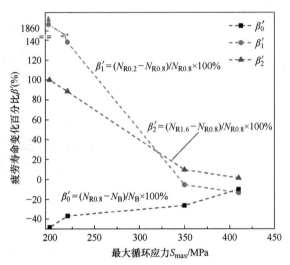

图 4-16 微弧氧化涂层试样疲劳寿命的变化量

注：$N_{R0.2}$、$N_{R0.8}$、$N_{R1.6}$ 下标中 0.2、0.8、1.6 表示表面粗糙度 $Ra = 0.2$μm、0.8μm、1.6μm。

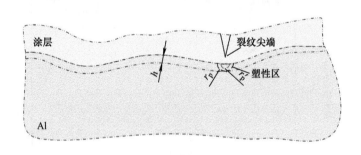

图 4-17 裂纹尖端塑性区

J 积分的表达式为

$$J = \frac{K^2(1 - \nu^2)}{E} \tag{4-14}$$

式中，K 是应力强度因子；ν 和 E 分别是界面两侧材料的泊松比和弹性模量。在此试验条件下，裂纹尖端和远场作用的 J 积分比值为

$$\frac{J_{\text{tip}}}{J_{\text{app}}} = 1.04 \frac{E_{\text{Al}}}{E_{\text{Al}_2\text{O}_3}} \tag{4-15}$$

式（4-15）中弹性模量 E_{Al} 的幅值（71.9GPa）远低于 $E_{\text{Al}_2\text{O}_3}$ 的幅值。因此，涂层会屏蔽部分外部载荷对裂纹尖端的作用，而与涂层相邻的 7075-T6 铝合金基体受较大的张开应力。考虑涂层中存在残余应力，裂纹尖端应力强度因子 K_{T} 的计算式为

$$K_{\text{T}} = K_{\text{E}} + K_{\text{RC}} \tag{4-16}$$

式中，K_{E} 是与外部应力相关的应力强度因子；K_{RC} 是与涂层残余应力相关的应力强度因子。对于基体来说，应力强度因子 K_{S} 的表达式为

$$K_{\text{S}} = K_{\text{E}} + K_{\text{RS}} \tag{4-17}$$

式中，K_{RS} 是与界面基体残余应力相关的应力强度因子。

根据 Irwin 塑性区模型，可以得出平面应力状态下塑性区的半径 r_{p} 的表达式为

$$r_{\text{p}} = \frac{1}{\pi} \left(\frac{K}{R_{\text{p0.2}}} \right)^2 \tag{4-18}$$

式中，K 是应力强度因子；$R_{\text{p0.2}}$ 是规定塑性延伸强度，7075-T6 铝合金基体的 $R_{\text{p0.2}} = 504\text{MPa}$。因此与界面基体的塑性区半径 r'_{p} 可以表示为

$$r'_{\text{p}} = \frac{1}{\pi} \left(\frac{K_{\text{E}} + K_{\text{RS}}}{R_{\text{p0.2}}} \right)^2 \tag{4-19}$$

在高循环应力载荷条件下，疲劳裂纹从涂层迅速扩展到界面。由于残余应力松弛降低了涂层残余拉应力，相应的界面基体残余压应力较小。因此，在外部拉应力和低幅值残余压应力的协同作用下，裂纹尖端的基体易于出现局部屈服。因此，高应力循环载荷下裂纹尖端的塑性区半径 r'_{p} 较大。塑性变形区尺寸的增加诱导基体表面应力重新分配，从而减轻了因基体表面粗糙度或涂层向基体过度生长所引起的应力集中。在高循环应力水平下，基体表面粗糙度对涂层铝合金疲劳寿命的影响并不明显。对于 $Ra = 0.8\mu\text{m}$ 的涂层铝合金，在高循环应力加载条件下，涂层残余应力的降低可以缓解在基体表面的应力集中。虽然涂层表面有裂纹，但与裸铝合金相比，微弧氧化后基体的疲劳寿命并未明显降低。

在低于屈服强度的载荷水平下（$\sigma_{\text{max}} = 220\text{MPa}$ 和 240MPa），涂层对不同基体表面粗糙度的 2024-T3 铝合金也呈现不同的影响规律，见第 3.2 节。不同表面粗糙度 2024-T3 铝合金涂层存在残余压应力，$S_{\text{max}} = 240\text{MPa}$ 时涂层铝合金的疲劳寿命变化显著。由于涂层残余压应力松弛导致界面基体残余拉应力减小，进而减小了基体塑性区的半径 r'_{p}，界面处的应力集中没有得到明显缓解。因此，在 $S_{\text{max}} = 240\text{MPa}$ 时，基体表面粗糙度会显著影响涂层铝合金的疲劳寿命。

由于在 $S_{\text{max}} = 200\text{MPa}$ 和 220MPa 时，7075-T6 铝合金涂层残余拉应力较大，涂层表面裂纹易于扩展。虽然基体存在相应的残余压应力，残余压应力呈梯度分

布并在界面附近达到最大值，但 7075-T6 铝合金涂层的疲劳性能并未改善。由于涂层残余拉应力在裂纹扩展过程中逐渐释放，当裂纹到达界面时，基体表面没有残余压应力或者残余压应力的值较小。此外，裂纹在涂层中形成，诱导界面附近的基体发生塑性变形，由于涂层较薄，塑性变形区在裂纹扩展到界面之前就已形成，因此残余应力的释放并不能显著减小塑性变形区的尺寸。如图 4-16 所示，随着循环应力水平的降低，$Ra=0.8\mu m$ 的涂层对 7075-T6 铝合金疲劳性能的损伤逐渐增大。随着应力循环次数的增加，涂层残余拉应力的改变并不明显，甚至在试样发生疲劳失效之后残余应力的松弛现象也不显著。在低循环应力水平下，涂层较高的残余拉应力诱导界面基体产生相应的残余压应力，从而抑制了基体表面局部的塑性变形，并明显降低了塑性区的半径 r'_p。塑性变形区半径 r'_p 与基体表面的应力集中有关，r'_p 增大，基体与涂层间界面的应力集中越严重。与高循环应力水平相比，在低循环应力水平下，基体表面粗糙度显著影响涂层铝合金的疲劳寿命。粗糙的界面会引起严重的应力集中，造成裂纹在界面附近过早生成，从而降低了涂层铝合金的疲劳寿命。

在图 4-16 中，$S_{max}=200MPa$ 和 220MPa 时的 $\beta'_1 \geq 138\%$，表明与原始表面粗糙度相比，抛光处理提高了涂层铝合金的疲劳寿命。与 $Ra=0.8\mu m$ 的涂层铝合金疲劳寿命相比，$Ra=1.6\mu m$ 的涂层铝合金疲劳寿命较高。图 4-15 显示 $Ra=1.6\mu m$ 的涂层铝合金疲劳数据具有较大的分散性。较高的疲劳寿命是由于涂层表面沟槽导致涂层表面大尺寸裂纹较难形成。较短裂纹的应力强度因子较小，应力强度因子的减小会抑制疲劳裂纹扩展速率。因此，$Ra=1.6\mu m$ 的涂层裂纹驱动力小，涂层铝合金的疲劳寿命较高。此外，与长裂纹相比，涂层短裂纹对基体疲劳性能的损伤较小。

在基体表面粗糙度对涂层 2024-T3 铝合金疲劳性能的影响研究中，$S_{max}=220MPa$ 时，$Ra=0.2\mu m$、$0.8\mu m$ 和 $1.6\mu m$ 的涂层铝合金疲劳寿命变化较小。外部拉应力、涂层较大的残余压应力以及界面基体残余拉应力可缓解由表面粗糙度引起的应力集中。因此，在 $S_{max}=220MPa$ 时，基体表面粗糙度对涂层铝合金的疲劳性能影响较小。残余应力松弛是涂层对 2024-T3 铝合金疲劳寿命在高低应力水平下呈现不同影响规律的主要因素。然而，与不同基体表面粗糙度的涂层 7075-T6 铝合金疲劳寿命相比，$S_{max}=220MPa$ 时 $Ra=1.6\mu m$ 的涂层 2024-T3 铝合金疲劳寿命却低于 $Ra=0.8\mu m$ 的涂层铝合金疲劳寿命。这主要是低应力载荷条件下，涂层 2024-T3 铝合金界面基体残余拉应力导致裂纹在粗糙的界面处萌生，引起 $Ra=1.6\mu m$ 的涂层 2024-T3 铝合金疲劳寿命降低。研究表明，涂层向基体内过度生长，并且涂层残余压应力的大小随着氧化时间的增加而增加，不同氧化时间的涂层试样疲劳寿命略有变化，故涂层残余应力对涂层试样的疲劳寿命影响不大。根据上述界面塑性变形区的变化对涂层铝合金疲劳性能的影响分析可知，涂层较大的残余压应力减轻了涂层与基体间界面的应力集中。延长氧化时间时，界面基体表面的残余压应力增大，基体的局部塑性变形降低了界面处的应力集中，因此严重的过度生长并没有明显降低基体的疲劳寿命。

在第 3.3.2 节氧化时间对涂层 7075-T6 铝合金疲劳寿命的影响分析中，研究了 $Ra = 0.8\mu m$ 的涂层铝合金（氧化 12min）和裸铝合金的疲劳断口。图 4-18 所示为 $Ra = 0.2\mu m$ 和 $1.6\mu m$ 的微弧氧化涂层铝合金的疲劳断口形貌。疲劳裂纹从

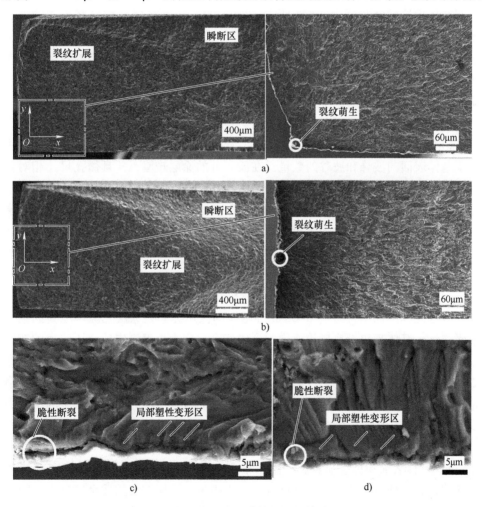

图 4-18 微弧氧化涂层铝合金的疲劳断口形貌

a）在 $S_{max} = 220MPa$ 时，$Ra = 0.2\mu m$ 疲劳断口 b）在 $S_{max} = 220MPa$ 时，$Ra = 1.6\mu m$ 疲劳断口

c）在 $S_{max} = 220MPa$ 时，$Ra = 0.2\mu m$ 疲劳形貌 d）在 $S_{max} = 410MPa$ 时，$Ra = 1.6\mu m$ 疲劳形貌

涂层表面扩展到基体，裂纹的扩展路径沿着涂层的近表面，这与以前的观测结果一致。涂层表面的微孔和裂纹以及残余拉应力等物理结构缺陷改变了裂纹扩展的路径。

根据 SEM 图像的标尺分析了沿 x 轴（试样的厚度）和 y 轴（试样的宽度）的裂纹扩展长度。三种基体表面粗糙度的涂层铝合金 y 值近似相等。然而，x 的长度变化很大（$x_{Ra0.2} = 1.33\,mm$、$x_{Ra0.8} = 2\,mm$ 和 $x_{Ra1.6} = 1.87\,mm$）。在第 3.3 节中的研究结论表明，沿涂层表面扩展的裂纹降低了涂层铝合金的疲劳寿命。另外，在邻近涂层的基体中观察到局部塑性变形区，并且塑性变形区不连续，如图 4-18c 和 d 所示，并可以明显地看出 $S_{max} = 220\,MPa$ 时塑性区半径 r'_p 小于 $S_{max} = 410\,MPa$ 时的塑性区半径。这证明了残余应力对涂层铝合金疲劳性能的影响机理分析是合理的。不连续的塑性变形是由分散的涂层缺陷引起的。此外，由于涂层缺乏延展性，在疲劳断口中发现涂层的脆性断裂形貌。

根据上述试验结果可以得出：

1）基体表面粗糙度会影响涂层厚度和孔隙率以及微孔分布。表面粗糙度决定了基体表面的波峰和波谷的数量。在波谷处的涂层较厚，并且微孔尺寸相对较大。基体表面粗糙度对 7075-T6 铝合金涂层相组成的影响较小。

2）涂层残余应力性质取决于基体和涂层间的热膨胀系数和温度梯度。涂层与基体间的温度梯度与纳米级无定形氧化铝层（AAL）和涂层孔隙率有关。AAL 的低热导率和涂层的低孔隙率导致涂层存在残余拉应力，且容易诱导涂层向基体内过度生长。

3）基体热导率影响涂层残余应力和抗热冲击性能，且残余应力影响涂层抗热冲击性能和界面结合力。Al_2Cu 相和基体的低热导率是涂层孔隙率增大的主要因素之一。基体高热导率导致涂层中形成残余拉应力，而涂层残余压应力的产生归因于 Al-3Cu 合金的低热导率和 Al-4.5Cu 合金中的大量 Al_2Cu 相诱导空腔的形成，并且微孔分布的不均匀性影响了残余应力的性质。基体高热导率和涂层残余拉应力是涂层抗热冲击性能受损的关键因素，而残余压应力削弱了涂层的结合强度，Al_2Cu 相的形成有利于提高涂层附着力。为了提高涂层的耐蚀性和附着力，应降低 Cu 在 Al 基体中的含量。

4）基体表面粗糙度显著影响涂层铝合金高周疲劳寿命，具有光滑基体表面的涂层铝合金疲劳性能好。在低循环应力水平下，涂层较大的残余拉应力会降低基体中塑性区的半径 r'_p，基体表面粗糙度影响界面处的应力集中，基体表面粗糙度值增大，涂层铝合金疲劳寿命降低。由于在高循环应力水平下，残余应力松弛引起 r'_p 增加，减轻了基体表面的应力集中，基体表面粗糙度不再是影响涂层铝合金疲劳性能的关键因素。此外，残余应力松弛与涂层表面裂纹和微孔有关。

4.2　占空比对 7075-T6 铝合金涂层及疲劳性能的影响

选择占空比 8%、10%、15%、20% 和氧化时间 24min，在 $Ra = 0.8\mu m$ 的 7075-T6 铝合金上制备微弧氧化涂层。分析占空比对涂层微观结构的影响，依据残余应力的产生机理，基于能量耗散估算残余应力，深入分析涂层表面形貌、界面过度生长区和残余应力对涂层铝合金疲劳性能的耦合影响机制，获取涂层 7075-T6 铝合金疲劳性能较佳的占空比，验证第 4.1.2 节中残余应力松弛现象，提出含物理结构缺陷的涂层损伤基体疲劳性能的机理模型。

4.2.1　7075-T6 铝合金涂层的微观结构

图 4-19 所示为 7075-T6 铝合金涂层的表面形貌，发现涂层表面有微孔和裂纹。用 ImageJ 统计分析了涂层表面粗糙度、涂层厚度和孔隙率，结果列于表 4-2。从表中可以看出涂层厚度为 $5.0 \sim 7.3\mu m$，涂层厚度随占空比的增加而增加。占空比为 20% 的涂层厚度与占空比为 15% 的涂层厚度差别不大。这归因于以下事实：占空比为 20% 的微弧放电能量大，巨大的能量输入导致部分熔融氧化物溅入电解液。在前面 Cu 含量对 Al-Cu 合金涂层厚度的影响研究中也发现

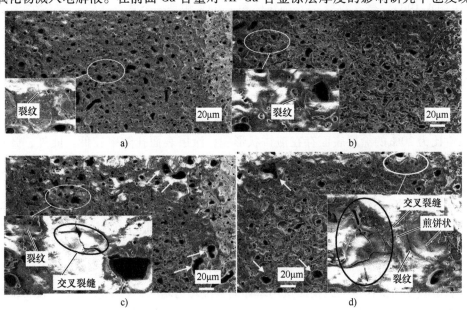

图 4-19　微弧氧化涂层的表面形貌

a）占空比为 8%　b）占空比为 10%　c）占空比为 15%　d）占空比为 20%

了类似问题。Al_2Cu 相较强放电造成涂层局部破裂，涂层厚度增加并不明显。在 8% 和 10% 低占空比下，涂层表面孔隙率相差不大。当占空比在 10% ~ 20% 的范围内增加时，涂层孔隙率先增加，然后降低。通常，表面孔隙率取决于微孔的数量和尺寸，微孔的尺寸增大或数量增多都有可能引起涂层表面孔隙率的提高。

表4-2 铝合金微弧氧化的表面粗糙度、涂层厚度、孔隙率和弹性模量

占空比（%）	表面粗糙度 $Ra/\mu m$	涂层厚度/μm	表面孔隙率（%）	弹性模量/GPa
8	0.544	5.0	6.08	76.1
10	0.592	5.3	5.83	75.6
15	0.717	7.4	7.08	75.2
20	0.68	7.3	4.49	74.2
0	0.8	—	—	71.9

为了评估占空比对涂层微观结构的影响，应综合考虑各种尺寸微孔的数量及其分布。图4-20 所示为涂层微孔统计分析结果。对于占空比为 15% 和 20%，小于 2μm 的微孔数量小于占空比为 8% 和 10% 的涂层微孔数量，而占空比为 15% 的涂层具有较多尺寸大于 5μm 的微孔，导致其表面孔隙率较大。然而，占空比为 20% 的涂层表面微孔数量相对较少，涂层表面孔隙率较低。高的放电能量使熔融氧化铝通过排放通道挤出，随后被电解液迅速固化，形成了薄饼状的结构（见图4-19d）。微孔数量 N_c 与薄饼体积 V_p 的乘积是一个常数（C_ξ），与微弧氧化时间无关。薄饼体积 V_p 定义为

$$V_p = (\pi/8) d_p^2 d_c \qquad (4-20)$$

式中，d_p 是涂层表面薄饼直径；d_c 是涂层微孔直径。由 $N_c V_p = C_\xi$，有如下关系式

$$N_c d_p^2 d_c = C_\xi \qquad (4-21)$$

$N_c d_c$ 的乘积反映了涂层表面孔隙率的大小，涂层表面薄饼的存在减小了 $N_c d_c$。占空比为 20% 的涂层表面存在煎饼状形貌，涂层表面孔隙率较低。此外，微孔尺寸 d_c 增加，会导致放电通道数量 N_c 减少。因此，占空比为 15% 的涂层微孔尺寸较大，但数量较少。

占空比为 15% 和 20% 的涂层表面有大尺寸相交裂纹。占空比为 8% 和 10% 的涂层表面也有裂纹产生，但尺寸较小。涂层与基体间失配应力超过局部涂层强度，涂层开裂，产生裂纹，释放部分失配应力。因此，涂层表面裂纹尺寸和涂层与基体间失配应力有关。占空比为 15% 和 20% 的微弧放电能量大，较大放电能量和熔融物的快速冷却致使涂层与基体间失配应力增大，形成较大尺寸裂纹，并且较大放电能量使熔融物不能迅速冷却，导致熔融物堆积在大尺寸微孔附近，产生较大尺寸熔池，涂层表面粗糙度值增大。此外，因涂层与基体间的界面结合强度高和涂层缺乏延展性，涂层铝合金的弹性模量比基体弹性模量高。

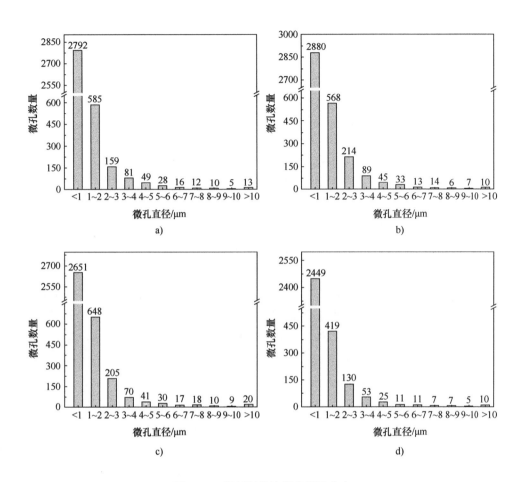

图 4-20 微弧氧化涂层的微孔分布

a）占空比为 8% b）占空比为 10% c）占空比为 15% d）占空比为 20%

图 4-21 所示为涂层铝合金横截面形貌。占空比为 8% 和 10% 的涂层并未明显向基体生长，而涂层和基体间界面的非光滑性是由基体表面粗糙度引起。涂层下表面到基体上表面的最大高度差用 h 表示。占空比为 8%、10%、15% 和 20% 的涂层高度差 h 分别是 $2.86\mu m$、$2.86\mu m$、$5.14\mu m$ 和 $4.86\mu m$。与占空比为 8% 和 10% 相比，占空比为 15% 和 20% 的涂层在基体出现明显的过度生长。这种现象可以通过涂层的生长机理来解释。覆盖基体的无定形氧化铝层是形成熔融氧化铝的主要区域。由于初始表面粗糙度诱导微弧氧化产生尖端效应，涂层在凹口底部的生长速率较快。巨大的能量输入使局部基体表面过度熔化，大量熔融氧化物从放电通道挤出，并附着在涂层表面。因此，占空比 15% 和 20% 的涂层呈现向外和向内同时生长。此外，涂层横截面未产生穿透裂纹和微孔。

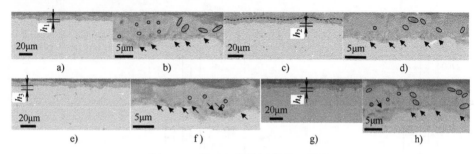

图 4-21 微弧氧化涂层横截面形貌

a）占空比为 8% b）占空比为 8% 的放大图 c）占空比为 10% d）占空比为 10% 的放大图
e）占空比为 15% f）占空比为 15% 的放大图 g）占空比为 20% h）占空比为 20% 的放大图

图 4-22 所示为 7075-T6 铝合金涂层的 XRD 图谱。与 $\gamma\text{-}Al_2O_3$ 和 $\alpha\text{-}Al_2O_3$ 相对应峰的相对强度随占空比的增加而略有增加，表明其含量略有增加。电解液迅速冷却了熔融氧化铝，并且在放电通道周围形成了涂层，较快的冷却速率诱导 $\gamma\text{-}Al_2O_3$ 相的产生。占空比为 15% 和 20% 的涂层较厚，$\gamma\text{-}Al_2O_3$ 的含量高。由于薄涂层孔隙率较高，涂层能够被快速冷却，涂层 $\alpha\text{-}Al_2O_3$ 更少。较强的微弧放电产生大量的热量，诱导大尺寸的微孔产生，并且微孔周围的涂层受热，涂层 $\gamma\text{-}Al_2O_3$ 转化为 $\alpha\text{-}Al_2O_3$。涂层的相成分可以反映微弧氧化能量转化。较长时间的微弧氧化，涂层放电通道减少，热量在涂层内积聚，诱导较多的 $\alpha\text{-}Al_2O_3$ 形成。依据第 4.1.3 节中阐述的涂层残余应力的产生机理，涂层微孔的减少诱导涂层残余拉应力的产生。不过，2024-T3 铝合金和 7075-T6 铝合金在相同的工艺条件下产生的残余应力性质不同，涂层孔隙率差别较大，但涂层相组成差别不大，这一结果表

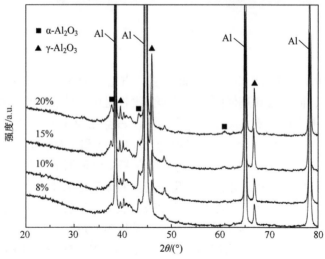

图 4-22 微弧氧化涂层的 XRD 图谱

明微孔影响残余应力的性质和相组成，但涂层相组成与残余应力并无直接联系。另外，微弧氧化涉及复杂的化学反应和热交换，而微孔是微弧放电的先决条件，这使残余应力的分布更加复杂。

4.2.2　残余应力估算及松弛分析

本部分将进一步研究残余应力松弛机理，并探究残余应力计算方法。图 4-23 所示为不同占空比下涂层残余拉应力幅值。占空比为 15% 的涂层残余拉应力较小，这是因为涂层表面大尺寸的裂纹和微孔释放了部分热应力。微孔的存在减少了涂层残余应力的幅值，避免了大量热裂纹的产生。微孔的产生降低了涂层与基体间的失配应力，进而涂层与基体不会发生脱粘。对于因失配应变引起的残余应力计算，式（4-5）~式（4-11）已经给出。式（4-11）可以写成

$$\sigma_m = \frac{E}{1-\nu}(\alpha_C T_C - \alpha_S T_S + \alpha_S T_0 - \alpha_C T_0) \tag{4-22}$$

式中，T_0 是电解液的温度（本书电解液温度为 50℃）；E 和 ν 分别是涂层的弹性模量和泊松比，$E = 253\text{GPa}$，$\nu = 0.24$；α_C 和 α_S 分别是涂层和基体的热膨胀系数，$\alpha_C = 7.38 \times 10^{-6} \text{K}^{-1}$，$\alpha_S = 24 \times 10^{-6} \text{K}^{-1}$。由于基体的热膨胀系数（$\alpha_S$）是涂层（$\alpha_C$）的 4 倍，因此残余应力（$\sigma_m$）的性质由（$\alpha_C T_C - \alpha_S T_S$）的符号确定。要计算残余应力的大小需要对涂层和基体的温度进行分析。依据微弧氧化过程中热传递分析，我们将对氧化物生成、基体吸热、涂层吸热和电解液吸热耗散的热量进行定量计算。

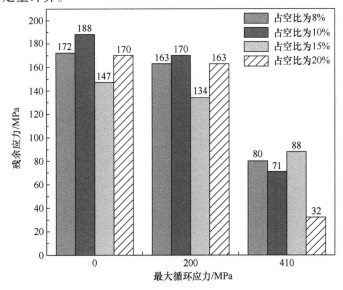

图 4-23　不同占空比下涂层残余拉应力幅值

溶液吸热与电解液蒸发带走热量占据总能量的 $50\% \sim 80\%$。$\gamma\text{-}Al_2O_3$ 和 $\alpha\text{-}Al_2O_3$ 相的标准生成热 ΔH_f 分别为 $-1656.864kJ/mol$ 和 $-1675.692kJ/mol$，涂层中两种氧化铝的含量各占 50%。Al 原子氧化成氧化铝时吸热为

$$Q_1 = \frac{\rho V}{M} \times \frac{\Delta H_f^\alpha + \Delta H_f^\gamma}{2} \tag{4-23}$$

氧化铝涂层的密度 $\rho = 3.31g/cm^3$，摩尔质量 $M = 102g/mol$，则 $Q_1 = 541J$，进而计算占空比为 10% 的 7075-T6 铝合金涂层总放电能量与涂层形成所消耗热量。试验过程中，记录母线电流的数值，对微弧氧化稳定阶段至涂层结束后的数值取平均值，母线电流的平均值 $I_a = 15.5A$。母线电流是处理一批 15 个试样总电流，则 24min 输入能量 $Q_S = 818.4kJ$。图 2-1 所示的试样表面积 $S_\gamma = 8898mm^2$，涂层平均厚度为 $5.3\mu m$，则每平方毫米上生长 $1\mu m$ 涂层消耗的能量 Q' 为 17.35J。涂层主要成分是 $\gamma\text{-}Al_2O_3$，式 (4-23) 可以改写为

$$Q_{11}' = \frac{\rho V}{M} \times \Delta H_f^\gamma \tag{4-24}$$

则 $Q_{11}' = 5.4 \times 10^{-2}J$，即生成 $\gamma\text{-}Al_2O_3$ 涂层占总能量的百分比为

$$\eta' = \frac{Q_{11}'}{Q'} \times 100\% \tag{4-25}$$

计算得到 $\eta' = 0.31\% < 1\%$。Al_2O_3 的比热容 c 为 $1260J/(kg \cdot K)$，将 Al_2O_3 由固态转变成熔融态吸收的热量为

$$Q_1'' = cm\Delta T \tag{4-26}$$

每平方毫米上生成 $1\mu m$ 涂层吸收的热量为

$$Q_{12} = \rho Vc(T_m - T_0) \tag{4-27}$$

式中，T_m 是微弧氧化过程中微弧放电的平均温度。北京师范大学薛文斌教授团队通过发射光谱计算了 7075-T6 铝合金涂层温度，通过对比本书与参考文献的微弧氧化工艺条件，选取 $T_m = 15000K$，则 $Q_{12} = 6.1 \times 10^{-2}J$。由式 (4-24) 和式 (4-27) 可得出能量 Q_{1S} 为

$$Q_{1S} = Q_{11}' + Q_{12} \tag{4-28}$$

这里 $Q_{1S} = 1.15 \times 10^{-1}J$。形成微弧氧化涂层所需能量 Q_{1S} 占总能量的百分比为

$$\eta_S' = \frac{Q_{1S}}{Q'} \times 100\% \tag{4-29}$$

计算得到 $\eta_S' = 0.66\% < 1\%$。因此，形成涂层的吸热不是能量消耗的主要途径。

氧化铝涂层的热导率为 $(1.6 \pm 0.4)W/(m \cdot K)$，铝合金热导率为 $170W/(m \cdot K)$。孔隙率对涂层热导率影响较小，主要受晶体尺寸（$40 \sim 80nm$）和非晶体成分（AAL，$\gamma\text{-}Al_2O_3$）的影响。可以使用一维形式的傅里叶定律来计算每单位面积的

热通量（假设单向流动而没有任何热损失），表达式为

$$q_x = -K_\eta \frac{\mathrm{d}T}{\mathrm{d}x} \tag{4-30}$$

式中，q_x 是局部的热通量（W/m^2），其中 $q_x = Q_I/A$；K_η 是材料的热导率（$W/m \cdot K$）；$\mathrm{d}T/\mathrm{d}x$ 是温度梯度（K/m），$\mathrm{d}T/\mathrm{d}x = \Delta T/L$。基体、界面和微弧氧化涂层间的温度分布如图 4-24 所示。而有关热导率 K_η 的关系式可表示为

$$\frac{Q_I}{A} = \frac{K_\eta}{h_s} \Delta T \tag{4-31}$$

式中，Q_I 是热量；A 是截面积；h_s 是基体厚度；ΔT 是温度差。界面热导率 K_δ 的关系式为

$$\frac{Q_I}{A} = \frac{K_\delta}{h_c} \Delta T_I \tag{4-32}$$

式中，Q_I 是热量；A 是截面积；h_c 是涂层厚度；ΔT_I 是温度差。涂层的热导率 $K_{C\delta}$ 的关系式为

$$\frac{Q_I}{A} = \frac{K_{C\delta}}{h_c} \Delta T_C \tag{4-33}$$

式中，Q_I 是热量；A 是截面积；h_c 是涂层厚度；ΔT_C 是温度差。总的温度下降 ΔT 由整个涂层和界面的温度下降组成，所以有

$$\Delta T = \Delta T_C + 2\Delta T_I \tag{4-34}$$

$$\frac{Q_I}{A} = \frac{K_\eta \frac{\Delta T_U + \Delta T_L}{2}}{h_s} = \frac{K_{C\delta}}{h_c} \Delta T \tag{4-35}$$

式中，ΔT_U 和 ΔT_L 分别是上下基体的温度差。

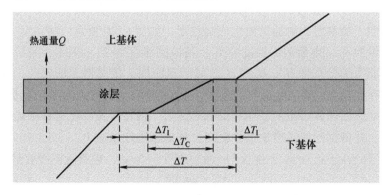

图 4-24　涂层热导率示意图

通过对基体和电解液的温度用热电偶进行了测试，基体的热电偶嵌入在基体表面 0.2mm 处，得出以下结论：

1）铝合金表面钝化膜很薄，高电压下产生大量的焦耳热。

2）击穿钝化膜，涂层生长迅速，试样内部电流密度和温度下降。

3）一些大火花出现，疏松层增加，试样温度缓慢增加。

4）试样大火花消失，细小火花被覆盖，致密层迅速生长，氧化铝热导率较低，厚的涂层阻碍试样的热损失，试样温度升高至103℃。

5）涂层超过40μm显著抑制基体的热损失。因此，在微弧氧化结束时，基体温度逐渐升高到113℃。

6）微弧氧化结束后100s，基体温度降至与电解液温度相同。

由上述结论可以得出，在微弧氧化过程中，基体的温度不高，7075-T6铝合金的厚度是1.6mm，只需考虑单侧涂层厚度，涂层铝合金侧面和表面相互影响较为复杂，没有探讨此问题。涂层和基体的温度梯度模型如图4-25所示。

最终残余应力的计算可以考虑为整个过程温度差的平均值。

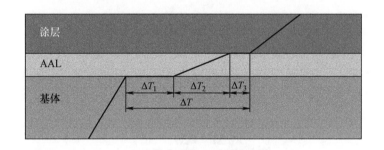

图4-25　温度梯度模型

AAL的厚度一般为500～900nm，为了简化计算，可以认为AAL与涂层之间的温度相同，通常将放电通道简化成圆柱形，如图4-26所示。将AAL和外部涂层的温度设为T_c，电解液的温度为T_e，基体的温度为T_s。基体、涂层和电解液的温度影响范围分别是H_s、H_c和H_e。对于薄涂层，传感器无法安装，针对其温度的测试存在较大的难度，目前还未见对涂层内部温度有关的测试数据。因此，借用薛文斌教授团队给出的基体和电解液温度，估算微弧氧化过程中能量损耗所占百分比，并依据涂层温度的估算模型计算出涂层残余应力。

7075-T6铝合金1mm²上生长1m涂层需要3.8min，电解液的吸收热量为

$$Q_2 = cm\Delta T \tag{4-36}$$

式中，c是电解液的比热容，取$4.2 \times 10^3 J/(kg \cdot \text{℃})$；$m$是电解液的质量；$\Delta T$是温升。根据基体-涂层-电解液温度测试结果，离工件表面5mm的范围内电解液的温升是13℃。为了求出电解液吸收的热量，我们需要求出电解液的温度梯度。首先，确定涂层表面的温度，下面将进行涂层温度的求解。涂层平均升高速率的

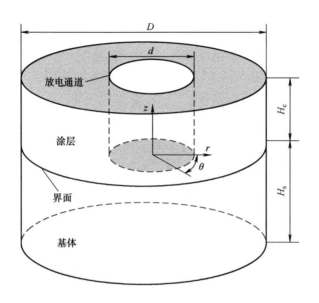

图 4-26 单个放电通道模型

计算方程为

$$\frac{\mathrm{d}T}{\mathrm{d}t} = 10^2 \frac{D_a UM}{c_\delta \rho h} \qquad (4\text{-}37)$$

考虑温度影响，这里涂层的摩尔比热容 $c_\delta = 128\mathrm{J/mol \cdot K}$，密度 $\rho = 3.97\mathrm{g/cm}^3$，摩尔质量 $M = 102\mathrm{g/mol}$，$D_a = I_a/15S_r$，计算得 $\mathrm{d}T/\mathrm{d}t = 1.282 \times 10^4 \mathrm{K/s}$。由于占空比为 10%，所以 1s 内涂层升高的温度为 $\Delta T_m = 1282\mathrm{K}$。涂层吸收热量的计算式为

$$Q_F = \rho V c \Delta T_m \qquad (4\text{-}38)$$

则 $Q_F = 0.064\mathrm{J}$，占总放电能量的 0.37%。根据上述计算结果，涂层表面电解液升高温度 $\Delta T_m = 1282\mathrm{K}$（1009℃），当 $z' = 5\mathrm{mm}$（与涂层表面间距），$T_0 = 13℃$。电解液的温度变化可表示为

$$k_\delta \frac{\partial T}{\partial z} = h_\delta [T(r) - T_f] \qquad (4\text{-}39)$$

式中，h_δ 是对流散热系数，取 15kW/($\mathrm{m}^2 \cdot \mathrm{K}$)；$T_f$ 是电解液温度；$T(r)$ 是涂层表面温度，假设温度沿半径方向均匀分布，$T(r) = T$；k_δ 是涂层的热导率，取 1.6W/(m·K)。对函数进行不定积分得到涂层温度与电解液温度的关系

$$T = ce^{9.375z} + T_f \qquad (4\text{-}40)$$

涂层的温度在 z 轴方向（见图 4-26）符合指数分布，因此假设电解液温度沿 z 轴方向也符合指数分布 $T = ae^{\lambda z}$，则 $T = 1009e^{-0.8704z}$。电解液吸热为

$$Q'_2 = c\rho S \int_0^{15} 1009 e^{-0.8704z} dz \tag{4-41}$$

即

$$Q'_2 = 4.2 \mathrm{J/(g \cdot ℃)} \times 1mm^2 \times 1g/cm^3 \times \int_0^{15} 1009 e^{-0.8704z} dz \tag{4-42}$$

解得 $Q'_2 = 4.24\mathrm{J}$，则电解液吸收热量占总热量的 24.4%。由于 7075-T6 铝合金涂层孔隙率较低，涂层被电解液快速冷却，因此可以认为基体的温度在微弧氧化过程中变化不大，依据热传感器测试的基体温度，得到 $1mm^2$ 铝合金吸收的热量为

$$Q'_3 = 0.88 \mathrm{J/(g \cdot ℃)} \times 1mm^2 \times 1.6mm \times 2.81g/cm^3 \times 88℃ \tag{4-43}$$

计算得 $Q'_3 = 3.48 \times 10^{-1} \mathrm{J}$，占总能量的 2.0%。

由上述结果可知，将基体和涂层温度代入式（4-22）得

$$\sigma_m = \frac{E}{1-\nu}(1282\alpha_C - 361\alpha_S) \tag{4-44}$$

计算的涂层残余应力为 $\sigma_m = 265\mathrm{MPa}$，X 射线衍射仪测试的残余应力 $\sigma'_m = 188\mathrm{MPa}$。计算误差 $\delta = (265 - 188)/188 \times 100\% = 41\%$。通过对熔融氧化铝的吸热、铝基体吸热、电解液吸热和涂层吸热分析，电解液吸热占总能量的 24.4%，根据能量守恒定律，电解液汽化热占总能量的 73.12%。电解液吸热和汽化吸热占总能量的 97.52%，这说明电解液吸热和汽化吸热是能量耗散的主要途径。本书所提出的残余应力计算方法尚且需要进一步改进，针对微孔尺寸的影响目前尚未考虑。虽然提出的残余应力计算模型和能量损耗的计算精度有待提高，但是通过构建模型的分析计算，我们对微弧氧化涂层过程中的能量耗散有了量化结果，为进一步探究微弧氧化工艺参数对涂层微观结构和残余应力的影响提供了理论支撑。另外，基体吸热量占总能量的 2.0%，基体热导率的变化会影响涂层残余应力。此外，除了模型简化导致计算误差偏大外，涂层表面裂纹会造成部分残余应力释放，也会造成理论计算数值比实际测得的数值偏大。

与 7075-T6 涂层铝合金（5.3μm）相比，在相同的微弧氧化工艺条件下 2024-T3 铝合金涂层较厚（7μm），并且涂层孔隙率增加了 40%。尽管热导率较小的 AAL 覆盖了基体表面，但涂层孔隙率的增加会延长微弧氧化放电时间，基体的温度会相对增加，可能达到 180℃。7075-T6 铝合金涂层表面孔隙率的减少使得放电能量及时被电解液冷却，基体吸收的能量减少，温度升高较少，造成了涂层的失配应变（ε_c）大于基体（ε_s），最终涂层中存在残余拉应力。相反，当 2024-T3 铝合金涂层的孔隙率较高时会造成涂层的失配应变低于基体的失配应变。式（4-22）可以写为

$$\sigma_m = \frac{E}{1-\nu}(\varepsilon_c - \varepsilon_s) < 0 \tag{4-45}$$

2024-T3 铝合金涂层中存在残余压应力。由于试验条件的限制，暂时无法获取电解液与基体的具体温度，因此不再进行残余应力理论数值计算。

以上研究了残余应力计算模型，下面开展残余应力的稳定性分析。随着最大循环应力的增加，涂层残余应力幅值减小，说明残余应力松弛不仅存在于塑性材料，而且还存在于陶瓷涂层。此外，外应力对残余应力松弛的影响与喷丸中碳钢一致。在 200MPa 低循环应力下，残余应力减小的最大幅度为 9.7%。相比之下，在 410MPa 高循环载荷条件下，残余应力减小的幅度为 40.13%，甚至达到 81.18%。研究表明，200K 的中等温度变化，预计在涂层中产生 1GPa 的内应力。在涂层没有微孔和裂纹的情况下，涂层受到热冲击时会发生剥落。然而，第 4.1.3 节研究结果表明含物理结构缺陷的涂层铝合金具有出色的耐热冲击性。在疲劳试验前后，使用 LSCM 测试了占空比为 20% 的涂层形貌，如图 4-27 所示。由于涂层中产生残余拉应力，涂层的热变形大于基体的变形。残余应力松弛是基体与涂层间失配应变的降低。在图 4-27 中，在最大循环应力 $S_{\max}=410$MPa 进行了 2000 次疲劳试验后，涂层表面的许多裂纹闭合（箭头所示），一些微孔消失了。残余应力松弛与高应力载荷条件下微孔的消失和裂纹闭合有关。不过，疲劳试验后，涂层出现了新裂纹（以椭圆形标记）。这可能是由于微孔的消失而造成的，微孔的减少导致应力在微孔周围重新分布并实现了局部平衡。

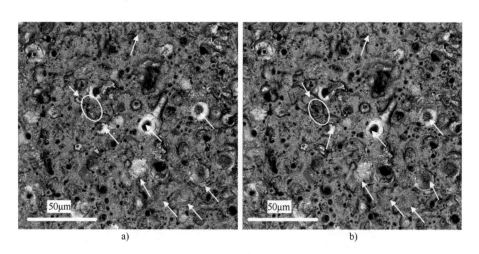

图 4-27　疲劳试验前后占空比为 20% 的微弧氧化涂层形貌
a) 微弧氧化涂层初始表面形貌　b) 循环应力下的表面形貌

由拉伸循环载荷引起失配应变减小的幅度可以通过式（4-10）获得。与没有进行疲劳测试的涂层铝合金相比，在 $S_{\max}=410$MPa 时，占空比为 20% 的涂层残余拉应力降低了 138MPa。对应的应变 ϵ_{m} 幅值为 4.145×10^{-4}，其中涂层的弹性

模量 E 和泊松比 ν 分别为253GPa和0.24。使用引伸计测量裸铝合金和占空比为20%的涂层铝合金应变。与7075-T6裸铝合金相比，在 $S_{max}=200$MPa 和410MPa循环2000次，涂层铝合金的应变变化幅值分别为0.003%和0.093%。在410MPa高循环应力下，涂层显著影响基体的应变。在高应力循环载荷下，涂层未出现明显的脱落，这说明涂层与基体间的界面表现出较佳的结合性能。在 $S_{max}=410$MPa时，基体产生较大的变形，引起基体与涂层间失配应变减小和涂层残余应力松弛，诱导涂层表面出现裂纹闭合。另外，由涂层引起的0.093%应变变化可能会产生310MPa的残余应力松弛量，而0.003%的应变变化只能产生10MPa的残余应力松弛量。基于失配应变和应力的理论计算以及涂层表面形貌的测试，涂层残余应力存在松弛现象，并且残余应力松弛与循环应力大小以及涂层表面微孔和裂纹的变化有关。

4.2.3　铝合金微弧氧化的疲劳失效机制分析

在最大循环应力 $S_{max}=410$MPa、350MPa、220MPa和200MPa下，测试了裸铝合金和不同占空比下涂层铝合金的疲劳寿命。将所得到的疲劳试验数据，通过最小二乘法获得裸铝合金和涂层铝合金的 S-N 曲线，如图4-28所示。

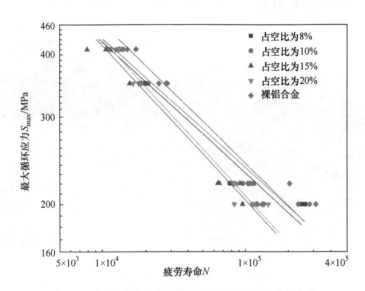

图4-28　裸铝合金和微弧氧化涂层铝合金的疲劳寿命

在 $S_{max}=410$MPa、350MPa、220MPa和200MPa下，涂层铝合金的疲劳寿命低于裸铝合金。在低循环应力下，7075-T6铝合金的疲劳寿命比涂层铝合金更分散。一方面，7075-T6铝合金在裂纹扩展过程中发生晶格旋转，从而不断改变裂纹尖端的应力场。在第3.3节的研究中发现7075-T6铝合金中存在两种类型的第二相粒子，并且第二相粒子是裂纹的萌生源之一。7075-T6铝合金裂纹扩展的晶格偏转和第二相粒子导致疲劳寿命呈现较大的分散性。

对于涂层铝合金，因涂层缺乏延展性，涂层表面微缺陷很容易诱导疲劳裂纹在表面萌生，且涂层存在残余拉应力，加快了涂层裂纹扩展速率，损伤涂层与基体间界面。因此，涂层缺陷和残余拉应力导致不同占空比下涂层7075-T6铝合金的疲劳寿命低于裸铝合金。然而，占空比为8%和10%的涂层不会严重损伤7075-T6铝合金的疲劳性能。微缺陷诱发的涂层裂纹在含残余拉应力的涂层迅速扩展，到达界面后，由于基体与涂层间界面结合强度高，裂纹不沿着界面方向扩展。此外，涂层不易发生局部屈服，裂纹从涂层扩展到基体不会发生明显的偏转。根据以上分析，含较大尺寸裂纹的涂层铝合金疲劳寿命将会显著低于基体。

占空比为8%和10%的涂层没有显著损伤基体疲劳寿命，这一结果表明当裂纹到达界面时，裂纹被抑制而没有直接扩展到基体。由图4-21可知，涂层铝合金的基体表面覆盖一层多孔连续的无定形氧化铝层（AAL）。如图4-29所示，微孔的存在使裂纹尖端变钝。与涂层表面放电通道不同，AAL中的孔尺寸为纳米级，这对局部强度几乎没有影响，并且涂层和基体间的界面结合强度并未降低。裂纹尖端变钝可以提高多孔涂层的断裂韧度，而多孔涂层的断裂韧度和致密涂层的关系为

$$\frac{K_{\mathrm{IC,blunt}}}{K_{\mathrm{IC}}} = \left(1 + \frac{\rho_0}{2r_0}\right)^{1/2} \tag{4-46}$$

式中，$K_{\mathrm{IC,blunt}}$是多孔涂层的断裂韧度；K_{IC}是致密涂层的断裂韧度；ρ_0是钝化裂纹的根半径；r_0是特征区。断裂韧度K_{IC}的增加抑制了裂纹从AAL到7075-T6铝合金基体的扩展速度。此外，裂纹尖端钝化降低了裂纹尖端的正应力，并且铝合金的断裂韧度是氧化铝的14倍。因此，裂纹没有直接从涂层穿过界面扩展到基体。

与裸铝合金相比，涂层铝合金的疲劳寿命降低，这是由于基体承受了较大的张应力所致。如图4-29所示，涂层屏蔽了部分外部载荷对裂纹尖端的作用，而与裂纹尖端相邻的基体则承受较大的张应力。同时，较大的张应力诱导基体位错产生，并在循环应力载荷作用下沿滑移面向基体表面运动。位错的平衡条件为

$$\tau_1^{\mathrm{D}} + \tau_1 - k = 0 \tag{4-47}$$

式中，τ_1^{D}是背应力；τ_1是外部切应力；k是摩擦应力。然而，位错滑移到残余应力的区域，残余应力应作为主应力处理。位错平衡关系式（4-47）可写为

$$\tau_1^{\mathrm{D}} + \tau_1 + \tau^{\mathrm{R}} - k = 0 \tag{4-48}$$

式中，τ^{R}是由残余应力引起的位错运动阻力。研究表明，与涂层相邻的基体承受

了与涂层幅值相同、性质相反的残余应力。在这项研究中，近涂层基体的残余应力为压应力，这会引起位错停滞。由于铝合金基体表面在微弧放电作用下形成熔融氧化铝，遇到电解液，生成陶瓷涂层，而基体由于电解液的快速冷却，微观组织结构不受影响，所产生的残余应力区尺寸（标为 h）要比喷丸处理小得多。

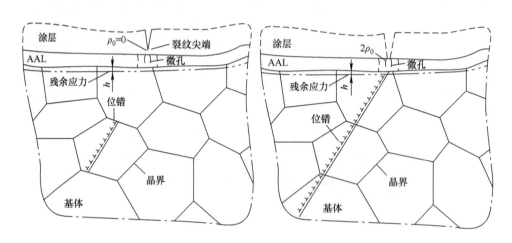

图 4-29　涂层裂纹尖端示意图

残余压应力诱导位错堆积在基体与涂层间界面附近。对于基体进行喷丸预处理的涂层试样（SP + 微弧氧化），基体残余压应力的深度可以达到 $175\mu m$。与微弧氧化不同，由于较深的残余应力存在，SP + 微弧氧化处理的涂层试样位错并未在界面附近堆积。位错堆积在界面附近易于引发裂纹萌生，进而损伤基体的疲劳性能。对于微弧氧化和 SP + 微弧氧化，残余压应力对涂层试样疲劳性能的影响不同。与 SP + 微弧氧化相比，位错在界面堆积造成基体损伤是涂层铝合金疲劳寿命降低的关键问题。喷丸预处理使得位错在基体下表面停滞，并未堆积在界面附近，涂层试样的疲劳性能较好。涂层缺陷和界面附近的位错堆积对基体疲劳性能不利。

除了位错堆积，涂层裂纹的扩展速度和界面的形貌也显著影响基体的疲劳性能。由图 4-28 可以看出，在高低循环应力条件下，占空比为 8% 和 10% 的涂层对铝合金疲劳寿命的影响并不相同。在高循环应力加载条件下，7075-T6 铝合金的疲劳寿命明显高于涂层铝合金的疲劳寿命。在低循环应力加载条件下，特别是在 $S_{max} = 200MPa$ 时，占空比为 10% 的涂层对基体疲劳性能的损伤较小。与占空比为 8% 和 10% 相比，占空比为 15% 和 20% 的涂层铝合金疲劳性能较差。在 $S_{max} = 200MPa$ 时，基体的疲劳寿命急剧下降。然而，不同占空比的涂层铝合金低周疲劳寿命的差异减小。残余拉应力松弛和涂层向基体的过度生长是不同占空比的涂层铝合金疲劳寿命呈现不同变化的主要因素。在高循环应力下，涂层残余拉应力在初始循环应力下显著降低，从而诱导了基体残余压应力减小。半个晶界尺寸内的位错总数 N_1 可表示为

$$N_1 = (\tau_1 + \tau^R - k)a/\pi A_\zeta \tag{4-49}$$

式中，a 是半个晶界的尺寸；A_ζ 是与位错应力场有关的常数，见式（4-13）。塑性位移 γ_1 可表示为

$$\gamma_1 = (\tau_1 + \tau^R - k)ba^2/2A_\zeta \tag{4-50}$$

式中，b 是伯格斯矢量。由式（4-49）和式（4-50）可以看出，在高循环应力条件下，位错数 N_1 和塑性位移 γ_1 增加。基体残余压应力的减小和较高的外部应力有利于位错迅速向界面移动。随后，位错在界面处挤出。多孔 AAL 可以减轻界面上因位错积聚而储存的应变能对基体疲劳性能的损伤。同时，伴随位错运动，与涂层相邻的基体会产生塑性变形。由涂层铝合金的疲劳断口的形貌（见图 4-30）可以看到这种现象。涂层开裂会导致基体产生裂纹，且裂纹速度与基体裂纹深度有关。涂层残余拉应力、较厚的涂层和较高的外部应力将导致涂层裂纹扩展速度加快，从而引起基体较深裂纹的产生，显著削弱了基体的疲劳性能。

随着循环应力的降低，N_1 和 γ_1 均下降，减少了位错源发射的位错数量。在较低循环应力下，由于位错数量减少，位错堆积产生的背应力对界面的影响得到缓解。不过，较大残余压应力使位错在界面附近停滞。随着应力循环次数增加，在残余压应力区域内累积的位错数量增加，从而导致背应力幅值增大。对于占空比为 15% 和 20% 的涂层铝合金，界面附近的过度生长和位错堆积的综合效应使得基体表面易于产生裂纹。基体表面裂纹的产生使界面明显受损，并且从涂层表面萌生的疲劳裂纹较容易通过界面扩展到 7075-T6 铝合金，从而导致其疲劳寿命显著降低。然而，占空比为 8% 和 10% 的涂层在界面附近没有显示出明显的过度生长，在界面处不易产生疲劳裂纹，而且涂层裂纹尺寸小且涂层薄。在较低循环应力加载条件下，因涂层开裂引起 7075-T6 铝合金的裂纹深度较小，涂层对基体的疲劳性能损伤较小。随着疲劳测试的进行，背应力的增加很可能使位错向界面移动，导致位错被挤出。在低应力加载条件下，由于位错的启动和停止，疲劳断裂形貌中塑性区的表面会变得粗糙。占空比为 15% 的涂层表现出高孔隙率和多大尺寸微孔，这些缺陷导致涂层过早开裂。根据疲劳试验结果可以得出，占空比为 15% 的涂层铝合金疲劳寿命低于占空比为 8% 和 10% 的涂层铝合金疲劳寿命。

图 4-30 是 $S_{max} = 220MPa$ 时裸铝合金和涂层铝合金的疲劳断口形貌，并且分别在 $S_{max} = 220MPa$ 和 410MPa 下观测了占空比为 20% 的涂层铝合金裂纹萌生区。疲劳断口呈现出辐射状的表面形貌，这是矩形截面试样疲劳断裂的典型形貌。由于在边缘处对循环塑性变形的限制小，疲劳裂纹容易在矩形截面的棱角处产生。

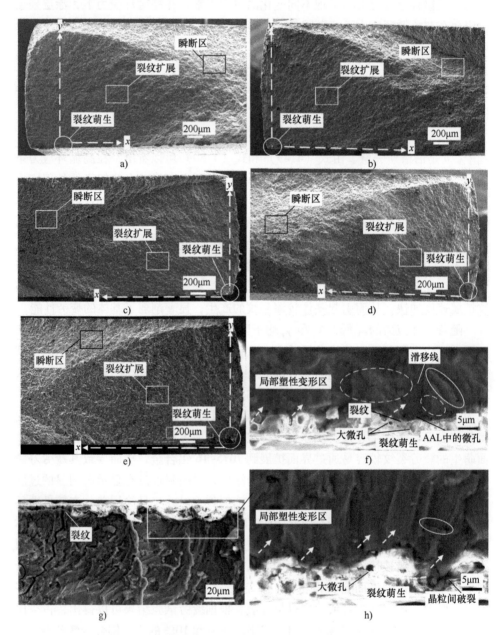

图 4-30　裸铝合金和微弧氧化涂层铝合金的疲劳断口形貌

a）裸铝合金　b）占空比为 8%　c）占空比为 10%　d）占空比为 15%　e）占空比为 20%

f）$S_{max}=220MPa$ 时，占空比为 20% 的裂纹萌生区　g）$S_{max}=410MPa$ 时，占空比为 20% 的疲劳断口

h）$S_{max}=410MPa$ 时，占空比为 20% 的裂纹萌生区

在进行微弧氧化之前，裸铝合金的表面粗糙度 $Ra = 0.8\mu m$，并且基体存在两种类型的第二相粒子，导致试样的疲劳裂纹萌生可能发生在棱边位置。另外，涂层与基体间的结合强度较高，涂层延展性较差，微弧放电尖端效应导致板材边缘处的涂层比中心处的厚且缺陷多。因此，涂层铝合金的矩形截面边角容易引起裂纹萌生。

如图 4-30f 所示，在 $S_{max} = 220MPa$ 下涂层铝合金的裂纹萌生区存在较大尺寸的微孔和穿透裂纹，在裂纹的前端存在微孔。裂纹萌生和裂纹在涂层中扩展的这些特性与涂层开裂引起的基体损伤模型吻合。另外，在 $S_{max} = 220MPa$ 下近涂层基体的局部塑性变形区尺寸小于 $S_{max} = 410MPa$ 的局部塑性变形区尺寸。由图 4-30f 可知，在塑性变形区内出现了滑移线。塑性变形区的方向相对于涂层铝合金表面倾斜，这与剪应力引起的塑性变形特性一致。特别地，与涂层相邻的疲劳断裂表面粗糙。在低循环应力加载条件下，位错可能在界面附近停滞并在较大背应力作用下再次滑移。因此，疲劳塑性区具有台阶的外观和粗糙的表面。在 $S_{max} = 410MPa$ 的高循环应力加载条件下，位错可以从基体顺利地扩展到界面，并且位错不易在界面附近停滞。因此，在高循环载荷条件下，涂层铝合金界面处的塑性变形区尺寸较大，并且在界面附近呈现平滑特征。

在图 4-30h 发现了涂层的晶粒间破裂，这是由于高循环应力和位错堆积产生的挤压作用引起涂层发生脆性断裂。在图 4-30g 中，发现由涂层开裂引起的大尺寸裂纹，裂纹的扩展方向呈现折线状。此外，涂层铝合金与裸铝合金的裂纹扩展区面积不同。y 轴方向的裂纹扩展长度没有变化，而涂层铝合金在 x 轴方向的扩展长度明显大于裸铝合金。涂层物理结构缺陷是裂纹在基体内扩展路径发生改变的主要原因。然而，疲劳裂纹在涂层附近扩展，而涂层表面和截面存在微缺陷，涂层残余应力为拉应力，疲劳裂纹扩展路径的变化不利于涂层 7075-T6 铝合金疲劳寿命的提高。

根据上述试验结果可以得出：

1) 占空比影响 7075-T6 铝合金涂层微孔、裂纹、厚度、截面形貌和表面粗糙度。占空比的增大有利于涂层形成，但涂层表面粗糙度值增大。占空比为 15% 和 20% 的涂层含有较大尺寸的相交裂纹和较少的细孔，涂层向基体内过度生长。占空比为 15% 的涂层表面孔隙率相对较高，并且涂层表面存在较多尺寸大于 $5\mu m$ 的微孔，而占空比为 20% 的涂层有薄饼状结构形成，导致涂层表面孔隙率降低。

2) 涂层残余应力松弛与涂层表面微孔和裂纹变化有关。在高循环应力下，涂层残余拉应力显著松弛，并且发现涂层表面出现裂纹闭合和少量微孔消失现象。残余应力松弛能够减少涂层与基体间界面附近堆积的位错。在低应力循环载荷下，涂层残余拉应力变化不大，这导致位错堆积在基体与涂层间界面附近。

3）裂纹尖端钝化和残余应力松弛影响了涂层铝合金的疲劳性能。非晶态氧化铝层诱发的裂纹尖端钝化抑制了裂纹跨界面扩展速率，涂层不会严重损伤基体的疲劳性能。然而，界面涂层的过度生长和位错堆积引起的应力集中是涂层损伤7075-T6铝合金疲劳性能的关键因素。占空比为15%和20%的涂层铝合金高周疲劳寿命差。在高循环应力加载条件下，涂层残余拉应力松弛减轻了因位错堆积所引起的界面损伤，不同占空比的涂层铝合金疲劳寿命变化较小。

4.3　本章小结

通过本章可以得出涂层7075-T6铝合金疲劳性能较佳工艺参数：占空比为10%和基体表面粗糙度 $Ra=0.2\mu m$，涂层残余拉应力会损伤基体的疲劳性能和涂层铝合金的抗热冲击性能，涂层孔隙率与残余应力和过度生长区有关，明确涂层残余应力及其松弛与界面应力集中的耦合作用是涂层铝合金高低周疲劳寿命呈现不同变化规律的关键因素，进而构建了含物理结构缺陷的涂层对基体疲劳性能的损伤模型。

1）残余应力与微孔、裂纹和过度生长区有关。基体和涂层间热膨胀系数的差异和温度梯度诱发失配应力产生，而涂层孔隙率和基体热导率显著影响涂层和基体间的温度梯度，决定涂层铝合金的残余应力性质。微孔和裂纹释放了部分涂层与基体间的失配应力，失配应力和释放的失配应力差决定残余应力幅值，且严重过度生长伴随涂层大尺寸微孔、裂纹和残余应力产生。

2）涂层存在残余应力松弛现象，并且残余应力松弛量与外部加载应力有关。在高应力加载条件下，残余应力松弛的涂层表面微孔和裂纹闭合，涂层残余应力明显降低。在低应力加载条件下，涂层铝合金的弹性变形量较小，基体位错较难向涂层与基体间界面滑移，残余应力变化不明显。

3）涂层残余应力及其松弛影响界面应力集中，导致涂层物理结构缺陷对基体高低周疲劳性能影响不同。在低应力加载条件下，界面基体残余压应力未减小界面的应力集中，含物理结构缺陷的涂层损伤了基体的疲劳性能。然而，残余应力松弛减轻了应力集中对界面的损伤，基体表面粗糙度不再是影响涂层铝合金低周疲劳寿命的关键因素。

4）提出了含物理结构缺陷的涂层对基体疲劳性能的损伤模型。涂层微缺陷引起裂纹在其表面形成，同时基体因涂层屏蔽部分外部应力对裂纹尖端的作用而承受较大的张应力，诱发基体位错滑移，并向界面移动，界面缺陷应力集中和位错在界面附近堆积产生的背应力诱发裂纹顺利进入基体扩展，这是涂层损伤基体疲劳性能的重要机制，其中涂层残余应力性质及其松弛显著影响界面位错堆积和界面缺陷应力集中。

然而，残余应力松弛与涂层表面形貌变化的因果关系尚不清晰，外部载荷对残余应力松弛和界面塑性变形的影响研究缺乏理论基础。分析不同外加载荷下涂层和基体的应力以及涂层和基体在界面处的位移关系，对于揭示残余应力松弛机理和涂层铝合金的疲劳失效机理具有重要意义。

参 考 文 献

[1] ZOU Y C, WANG Y M, WEI D Q, et al. In-situ SEM analysis of brittle plasma electrolytic oxidation coating bonded to plastic aluminum substrate: Microstructure and fracture behaviors [J]. Materials Characterization, 2019, 156: 109851.

[2] ZHANG X, ALIASGHARI S, NEMCOVA A, et al. X-ray computed tomographic investigation of the porosity and morphology of plasma electrolytic oxidation coatings [J]. Acs Applied Materials & Interfaces, 2016, 8 (13): 8801-8810.

[3] DAI W B, LI C Y, HE D, et al. Mechanism of residual stress and surface roughness of substrate on fatigue behavior of micro-arc oxidation coated AA7075-T6 alloy [J]. Surface & Coatings Technology, 2019, 380: 125014.

[4] SANKARA NARAYANAN T S N, PARK I S, LEE M H. Strategies to improve the corrosion resistance of microarc oxidation (MAO) coated magnesium alloys for degradable implants: prospects and challenges [J]. Progress in Materials Science, 2014, 60: 1-71.

[5] ROGOV A B, YEROKHIN A, MATTHEWS A. The role of cathodic current in plasma electrolytic oxidation of aluminum: phenomenological concepts of the "Soft Sparking" mode [J]. Langmuir, 2017, 33 (41): 11059-11069.

[6] ZHU L J, GUO Z X, ZHANG Y F, et al. A mechanism for the growth of a plasma electrolytic oxide coating on Al [J]. Electrochimica Acta, 2016, 208: 296-303.

[7] WANG D D, LIU X T, WU Y K, et al. Evolution process of the plasma electrolytic oxidation (PEO) coating formed on aluminum in an alkaline sodium hexametaphosphate (NaPO$_3$)$_6$ electrolyte [J]. Journal of Alloys and Compounds, 2019, 798: 129-143.

[8] LIU C, HE D L, YAN Q, et al. An investigation of the coating/substrate interface of plasma electrolytic oxidation coated aluminum [J]. Surface & Coatings Technology, 2015, 280: 86-91.

[9] CLYNE T W, TROUGHTON S C. A review of recent work on discharge characteristics during plasma electrolytic oxidation of various metals [J]. International Materials Reviews, 2019, 64: 127-162.

[10] HUANG H J, WEI X W, YANG J X, et al. Influence of surface micro grooving pretreatment on MAO process of aluminum alloy [J]. Applied Surface Science, 2016, 389: 1175-1181.

[11] KASALICA B, RADIC-PERIC J, PERIC M, et al. The mechanism of evolution of microdischarges at the beginning of the PEO process on aluminum [J]. Surface & Coatings Technology,

2016, 298: 24-32.

[12] YANG X, CHEN L, QU Y, et al. Optical emission spectroscopy of plasma electrolytic oxidation process on 7075 aluminum alloy [J]. Surface & Coatings Technology, 2017, 324: 18-25.

[13] MI T, JIANG B, Liu Z, et al. Plasma formation mechanism of microarc oxidation [J]. 2014, 123: 369-377.

[14] ZHANG Y, WU Y K, CHEN D, et al. Micro-structures and growth mechanisms of plasma electrolytic oxidation coatings on aluminium at different current densities [J]. Surface & Coatings Technology, 2017, 321: 236-246.

[15] WEI X W, HUANG H J, SUN M X, et al. Effects of honeycomb pretreatment on MAO coating fabricated on aluminum [J]. Surface & Coatings Technology, 2019, 363: 265-272.

[16] WANG J, HUANG S, HE M Y, et al. Microstructural characteristic, outward-inward growth behavior and formation mechanism of MAO ceramic coating on the surface of ADC12 Al alloy with micro-groove [J]. Ceramics International, 2018, 44 (7): 7656-7662.

[17] ZHU L Y, ZHANG W, ZHANG T, et al. Effect of the Cu content on the microstructure and corrosion behavior of PEO coatings on Al-xCu alloys [J]. Journal of the Electrochemical Society, 2018, 165 (9): 469-483.

[18] DAI W B, HAO J, LI C Y, et al. Residual stress relaxation and duty cycle on high cycle fatigue life of micro-arc oxidation coated AA7075-T6 alloy [J]. International Journal of Fatigue, 2020, 130: 105283.

[19] CURRAN J A, CLYNE T W. Thermo-physical properties of plasma electrolytic oxide coatings on aluminium [J]. Surface & Coatings Technology, 2005, 199 (2-3): 168-176.

[20] SHEN D J, WANG Y L, NASH P, et al. Microstructure, temperature estimation and thermal shock resistance of PEO ceramic coatings on aluminum [J]. Journal of Materials Processing Technology, 2008, 205 (1-3): 477-481.

[21] KIM J C, CHEONG S K, NOGUCHI H. Residual stress relaxation and low- and high-cycle fatigue behavior of shot-peened medium-carbon steel [J]. International Journal of Fatigue, 2013, 56: 114-122.

[22] JIA Y F, LIU Y X, HUANG J, et al. Fatigue-induced evolution of nanograins and residual stress in the nanostructured surface layer of Ti-6Al-4V [J]. Materials Science and Engineering: A, 2019, 764: 138205.

[23] YE Z Y, LIU D X, ZHANG X H, et al. Influence of combined shot peening and PEO treatment on corrosion fatigue behavior of 7A85 aluminum alloy [J]. Applied Surface Science, 2019, 486: 72-79.

[24] 王成, 李开发, 胡兴远, 等. 喷丸强化残余应力对 AISI 304 不锈钢疲劳裂纹扩展行为的影响 [J]. 表面技术, 2021, 50 (9): 81-90.

[25] ZHANG J W, FAN Y Z, ZHAO X, et al. Influence of duty cycle on the growth behavior and wear resistance of micro arc oxidation coatings on hot dip aluminized cast iron [J]. Surface &

Coatings Technology, 2018, 337: 141-149.

[26] ERFANIFAR E, ALIOFKHAZRAEI M, NABAVI H F, et al. Growth kinetics and morphology of microarc oxidation coating on titanium [J]. Surface & Coatings Technology, 2017, 315: 567-576.

[27] TROUGHTON S C, NOMINE A, DEAN J, et al. Effect of individual discharge cascades on the microstructure of plasma electrolytic oxidation coatings [J]. Applied Surface Science, 2016, 389: 260-269.

[28] HAKIMIZAD A, RAEISSI K, SANTAMARIA M, et al. Effects of pulse current mode on plasma electrolytic oxidation of 7075 Al in Na$_2$WO$_4$ containing solution: From unipolar to soft-sparking regime [J]. Electrochimica Acta, 2018, 284: 618-629.

[29] DEAN J, GU T, CLYNE T W. Evaluation of residual stress levels in plasma electrolytic oxidation coatings using a curvature method [J]. Surface & Coatings Technology, 2015, 269: 47-53.

[30] 刘晓静, 李光, 段红平, 等. 等离子体电解氧化弧光放电的瞬态测定及温度场模拟 [J]. 中国有色金属学报, 2011, 21 (7): 1681-1687.

[31] CURRAN J A, CLYNE T W. The thermal conductivity of plasma electrolytic oxide coatings on aluminium and magnesium [J]. Surface & Coatings Technology, 2005, 199 (2-3): 177-183.

[32] GOSWAMI R, QADRI S B, PANDE C S. Fatigue mediated lattice rotation in Al alloys [J]. Acta Materialia, 2017, 129: 33-40.

[33] WINTER L, HOCKAUF K, LAMPKE T. High cycle fatigue behavior of the severely plastically deformed 6082 aluminum alloy with an anodic and plasma electrolytic oxide coating [J]. Surface & Coatings Technology, 2018, 349: 576-583.

[34] KRISHNA L R, MADHAVI Y, SAHITHI T, et al. Enhancing the high cycle fatigue life of high strength aluminum alloys for aerospace applications [J]. Fatigue & Fracture of Engineering Materials & Structures, 2019, 42: 698-709.

[35] LEGUILLON D, PIAT R. Fracture of porous materials-Influence of the pore size [J]. Engineering Fracture Mechanics, 2008, 75 (7): 1840-1853.

[36] BAI Y Y, XI Y T, GAO K W, et al. Brittle coating effects on fatigue cracks behavior in Ti alloys [J]. International Journal of Fatigue, 2019, 125: 432-439.

[37] BAI Y Y, GUO T, WANG J W, et al. Stress-sensitive fatigue crack initiation mechanisms of coated titanium alloy [J]. Acta Materialia, 2021, 217: 117179.

[38] MADHAVI Y, KRISHNA L R, NARASAIAH N. Influence of micro arc oxidation coating thickness and prior shot peening on the fatigue behavior of 6061-T6 Al alloy [J]. International Journal of Fatigue, 2019, 126: 297-305.

[39] KRISHNA L R, MADHAVI Y, SAHITHI T, et al. Influence of prior shot peening variables on the fatigue life of micro arc oxidation coated 6061-T6 Al alloy [J]. International Journal of Fatigue, 2018, 106: 165-174.

[40] MADHAVI Y, RAMA KRISHNA L, NARASAIAH N. Corrosion-fatigue behavior of micro-arc oxidation coated 6061-T6 Al alloy [J]. International Journal of Fatigue, 2021, 142: 105965.

[41] GUO T, QIAO L J, PANG X L, et al. Brittle film-induced cracking of ductile substrates [J]. Acta Materialia, 2015, 99: 273-280.

[42] GUO T, CHEN Y M, CAO R H, et al. Cleavage cracking of ductile-metal substrates induced by brittle coating fracture [J]. Acta Materialia, 2018, 152: 77-85.

第5章 基于应力仿真的铝合金微弧氧化疲劳性能分析

在第3.1节研究了涂层对2024-T3铝合金疲劳寿命的影响，发现涂层表面缺陷对基体的低周疲劳寿命影响较小，而显著影响其高周疲劳寿命。涂层缺陷对基体疲劳寿命的影响与外部应力水平有关。分析不同外加载荷下涂层2024-T3铝合金的应力，对于揭示涂层缺陷对基体疲劳性能的影响机制具有重要意义。

在第4章，$S_{max} = 410\text{MPa}$ 时7075-T6铝合金涂层残余应力显著降低，并在疲劳断口中观察到近涂层基体存在塑性变形区，其尺寸明显高于 $S_{max} = 200\text{MPa}$ 的塑性变形区尺寸。通过分析残余应力对涂层铝合金疲劳性能的影响，发现塑性变形的产生与外加载荷和残余应力松弛有关，并且残余应力松弛的涂层表面出现微孔消失和裂纹闭合现象，但相关机理分析缺乏理论支撑。因此，分析涂层铝合金的应力和位移对于揭示残余应力松弛机理以及涂层铝合金的疲劳失效机理具有重要意义。

5.1 微弧氧化涂层铝合金的应力计算模型

选取2024-T3裸铝合金以及8%、10%、15%和20%占空比，氧化24min的涂层铝合金，在室温条件下对所选试样进行静拉伸试验，结果表明涂层试样的应力-应变曲线与裸铝合金的曲线几乎重叠，差异很小。表5-1列出了测定的弹性模量（E）、屈服强度（YS）、抗拉强度（UTS）和伸长率。与裸铝合金相比，涂层铝合金的弹性模量和力学性能均没有发生显著变化。涂层可以显著提高铝合金表面的耐磨性、耐蚀性、抗冲击等性能，但没有降低力学性能，这是微弧氧化技术的优势之一。

表5-1 裸铝合金和微弧氧化涂层2024-T3铝合金的力学性能

占空比（%）	E/GPa	YS/MPa	UTS/MPa	伸长率（%）
0	74.0	333	466	22.8
8	75.2	334	470	23.2
10	76.8	337	470	22.9
15	76.8	331	470	23.9
20	77.0	337	466	23.2

图 5-1 所示为裸铝合金和微弧氧化涂层铝合金的应力-应变曲线，它可以分为四个阶段：①应变随着应力线性增加，为弹性阶段，标记为 I 区；②屈服阶段，标记为 II 区；③应变以较小的速率随着应力近似线性增加，属于硬化阶段，标记为 III 区；④应变增加，应力基本不变，直至涂层铝合金断裂，标记为 IV 区。为了简化模型，便于模型讨论，将 II 区和 III 区统称为近似线弹性区。外部应力达到试样的抗拉强度时，试样沿着横截面出现缩颈，引起涂层铝合金快速断裂。截面尺寸的变化使得涂层铝合金的应力计算异常复杂。考虑涂层铝合金从缩颈到发生断裂的周期较短，试样处在 IV 区状态下的应力和位移计算方程不在本书进行讨论。

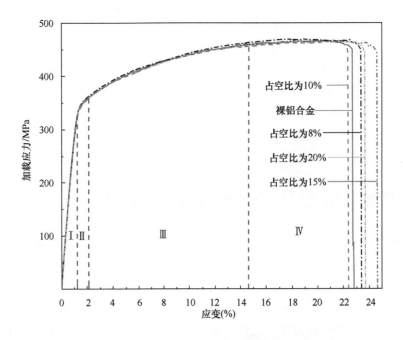

图 5-1　裸铝合金和微弧氧化涂层铝合金的应力-应变曲线

基于静拉伸过程中的弹性阶段、屈服阶段和硬化阶段分析，利用剪滞模型，构建基体、涂层和近涂层基体（中间层）的应力和位移的理论计算模型，见附录。图 5-2 所示为涂层铝合金沿着长度方向的截面示意图。涂层、中间层和基体的厚度分别是 h_c、h_1 和 h_s，外部拉应力为 σ^0。由于液压伺服疲劳试验机夹持试样，涂层在拉应力作用下易遭到破坏，并且涂层裂纹容易形成穿透裂纹，因此，在静拉伸过程中可以认为应力首先作用于基体，基体应力通过中间层传递给涂层。剪滞模型可用于建立涂层-基体系统的本构关系。

在涂层生长过程中，基体表面形貌及基体成分的不同会造成涂层分布不均匀。涂层分布不均、涂层与基体界面的"Z"字形结构使得涂层、中间层和基体的应力和位移场异常复杂，且随着氧化时间的增加，涂层厚度趋于均匀。因此，对涂层及涂层与基体间的界面做了如下简化：涂层均匀涂覆在基体上，取测试涂层厚度的均值作为模型计算的涂层厚度，本部分的涂层厚度已在表 3-1 中列出；涂层与基体间界面光滑，即中间层的厚度 h_1 不随 x 值的变化而变化，如图 5-2 所示。基于构建的涂层铝合金的应力计算方法，可以通过引入应力集中系数讨论不光滑界面对应力的影响。

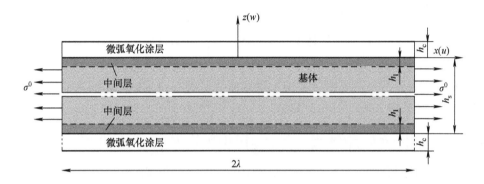

图 5-2　微弧氧化涂层铝合金沿长度方向的截面示意图

本章基于涂层-铝合金系统的本构关系，阐述涂层铝合金在外加载荷作用下，涂层应力和位移以及涂层对基体应力和位移的影响规律，并进行了试验验证。在此基础上探讨涂层对基体疲劳性能的影响机制，揭示涂层残余应力松弛机理和涂层铝合金的疲劳失效机理。

根据静拉伸试验结果，涂层 2024-T3 铝合金的应力和位移方程参数取值见表 5-2。上标 s、c 和 I 分别代表基体、涂层和中间层。E_1^s 和 E^c 分别是基体和涂层的弹性模量。G^c 和 G_1^I 分别是涂层和中间层的剪切模量。h_s、h_1 和 h_c 分别是基体、中间层和涂层的厚度。

表 5-2　微弧氧化涂层铝合金本构关系中的参数取值

模量/GPa		厚度		泊松比		常系数	
E_1^s	74	h_s	1.6mm	ν^c	0.24	θ	0.585
E^c	253	h_I	0.2μm			φ^c	1.179
G^c	102	h_c	5μm/7μm/10μm/9μm				
G_1^I	56.8						

注：占空比 8%/10%/15%/20% 的涂层厚度为 5μm/7μm/10μm/9μm。

5.2 线弹性区铝合金微弧氧化应力分析

基于线弹性阶段的应力和位移函数，求解涂层 2024-T3 铝合金的应力和位移方程，研究涂层应力在厚度方向的分布以及涂层对基体应力和位移的影响规律，并分析基体和涂层在界面处位移之间的关系。通过测试涂层表面应力来验证应力计算结果的准确性，并进一步讨论线弹性阶段，涂层对基体疲劳寿命的影响。

5.2.1 铝合金微弧氧化涂层的应力和位移计算

基体、中间层和涂层都处于弹性阶段，涂层应力计算式可表示为

$$\sigma_x^c = \varphi^c E^c \left[\gamma \eta \cos(\beta h_c - \beta z) \cosh(\gamma x) + \varepsilon_x^u \right] \tag{5-1}$$

式中，x 和 z 分别是涂层铝合金的长度和涂层厚度方向坐标，如图 5-2 所示。参数 β 的计算式为

$$\left[-\theta^2 h_I \frac{E_1^s}{G_1^I} \beta + \frac{1}{(h_s/2 - h_1)\beta} \right] \sin(\beta h_c) + \theta^2 \frac{E_1^s}{G^c} \cos(\beta h_c) = 0 \tag{5-2}$$

对于涂层厚度 $h_c = 5\mu m / 7\mu m / 10\mu m / 9\mu m$，将表 5-2 中的参数代入式（5-2），则可以求出不同涂层厚度参数 β 的数值为 296.32/216.61/154.77/170.98。根据参数 γ 与 β 的关系式（$\gamma = \theta\beta$），对于涂层厚度 $h_c = 5\mu m / 7\mu m / 10\mu m / 9\mu m$，参数 γ 的数值为 173.35/126.72/90.54/100.02。对于涂层正应力计算式中的均匀应变 ε_x^u，表达式为

$$\varepsilon_x^u = \frac{\sigma^0}{E_1^s} \frac{\sin(\beta h_c)}{\sin(\beta h_c) - \beta h_c k_1} \tag{5-3}$$

式中，σ^0 是外部载荷，参数 $k_1 = -\frac{G^c}{G_1^I} \beta h_1 \sin(\beta h_c) + \cos(\beta h_c)$。将表 5-2 和 β 的数值代入 k_1 的表达式，可以求出 $h_c = 5\mu m / 7\mu m / 10\mu m / 9\mu m$ 的 k_1 分别为 $-(0.017/0.023/0.032/0.029)$，进而涂层 2024-T3 铝合金的均匀应变 ε_x^u 可表示为

$$\varepsilon_x^u = \begin{cases} 1.32 \times 10^{-5} \sigma^0, & h_c = 5\mu m \\ 1.31 \times 10^{-5} \sigma^0, & h_c = 7\mu m \\ 1.29 \times 10^{-5} \sigma^0, & h_c = 10\mu m \\ 1.29 \times 10^{-5} \sigma^0, & h_c = 9\mu m \end{cases} \tag{5-4}$$

涂层应力计算式（5-1）中的参数 η 为

$$\eta = \frac{-\varepsilon_x^u h_c}{\theta \sin(\beta h_c) \cosh(\gamma \lambda)} \tag{5-5}$$

将表 5-2、式（5-4）和计算出的参数 γ 与 β 的数值代入式（5-5）可得到涂层铝合金正应力计算式中的 η，计算结果为

$$\eta = \begin{cases} -1.13 \times 10^{-7} \sigma^0 / \cosh(173.35\lambda)，& h_c = 5\mu m \\ -1.57 \times 10^{-7} \sigma^0 / \cosh(126.72\lambda)，& h_c = 7\mu m \\ -2.21 \times 10^{-7} \sigma^0 / \cosh(90.54\lambda)，& h_c = 10\mu m \\ -1.99 \times 10^{-7} \sigma^0 / \cosh(100.02\lambda)，& h_c = 9\mu m \end{cases} \quad (5\text{-}6)$$

将表 5-2 中参数、式（5-4）、式（5-6）和计算出的参数 γ 以及 β 的数值代入涂层应力公式（5-1），则涂层与基体间界面处（$z = 0$）不同厚度涂层的正应力可以表示为

$$\sigma_x^c = \begin{cases} \left[-0.520 \dfrac{\cosh(173.35x)}{\cosh(173.35\lambda)} + 3.937 \right]\sigma^0，& h_c = 5\mu m \\[3mm] \left[-0.323 \dfrac{\cosh(126.72x)}{\cosh(126.72\lambda)} + 3.908 \right]\sigma^0，& h_c = 7\mu m \\[3mm] \left[-0.138 \dfrac{\cosh(90.54x)}{\cosh(90.54\lambda)} + 3.848 \right]\sigma^0，& h_c = 10\mu m \\[3mm] \left[-0.190 \dfrac{\cosh(100.02x)}{\cosh(100.02\lambda)} + 3.848 \right]\sigma^0，& h_c = 9\mu m \end{cases} \quad (5\text{-}7)$$

在涂层正应力计算式（5-7）中含有变量 x、λ 和 σ^0。有文献给出了 $\lambda = 80\mu m$，而涂层的断裂位置在静拉伸过程中并不能直接确定。为了探究参数 λ 的数值对涂层正应力的影响规律，绘制了如图 5-3 所示的三维图。应力系数 Ω 定义为 σ_x^c / σ^0。数值 λ 对涂层正应力系数 Ω 的影响规律是相同的，只有在 $\lambda = x$ 附近才会对涂层应力系数 Ω 的大小产生显著影响，也就是说当 x 接近于 λ 时，由于边界条件的设定，应力系数 Ω 会显著降低（边界处涂层不受外界拉应力作用）。此外，随着涂层厚度的增加，正应力系数 Ω 的平稳阶段幅值有所降低。为了评估 λ 对涂层正应力系数的影响，计算了同一 x 坐标下（$x = 0.01mm$），不同 λ 的数值对厚度为 $5\mu m$ 的涂层应力系数 Ω 数值的影响，如图 5-4 所示。根据正应力计算式（5-7）得到了曲线（$\lambda = 0.06mm$、$0.1mm$ 和 $0.2mm$），结果表明数值 λ 的增大并不显著影响应力系数 Ω 的平稳阶段及其幅值（$\Omega \approx 3.937$），并且对 $\lambda = 18mm$ 进行了验证，具有相同的规律。

由图 5-3 和图 5-4 所示，涂层应力系数 Ω 在边界处出现显著降低，在此区域内上述提出的涂层应力计算模型会受 λ 数值的选择的影响。为了探究 Ω 的计算模型与 λ 的数值的关系，选取 $x = 0.2mm$、$0.4mm$ 和 $0.8mm$，λ 的取值范围为 $0.8 \sim 2mm$，探究了涂层应力系数的变化，如图 5-5 所示。当 x 接近于 λ 时，即在涂层两端边界处，所提出的涂层应力系数的计算模型受限于边界条件，应力计

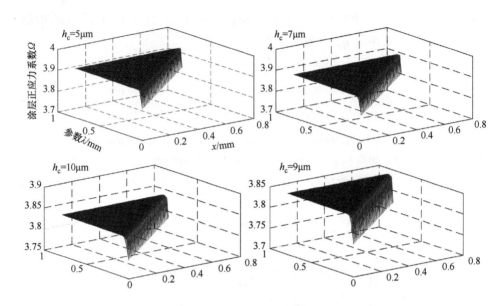

图 5-3　涂层正应力与 λ 的数值关系

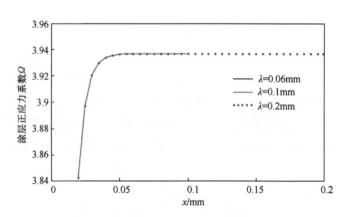

图 5-4　涂层正应力系数与 λ 的数值关系

算结果呈现降低趋势。另外，远离边界处，不同的 x 并不改变应力系数 Ω 的平稳阶段及其幅值（$\Omega \approx 3.937$），这对于涂层试样的应力分析至关重要。由于涂层制备过程中不可避免地产生穿透型裂纹，这对涂层试样应力计算模型的建立提出了挑战。本书证实涂层长度对应力的分析影响并不显著。因此，在下面的计算中选取了与文献相同的 λ 数值（λ = 80μm），用于评估在静拉伸过程中涂层、中间层和基体之间的应力与位移的关系。所得出的计算结果可与参考文献的计算数值进行对比分析。

图 5-6 所示为涂层应力系数的变化曲线。随着涂层厚度的增加，涂层应力系

数的变化并不明显（5μm：3.937，7μm：3.908，10μm：3.8475 和 9μm：3.8479）；不过应力系数的下降速率随着涂层厚度的增加而显著增大。涂层厚度（5～10μm）增加 2 倍，正应力的幅值仅近似减小了 2.27%。

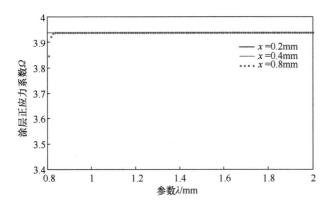

图 5-5　涂层应力系数（一）

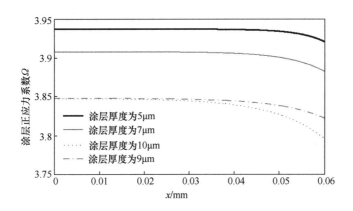

图 5-6　涂层应力系数（二）

基体正应力的表达式为

$$\sigma^{s}(x) = E_1^{s}\left[k_1 \eta\gamma\cosh(\gamma x) + \varepsilon_x^{u} \right] \tag{5-8}$$

将表 5-2 中的参数、k_1、γ、式（5-4）和式（5-6）的数值代入式（5-8），计算出涂层 2024-T3 铝合金的正应力 $\sigma^{s}(x)$ 为

$$\sigma^{s}(x) = \begin{cases} \left[4.667\times10^{-8}\cosh(173.35x) + 0.975 \right]\sigma^0, & h_{c} = 5\mu m \\ \left[2.700\times10^{-6}\cosh(126.72x) + 0.966 \right]\sigma^0, & h_{c} = 7\mu m \\ \left[6.863\times10^{-5}\cosh(90.54x) + 0.953 \right]\sigma^0, & h_{c} = 10\mu m \\ \left[2.895\times10^{-5}\cosh(100.02x) + 0.957 \right]\sigma^0, & h_{c} = 9\mu m \end{cases} \tag{5-9}$$

在基体的正应力公式中含有外加载荷 σ^0，将 $\sigma^s(x)/\sigma^0$ 定义为系数 Ω'，依据基体的正应力计算式，得到了涂层铝合金的应力系数 Ω' 的变化曲线，如图 5-7 所示。涂层厚度 $5\mu m$、$7\mu m$、$10\mu m$ 和 $9\mu m$ 对应试样中心界面处基体的正应力系数 Ω' 分别为 0.975、0.966、0.953 和 0.957。随着涂层厚度的增加，基体正应力系数 Ω' 逐渐降低。涂层厚度对 Ω' 的影响较小，涂层厚度从 $5\mu m$ 增大到 $10\mu m$，基体的正应力仅减少 2.26%。从边界处向 $x=0$ 靠近，基体正应力的值有所降低。基体两端的应力高于基体中部应力，说明基体的屈服是从两端向中间部分扩展。由于涂层相对基体较薄，可以认为基体一旦屈服，整个基体部分全部进入屈服状态。涂层和基体的正应力都随着涂层厚度的增大而有所降低。由表 5-1 可知，涂层的弹性模量大约是基体的 3.419 倍，而 $5\mu m$ 的涂层正应力系数是基体的 3.937 倍，说明在弹性阶段涂层对基体应力-应变曲线影响较小。由图 5-1 中的 Ⅰ 阶段的拉伸试验结果可以看出，裸铝合金和涂层铝合金的应力-应变曲线是重合的，验证了所应用的涂层铝合金应力计算模型的准确性。对于不同的涂层厚度，系数 Ω' 的数值基本接近于 1，也就是说在线弹性阶段，涂层对基体的正应力没有产生显著影响。通过分析涂层铝合金的正应力，涂层对基体的屈服强度影响较小，试验结果与理论计算相吻合。

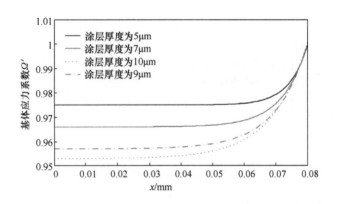

图 5-7　基体的应力系数

涂层的位移表达式为

$$u^c(x,z) = \eta\cos(\beta h_c - \beta z)\sinh(\gamma x) + \varepsilon_x^u x \tag{5-10}$$

界面处（$z=0$）的涂层位移可表示为

$$u^c(x,0) = \eta\cos(\beta h_c)\sinh(\gamma x) + \varepsilon_x^u x \tag{5-11}$$

将表 5-2 中的参数、式（5-4）、式（5-6）和计算出的参数 γ 与 β 的数值代入式（5-11）计算出涂层的位移，得出如下关系式

$$u^c(x,0) = \begin{cases} [-1.915 \times 10^{-14} \sinh(173.35x) + 1.32 \times 10^{-5}x]\sigma^0, & h_c = 5\,\mu m \\ [-6.770 \times 10^{-13} \sinh(126.72x) + 1.31 \times 10^{-5}x]\sigma^0, & h_c = 7\,\mu m \\ [-7.284 \times 10^{-12} \sinh(90.54x) + 1.29 \times 10^{-5}x]\sigma^0, & h_c = 10\,\mu m \\ [-4.252 \times 10^{-12} \sinh(100.02x) + 1.29 \times 10^{-5}x]\sigma^0, & h_c = 9\,\mu m \end{cases}$$

$$(5\text{-}12)$$

设 $u^c(x,0) = \sigma^0 \Psi^c(x,0)$，对于一定外加载荷 σ^0，涂层厚度对其位移的影响如图 5-8 所示，结果表明位移没有产生显著影响，这与图 5-1 显示的测试结果一致。基体的位移计算式为

$$u^s(x) = k_1 \eta \sinh(\gamma x) + \varepsilon_x^u x \qquad (5\text{-}13)$$

将式（5-4）、式（5-6）和计算出的参数 k_1 与 γ 的数值代入式（5-13），计算出基体的位移为

$$u^s(x) = \begin{cases} [3.638 \times 10^{-5} \sinh(173.35x) + 1.32 \times 10^{-5}x]\sigma^0, & h_c = 5\,\mu m \\ [2.880 \times 10^{-13} \sinh(126.72x) + 1.31 \times 10^{-5}x]\sigma^0, & h_c = 7\,\mu m \\ [1.024 \times 10^{-11} \sinh(90.54x) + 1.29 \times 10^{-5}x]\sigma^0, & h_c = 10\,\mu m \\ [3.911 \times 10^{-12} \sinh(100.02x) + 1.29 \times 10^{-5}x]\sigma^0, & h_c = 9\,\mu m \end{cases}$$

$$(5\text{-}14)$$

基体位移 $u^s(x) = \sigma^0 \Psi^s(x)$，其系数 Ψ^s 变化曲线如图 5-9 所示。涂层厚度的增大并未影响基体的位移。

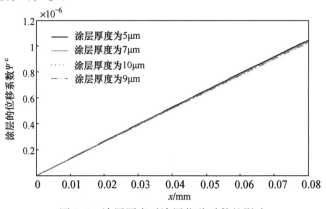

图 5-8　涂层厚度对涂层位移系数的影响

为了更清楚地比较涂层与基体位移的关系，绘制了不同厚度涂层界面处位移与基体位移的曲线，如图 5-10 所示。在 x 轴的不同位置，涂层和基体位移的变化具有一致性，位移曲线基本重合，并且涂层和基体位移随着涂层厚度的增加具有相同的变化规律；在相同涂层厚度下，基体和涂层的位移相同，并且在涂层较薄的情况下（$h_c \leqslant 10\,\mu m$），涂层厚度对位移影响并不明显，这与本书的静拉伸结

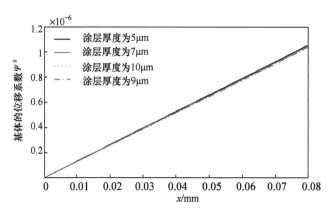

图 5-9　涂层厚度对基体位移系数的影响

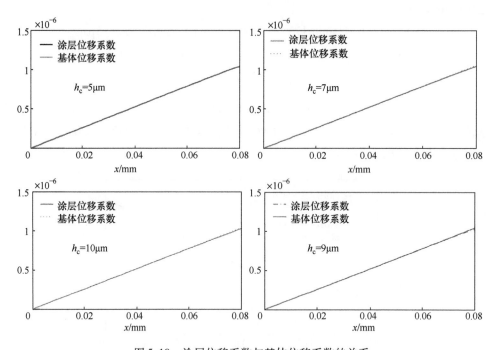

图 5-10　涂层位移系数与基体位移系数的关系

果具有非常好的一致性。结合涂层和基体的正应力曲线，再次证实本书应用的含涂层铝合金试样的应力和位移的计算模型是合理的。在第 4.2.3 节中用引伸计测试了循环载荷 $S_{\max} = 200\text{MPa}$ 作用下，涂层试样的应变比相应的裸铝合金小 0.003%。这一结果说明在线弹性阶段，无论外界载荷是静载荷还是动载荷，涂层和基体的位移都基本重合。在线弹性阶段，涂层与基体间的失配应变并不会得到缓解，进而残余应力并不会发生明显松弛。另外，在小应变条件下，涂层表面的微孔和裂纹也不会发生闭合。

上述研究中，对涂层与基体间界面处的应力和位移进行了分析。以下将开展涂层正应力和位移系数在涂层厚度方向变化的分析工作。将表 5-2 中的参数、k_1、γ、式（5-4）和式（5-6）的数值代入涂层正应力的计算式（5-1）中，得到与涂层厚度有关的正应力计算式为

$$\sigma^{c}(x,z) = \begin{cases} \left[\begin{array}{l} -1.111 \times 10^{-5}\cos(1.482 - 296.32z)\cosh(173.35x) \\ +3.937 \end{array} \right]\sigma^{0}, & h_{c}=5\mu m \\[2mm] \left[\begin{array}{l} -4.695 \times 10^{-4}\cos(1.516 - 216.61z)\cosh(126.72x) \\ +3.908 \end{array} \right]\sigma^{0}, & h_{c}=7\mu m \\[2mm] \left[\begin{array}{l} -8.519 \times 10^{-3}\cos(1.548 - 154.77z)\cosh(90.54x) \\ +3.848 \end{array} \right]\sigma^{0}, & h_{c}=10\mu m \\[2mm] \left[\begin{array}{l} -3.968 \times 10^{-3}\cos(1.539 - 170.98z)\cosh(100.02x) \\ +3.848 \end{array} \right]\sigma^{0}, & h_{c}=9\mu m \end{cases}$$

$$(5\text{-}15)$$

同样设 $\sigma^{c}(x,z) = \Omega(x,z)\sigma^{0}$。图 5-11 所示为涂层应力系数 $\Omega(x,z)$ 在涂层厚度方向上的变化规律。涂层应力系数在远离涂层边界处恒定，在边界处有所降低。这是因为在涂层与基体正应力计算过程中，存在边界条件 $\tau_{xz}^{c}\big|_{z=h_{c}}=0$、$\sigma_{c}=E_{c}\varepsilon_{c}$ 和 $\int_{0}^{h_{c}}\sigma^{c}(x,z)\big|_{x=\lambda}\mathrm{d}z = 0$。

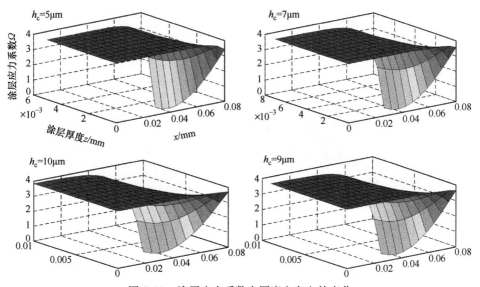

图 5-11　涂层应力系数在厚度方向上的变化

将表5-2中的参数、式（5-4）、式（5-6）和计算出参数 γ 与 β 的数值代入式（5-10）计算出涂层的位移，得到涂层位移与变量 x 和 z 有关的表达式为

$$u^c(x,z) = \begin{cases} \left[\begin{array}{l} -2.150 \times 10^{-13} \cos(1.482 - 296.32z) \sinh(173.35x) + \\ 1.32 \times 10^{-5} x \end{array} \right] \sigma^0, & h_c = 5\mu m \\[2ex] \left[\begin{array}{l} -1.242 \times 10^{-11} \cos(1.516 - 216.61z) \sinh(126.72x) + \\ 1.31 \times 10^{-5} x \end{array} \right] \sigma^0, & h_c = 7\mu m \\[2ex] \left[\begin{array}{l} -3.154 \times 10^{-10} \cos(1.548 - 154.77z) \sinh(90.54x) + \\ 1.29 \times 10^{-5} x \end{array} \right] \sigma^0, & h_c = 10\mu m \\[2ex] \left[\begin{array}{l} -1.330 \times 10^{-10} \cos(1.539 - 170.98z) \sinh(100.02x) + \\ 1.29 \times 10^{-5} x \end{array} \right] \sigma^0, & h_c = 9\mu m \end{cases}$$

$$(5-16)$$

设 $u^c(x,z) = \sigma^0 \psi^c(x,z)$，绘制了涂层位移系数 $\Psi^c(x,z)$ 的曲线，如图5-12所示。在涂层厚度方向上，远离边界处的位移系数 Ψ^c 基本没有变化，而在边界附近的位移系数在涂层表面出现显著下降，这是因为涂层表面正应力减小。在 $x = \pm\lambda$ 处，涂层表面位移减小。在线弹性阶段，涂层正应力和位移是随着外加载荷 σ^0 的变化而均匀变化。

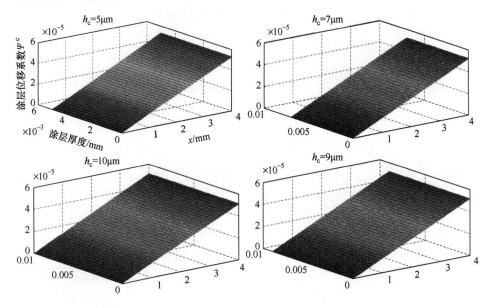

图5-12　涂层位移系数沿厚度方向的变化

通过对涂层和基体应力和位移的分析，发现涂层对基体拉应力和位移的影响较小，并且涂层和基体的位移变化一致，这与静拉伸试验结果是一致的，证实采

用的计算模型准确。另外，涂层对基体的拉应力影响较小，在线弹性阶段中间层也不会出现过早屈服，涂层残余应力在低循环应力下不会出现明显减小。

5.2.2　铝合金表面应力测试和疲劳性能分析

涂层表面应变的测试方法已在第 2.4.3 节中阐述，应变片的位置分布如图 5-13 所示。由图 5-11 可知，涂层正应力在远离边界 $x = 80\,\mu\mathrm{m}$ 时，正应力在不同的 x 坐标下均匀分布。占空比为 10% 的涂层表面微孔和裂纹相对较少，涂层并未向基体内产生明显的过度生长，并且涂层在基体分布相对均匀。涂层表面较好的质量可以减少本构关系中因模型简化所带来的误差。

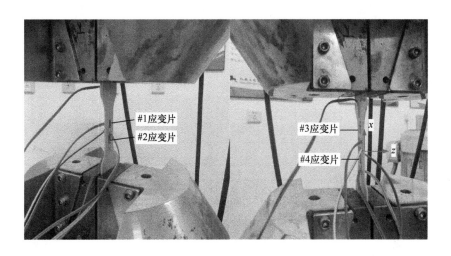

图 5-13　应变片的位置分布

本书测试了占空比为 10% 的涂层 2024-T3 铝合金的表面应变，涂层外部正应力的理论值可通过式（5-15）求出。按照 4 个位置的静态应变仪所记录的数据，$\sigma^0 = 34.7\mathrm{MPa}$ 下涂层表面应变 $\varepsilon_{c1} = 0.0500\%$，$\varepsilon_{c2} = 0.0466\%$，$\varepsilon_{c3} = 0.0532\%$，$\varepsilon_{c4} = 0.0497\%$。由 $\sigma_c = E_c \varepsilon_c$ 可以计算出涂层表面正应力 $\sigma_{c1} = 127\mathrm{MPa}$，$\sigma_{c2} = 118\mathrm{MPa}$，$\sigma_{c3} = 135\mathrm{MPa}$，$\sigma_{c4} = 126\mathrm{MPa}$。涂层表面理论正应力 $\sigma^c(0.02,\ 0.007) = 135\mathrm{MPa}$。$\sigma^0 = 41.7\mathrm{MPa}$ 下相应的涂层表面的应变 $\varepsilon_{c1} = 0.0611\%$，$\varepsilon_{c2} = 0.0560\%$，$\varepsilon_{c3} = 0.0643\%$，$\varepsilon_{c4} = 0.0598\%$。通过测试的应变结果，相应的正应力分别为 $\sigma_{c1} = 155\mathrm{MPa}$，$\sigma_{c2} = 142\mathrm{MPa}$，$\sigma_{c3} = 163\mathrm{MPa}$，$\sigma_{c4} = 151\mathrm{MPa}$。涂层表面理论正应力 $\sigma^c(0.02,\ 0.007) = 163\mathrm{MPa}$。$\sigma^0 = 52.1\mathrm{MPa}$ 下相应涂层表面的应变 $\varepsilon_{c1} = 0.0762\%$，$\varepsilon_{c2} = 0.0703\%$，$\varepsilon_{c3} = 0.0799\%$，$\varepsilon_{c4} = 0.0755\%$。通过测试的应变结果，计算的正应力分别为 $\sigma_{c1} = 193\mathrm{MPa}$，$\sigma_{c2} = 178\mathrm{MPa}$，$\sigma_{c3} = 202\mathrm{MPa}$，

$\sigma_{c4} = 191\text{MPa}$。涂层表面理论正应力 $\sigma^c(0.02, 0.007) = 203\text{MPa}$。$\sigma^0 = 62.5\text{MPa}$ 下相应的涂层表面的应变 $\varepsilon_{c1} = 0.0926\%$，$\varepsilon_{c2} = 0.0852\%$，$\varepsilon_{c3} = 0.0960\%$，$\varepsilon_{c4} = 0.0911\%$。通过测试的应变，计算的正应力分别为 $\sigma_{c1} = 234\text{MPa}$，$\sigma_{c2} = 216\text{MPa}$，$\sigma_{c3} = 243\text{MPa}$，$\sigma_{c4} = 230\text{MPa}$。涂层表面理论正应力 $\sigma^c(0.02, 0.007) = 244\text{MPa}$。以上计算结果见表 5-3。由表 5-3 可知，涂层外部正应力理论数值与实际应变片所测试结果较为吻合，误差在 12.9% 以内，理论数值略大于试验数值。

表 5-3　涂层表面正应力

应力 σ^0/MPa	试验数值/MPa	理论数值/MPa	误差（%）
34.7	127	135	5.9
	118		12.6
	135		0
	126		6.7
41.7	155	163	4.9
	142		12.9
	163		0
	151		7.4
52.1	193	203	4.9
	178		12.3
	202		0.5
	191		5.9
62.5	234	244	4.1
	216		11.5
	243		0.4
	230		5.7

在弹性阶段，涂层应力在厚度方向分布较为均匀，疲劳裂纹在基体表面和界面处都有可能萌生。因此，对于第 3.1 节中涂层 2024-T3 铝合金，涂层缺陷处易产生应力集中，是裂纹的主要萌生源，涂层缺陷对涂层铝合金疲劳性能的影响较为显著。涂层较厚时，微孔和裂纹尺寸较大，并且涂层向基体生长严重，基体疲劳寿命会出现显著下降。由涂层和基体的仿真应力曲线可知，厚涂层和基体的应力略小。虽然疲劳裂纹易在厚涂层表面萌生，但基体和涂层所受到的应力比薄涂层小。在相同的载荷水平下，随着涂层厚度的增加，厚涂层铝合金的疲劳寿命并不会呈现显著下降的趋势。

5.3　弹塑性区的铝合金微弧氧化应力分析

在线弹性阶段，基体与涂层的位移和正应力的本构关系分析结果表明中间层为涂层和基体间的力传递起到纽带作用。在外界载荷作用下，其应力大小与外部载荷 σ^0 的关系并未进行阐述，但其定量关系对于建立涂层铝合金的本构关系至关重要。下面将开展中间层的应力分析工作。中间层的切应力 $\tau_{xz}^{I}(x)$ 为

$$\tau_{xz}^{I}(x) = G^{c}\eta\beta\sin(\beta h_{c})\sinh(\gamma x) \tag{5-17}$$

将表 5-2 中的参数、式（5-6）和计算出的参数 γ 与 β 的数值代入式（5-17），得到中间层的切应力表达式为

$$\tau_{xz}^{I}(x) = \begin{cases} [(-6.471 \times 10^{-6})\sinh(173.35x)]\sigma^0, & h_{c} = 5\mu m \\ [(-2.741 \times 10^{-4})\sinh(126.72x)]\sigma^0, & h_{c} = 7\mu m \\ [(-4.978 \times 10^{-3})\sinh(90.54x)]\sigma^0, & h_{c} = 10\mu m \\ [(-2.318 \times 10^{-3})\sinh(100.02x)]\sigma^0, & h_{c} = 9\mu m \end{cases} \tag{5-18}$$

设 $\tau_{xz}^{I}(x) = \Omega^{I}\sigma_0$，由式（5-18）可以得出涂层厚度对中间层的切应力系数 Ω^{I} 的影响曲线，如图 5-14 所示。随着 σ^0 的增加，中间层切应力都增加。

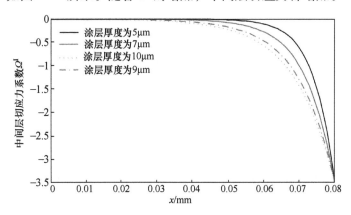

图 5-14　涂层厚度对中间层切应力系数 Ω^{I} 的影响

由式（5-18）可以得出，中间层的切应力 $\tau_{xz}^{I}(x)$ 和基体的拉应力有关。依据 von-Mises 准则，基体屈服时的切应力 $\tau_{Ys} = \sigma_{Ys}/\sqrt{3}$，在涂层边界附近，中间层切应力系数 $\Omega^{I} > \sqrt{3}$，说明中间层的切应力在基体到达屈服强度之前就已经开始屈服。另外，在涂层边界附近，切应力系数 Ω^{I} 的值达到最大，这表明屈服在中间层的两端开始。随着应力 σ^0 的增大，屈服区从端部向中间开始扩展。随着涂层厚度增大，Ω^{I} 的数值增加速率降低，中间层屈服向 $x = 0$ 的扩展速度减缓。不

过，与中间层不同，一旦基体达到屈服强度，整个基体都将进入屈服阶段。假设在施加载荷（$\sigma^0 = \sigma_0^1$）时，中间层屈服区为 $x_1 \sim \lambda$（具有对称性），而基体尚未屈服，这时仍考虑涂层是弹性状态。在这种情况下，涂层/基体需要分成两个连续的部分：①弹性区 $0 \leqslant x \leqslant x_1$，在此区域内涂层、中间层以及基体都处于弹性阶段；②弹性区 $x_1 \leqslant x \leqslant \lambda$，在此区域涂层和基体处于弹性阶段，中间层开始屈服。

5.3.1 线弹性区铝合金微弧氧化的应力和位移计算

在线弹性区，涂层、中间层和基体均处于弹性阶段，涂层应力计算式为

$$\sigma^c(x, z) = \varphi^c E^c \left[\gamma_1 \eta_1 \cos(\beta_1 h_c - \beta_1 z) \cosh(\gamma_1 x) + \varepsilon_{x1}^u \right] \tag{5-19}$$

这里 $\beta_1 = \beta$，$\gamma_1 = \gamma$。涂层位移表达式为

$$u^c(x, z) = \eta_1 \cos(\beta_1 h_c - \beta_1 z) \sinh(\gamma_1 x) + \varepsilon_{x1}^u x \tag{5-20}$$

涂层应力和位移表达式中的 η 的关系式为

$$\eta_1 \beta_1 = \frac{\tau_{Ys}}{G^c} \frac{1}{\sin(\beta_1 h_c) \sinh(\gamma_1 x_1)} \tag{5-21}$$

其中 τ_{Ys} 是基体屈服时的切应力，由 $\tau_{Ys} = \sigma_{0.2}/\sqrt{3}$ 和静拉伸得到的基体规定塑性延伸强度 $R_{p0.2} = 333\text{MPa}$，可计算出 $\tau_{Ys} = 192.26\text{MPa}$。应变 ε_{x1}^u 的计算式为

$$\varepsilon_{x1}^u = \varepsilon_{x2}^u + \left[\frac{k_2}{\beta_2 x_1 \sin(\beta_2 h_c)} - \frac{k_1}{\beta_1 x_1 \sin(\beta_1 h_c)} \right] \frac{\tau_{Ys}}{G^c} + \frac{h_I}{x_1} \left(\frac{1}{G_2^I} - \frac{1}{G_1^I} \right) \tau_{Ys} \tag{5-22}$$

其中 G_2^I 是在均匀切应力下中间层的线性硬化速率，文献给出 $G_2^I = 4.06\text{GPa}$。因中间层屈服而产生的均匀应变 ε_{x2}^u 的表达式为

$$\varepsilon_{x2}^u = \frac{\sigma_1^0}{E_1^s} \frac{\sin(\beta_2 h_c)}{\sin(\beta_2 h_c) - \beta_2 h_c k_2} \tag{5-23}$$

在均匀应变中存在临界坐标 x_1，临界坐标 x_1 的表达式为

$$\eta_1 \gamma_1 k_1 \cosh(\gamma_1 x_1) + \varepsilon_{x1}^u = \gamma_2 k_2 \left[Q_1 \cosh(\gamma_2 x_1) + Q_2 \sinh(\gamma_2 x_1) \right] + \varepsilon_{x2}^u \tag{5-24}$$

为了计算涂层的应力和位移，需要求解关系式（5-24），得到 x_1 的数值。式中参数 Q_1 和 Q_2 可表示为

$$Q_1 \beta_2 = -\left[\frac{\tau_{Ys}}{G^c} \frac{\sinh(\gamma_2 \lambda)}{\sin(\beta_2 h_c)} + \frac{\beta_2 h_c \sigma_1^0}{\theta E_1^s} \frac{\cosh(\gamma_2 x_1)}{\sin(\beta_2 h_c) - k_2 \beta_2 h_c} \right] / \cosh(\gamma_2 \lambda - \gamma_2 x_1) \tag{5-25}$$

$$Q_2 \beta_2 = \frac{\tau_{Ys}}{G^c} \frac{1}{\sin(\beta_2 h_c) \cosh(\gamma_2 x_1)} - Q_1 \beta_2 \tanh(\gamma_2 x_1) \tag{5-26}$$

上述公式中参数 β_2 的关系式为

$$\left[-\theta^2 \frac{E_1^s}{G_2^I}\beta_2 h_1 + \frac{1}{(h_s/2 - h_I)\beta_2} \right]\sin(\beta_2 h_c) + \theta^2 \frac{E_1^s}{G^c}\cos(\beta_2 h_c) = 0 \quad (5\text{-}27)$$

参数 β_2 可以通过求解式（5-27）获得其数值。将表 5-2 中的参数代入式（5-27），求解出 β_2 分别是 173.877、140.210、110.113 和 118.44。由 $\gamma_2 = \theta\beta_2$，求出对应的参数 γ_2 的数值分别是 101.718、82.023、64.416 和 69.287。式（5-23）~式（5-25）中的参数 k_2 的表达式为

$$k_2 = -G^c/G_2^I \beta_2 h_1 \sin(\beta_2 h_c) + \cos(\beta_2 h_c) \quad (5\text{-}28)$$

将表 5-2 中的参数和参数 β_2 的数值代入式（5-28）中得到 k_2 的数值分别是 -0.02212、-0.02986、-0.04078 和 -0.03721。

需要说明的是，式（5-25）中的参数 ε_{x2}^u 含有外加应力 σ_1^0，依据线弹性阶段中间层的切应力与外加拉应力 σ^0 的关系以及图 5-14 显示出中间层在两端受到的切应力系数达到 3.5，在 $\sigma_1^0 = 220\text{MPa}$ 中间层部分已经屈服，通过分析涂层的应力和位移说明中间层出现屈服时，涂层与基体应力和位移的变化，进而讨论涂层铝合金的疲劳性能。将表 5-2 中的参数、式（5-21）~式（5-23）、式（5-25）、式（5-26）代入式（5-24），得出涂层铝合金的临界屈服起始位置 x_1 分别为 0.0189mm、0.0207mm、0.02274mm 和 0.0220mm。将参数 x_1 代入式（5-21）~式（5-23）和式（5-25）、式（5-26）确定了 5 个常数 η_1、Q_i 和 ε_{xi}^u（$i = 1,2$）的数值，计算结果见表 5-4。

表 5-4　本构关系中的常数数值

涂层厚度/μm	x_1/mm	η_1	Q_1	Q_2	ε_{x1}^u	ε_{x2}^u
5	0.0189	4.831×10^{-7}	-9.7×10^{-5}	9.7×10^{-5}	3.354×10^{-3}	2.90×10^{-3}
7	0.0207	1.272×10^{-6}	-9.0×10^{-5}	9.0×10^{-5}	3.283×10^{-3}	2.872×10^{-3}
10	0.0224	3.262×10^{-6}	-8.7×10^{-5}	8.7×10^{-5}	3.206×10^{-3}	2.830×10^{-3}
9	0.0220	2.474×10^{-6}	-8.8×10^{-5}	8.8×10^{-5}	3.228×10^{-3}	2.844×10^{-3}

将表 5-2 和表 5-4 中的参数以及计算出的参数 β_1 和 γ_1 的数值代入式（5-19）和式（5-20）得到涂层的正应力和位移为

$$\sigma^c(x,z) = \begin{cases} 24.98\cos(1.482 - 296.32z)\cosh(173.35x) + 1000.5, & h_c = 5\mu\text{m} \\ 48.08\cos(1.516 - 216.61z)\cosh(126.72x) + 979.3, & h_c = 7\mu\text{m} \\ 88.10\cos(1.548 - 154.77z)\cosh(90.54x) + 956.3, & h_c = 10\mu\text{m} \\ 73.8\cos(1.539 - 170.98z)\cosh(100.02x) + 962.9, & h_c = 9\mu\text{m} \end{cases}$$

$$(5\text{-}29)$$

$$u^c(x,z) = \begin{cases} 4.831 \times 10^{-7}\cos(1.482 - 296.32z)\sinh(173.35x) + 3.354 \times 10^{-3}x, & h_c = 5\mu m \\ 1.272 \times 10^{-6}\cos(1.516 - 216.61z)\sinh(126.72x) + 3.283 \times 10^{-3}x, & h_c = 7\mu m \\ 3.262 \times 10^{-6}\cos(1.548 - 154.77z)\sinh(90.54x) + 3.206 \times 10^{-3}x, & h_c = 10\mu m \\ 2.474 \times 10^{-6}\cos(1.539 - 170.98z)\sinh(100.02x) + 3.228 \times 10^{-3}x, & h_c = 9\mu m \end{cases}$$

$$(5-30)$$

在线弹性区，基体的应力和位移的计算方程为

$$\sigma^s(x) = E_1^s[k_1\eta_1\gamma_1\cosh(\gamma_1 x) + \varepsilon_{x1}^u] \qquad (5-31)$$

$$u^s(x) = k_1\eta_1\sinh(\gamma_1 x) + \varepsilon_{x1}^u x \qquad (5-32)$$

将表 5-4 的参数以及 β_1 和 γ_1 的数值代入式（5-31）和式（5-32）得到基体应力和位移为

$$\sigma^s(x) = \begin{cases} -0.105\cosh(173.35x) + 248.2, & h_c = 5\mu m \\ -0.277\cosh(126.72x) + 242.9, & h_c = 7\mu m \\ -0.710\cosh(90.54x) + 237.2, & h_c = 10\mu m \\ -0.538\cosh(100.02x) + 238.9, & h_c = 9\mu m \end{cases} \qquad (5-33)$$

$$u^s(x) = \begin{cases} -8.176 \times 10^{-9}\sinh(173.35x) + 3.354 \times 10^{-3}x, & h_c = 5\mu m \\ -2.949 \times 10^{-8}\sinh(126.72x) + 3.283 \times 10^{-3}x, & h_c = 7\mu m \\ -1.059 \times 10^{-7}\sinh(90.54x) + 3.206 \times 10^{-3}x, & h_c = 10\mu m \\ -7.275 \times 10^{-8}\sinh(100.02x) + 3.228 \times 10^{-3}x, & h_c = 9\mu m \end{cases}$$

$$(5-34)$$

对于中间层未屈服部分，当 $z = 0$ 时，涂层与基体的位移曲线如图 5-15 所示。涂层和基体的位移基本重合，这和第 5.2.1 节线弹性阶段的基体和涂层的位移变化一致。由表 5-4 可知，中间层的屈服区域大小与外界应力的大小和涂层厚度有关。图 5-16 所示为 $0 \leq x \leq x_1$ 的涂层的位移随厚度的变化。位移在涂层厚度上变化均匀。与第 5.2.1 节不同，在中间层屈服强度 x_1 处涂层不再是自由的，因此位移在线弹性区边界处没有大幅度减小。图 5-17 和图 5-18 分别所示为 $0 \leq x \leq x_1$ 的涂层和基体的正应力分布。基体正应力在 $0 \leq x \leq x_1$ 的变化量小于 12MPa。在边界处，涂层正应力较大幅度上升，这是由于中间层在 $x = x_1$ 出现屈服，使得在该点附近涂层发生较大的变形。涂层较厚时（$h_c \geq 7\mu m$），涂层正应力在厚度方向上分布不均匀。涂层正应力从界面向涂层表面逐渐增大，而涂层较薄时，正应力分布相对均匀，其幅值与厚涂层外部正应力的幅值接近。在 $h_c = 10\mu m$ 时，相同 x 轴坐标，涂层外部正应力幅值比薄涂层要大，使得厚涂层的断裂应力比薄涂层小，这与文献的测试结果一致。

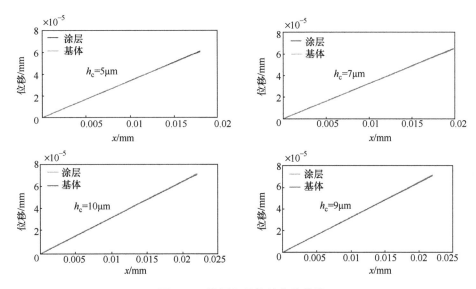

图 5-15　涂层与基体的位移曲线

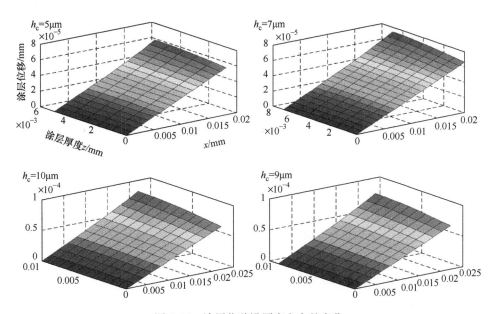

图 5-16　涂层位移沿厚度方向的变化

上述结论为厚涂层试样疲劳性能变差提供了理论基础。在相同的应力作用下，较厚涂层承受较大的应力，再加上厚涂层表面裂纹和微孔的尺寸较大以及外部涂层疏松，这都加快涂层早期裂纹的形成，这是厚涂层基体的疲劳性能显著降低的主要原因。

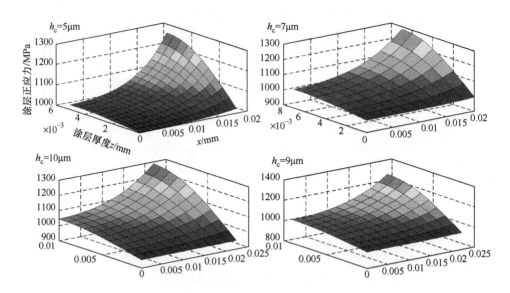

图 5-17　涂层正应力在厚度方向的分布

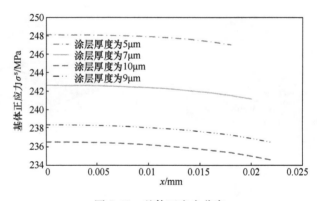

图 5-18　基体正应力分布

5.3.2　塑性区铝合金微弧氧化的应力和位移计算

在 x_1 右侧，涂层和基体都处于弹性状态，中间层部分发生屈服，即 $x_1 \leqslant x \leqslant 80\mu\text{m}$。在中间层屈服区，涂层的应力和位移表达式为

$$\sigma^{c}(x,z) = \varphi^{c}E^{c}\left\{\gamma_2\cos(\beta_2 h_c - \beta_2 z)\left[Q_1\cosh(\gamma_2 x) + Q_2\sinh(\gamma_2 x)\right] + \varepsilon^{u}_{x2}\right\}$$

$$(5\text{-}35)$$

$$u^{c}(x,z) = \cos(\beta_2 h_c - \beta_2 z)\left[Q_1\sinh(\gamma_2 x) + Q_2\cosh(\gamma_2 x)\right] + \varepsilon^{u}_{x2}x \quad (5\text{-}36)$$

将表 5-2、表 5-4 中的参数以及 β_2 和 γ_2 的数值代入式（5-35）和式（5-36），

得出涂层的应力和位移为

$$\sigma^c(x,z) = \begin{cases} -2943.09\cos(0.8694 - 173.877z) \times \\ [\cosh(101.718x) - \sinh(101.718x)] + 865.03, & h_c = 5\,\mu\text{m} \\ -2201.98\cos(0.9815 - 140.210z) \times \\ [\cosh(82.023x) - \sinh(82.023x)] + 856.68, & h_c = 7\,\mu\text{m} \\ -1671.66\cos(1.1011 - 110.113z) \times \\ [\cosh(64.416x) - \sinh(64.416x)] + 844.15, & h_c = 10\,\mu\text{m} \\ -1818.73\cos(1.066 - 118.44z) \times \\ [\cosh(69.287x) - \sinh(69.287x)] + 848.33, & h_c = 9\,\mu\text{m} \end{cases}$$

$$(5-37)$$

$$u^c(x,z) = \begin{cases} -9.7 \times 10^{-5}\cos(0.8694 - 173.877z) \times \\ [\sinh(101.718x) - \cosh(101.718x)] + 2.90 \times 10^{-3}x, & h_c = 5\,\mu\text{m} \\ -9.0 \times 10^{-5}\cos(0.9815 - 140.210z) \times \\ [\sinh(82.023x) - \cosh(82.023x)] + 2.872 \times 10^{-3}x, & h_c = 7\,\mu\text{m} \\ -8.7 \times 10^{-5}\cos(1.1011 - 110.113z) \times \\ [\sinh(64.416x) - \cosh(64.416x)] + 2.830 \times 10^{-3}x, & h_c = 10\,\mu\text{m} \\ -8.8 \times 10^{-5}\cos(1.066 - 118.44z) \times \\ [\sinh(69.287x) - \cosh(69.287x)] + 2.844 \times 10^{-3}x, & h_c = 9\,\mu\text{m} \end{cases}$$

$$(5-38)$$

基体的应力和位移表达式为

$$\sigma^s(x) = E_1^s \gamma_2 k_2 [Q_1\cosh(\gamma_2 x) + Q_2\sinh(\gamma_2 x)] + E_1^s \varepsilon_{x2}^u \quad (5-39)$$

$$u^s(x) = k_2[Q_1\sinh(\gamma_2 x) + Q_2\cosh(\gamma_2 x)] + \varepsilon_{x2}^u x + h_I(1/G_2^I - 1/G_1^I)\tau_{Ys}$$

$$(5-40)$$

将表 (5-2) 和表 (5-4) 中的参数以及计算出的参数 k_2 和 γ_2 的数值代入基体的应力和位移计算式 (5-39) 和式 (5-40)，得到基体正应力和位移的计算式为

$$\sigma^s(x) = \begin{cases} 16.15[\cosh(101.718x) - \sinh(101.718x)] + 214.6, & h_c = 5\,\mu\text{m} \\ 16.31[\cosh(82.023x) - \sinh(82.023x)] + 212.53, & h_c = 7\,\mu\text{m} \\ 16.91[\cosh(64.416x) - \sinh(64.416x)] + 209.42, & h_c = 10\,\mu\text{m} \\ 16.79[\cosh(69.287x) - \sinh(69.287x)] + 210.46, & h_c = 9\,\mu\text{m} \end{cases}$$

$$(5-41)$$

$$u^s(x) = \begin{cases} 2.15 \times 10^{-6}[\cosh(101.718x) - \sinh(101.718x)] + \\ 2.90 \times 10^{-3}x + 8.79 \times 10^{-6}, & h_c = 5\mu m \\ 2.69 \times 10^{-6}[\cosh(82.023x) - \sinh(82.023x)] + \\ 2.872 \times 10^{-3}x + 8.79 \times 10^{-6}, & h_c = 7\mu m \\ 3.55 \times 10^{-6}[\cosh(64.416x) - \sinh(64.416x)] + \\ 2.830 \times 10^{-3}x + 8.79 \times 10^{-6}, & h_c = 10\mu m \\ 3.27 \times 10^{-6}[\cosh(69.287x) - \sinh(69.287x)] + \\ 2.844 \times 10^{-3}x + 8.79 \times 10^{-6}, & h_c = 9\mu m \end{cases}$$

(5-42)

图 5-19 所示为中间层发生屈服的基体和涂层位移曲线，基体的位移与涂层的位移曲线不再重合。在相同的 x 位置基体的位移明显大于涂层位移，这是由于中间层发生屈服减小了涂层的变形。涂层主要成分是 Al_2O_3，其延展性较差，中间层的屈服削弱了静拉伸过程中基体伸长对涂层的损伤。中间层的屈服能够减小基体和涂层间的失配应变，释放部分残余应力。在微弧氧化涂层铝合金受热时，由于基体的热膨胀系数明显大于涂层，很容易造成涂层开裂，中间层的屈服可以缓解由失配应变所造成的涂层损伤。因此，中间层的屈服是涂层具有一定抗热冲击性和残余应力出现松弛的主要原因。不同厚度微弧氧化涂层对涂层和基体的位移差异影响不大。

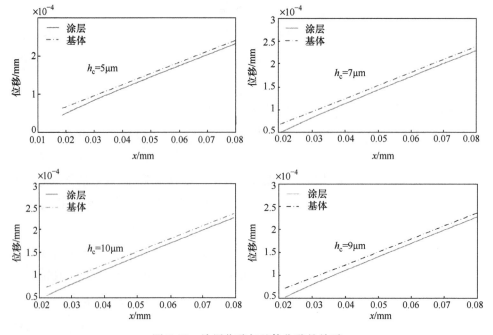

图 5-19　涂层位移与基体位移的关系

图 5-20 所示为涂层位移在厚度方向的变化曲面图。与弹性阶段（$0 \leq x \leq x_1$）的位移曲线相比，涂层位移沿厚度方向分布更加均匀。不同厚度的涂层，其临界 x_1 的数值关系是 $x_{1,5} < x_{1,7} < x_{1,9} < x_{1,10}$。在 x_1^+ 处，较厚涂层（$h_c = 9\mu m$ 和 $10\mu m$）的位移明显大于 $h_c = 5\mu m$ 和 $7\mu m$ 的涂层位移。

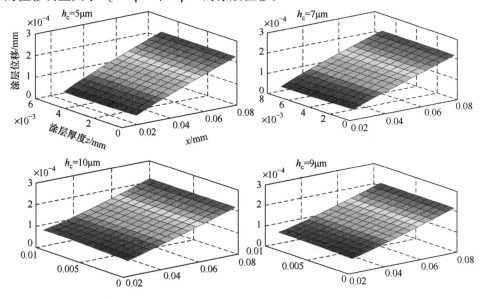

图 5-20　涂层位移沿厚度方向的变化曲面

图 5-21 所示为涂层正应力沿涂层厚度方向的变化曲面。涂层的正应力在中间层屈服点 x_1 附近出现较大幅度的下降，将近 53%。不过，涂层厚度为 $10\mu m$，正应力幅值下降相对较小。可见在屈服临界点附近，涂层厚度增加，中间层的屈服并未显著减小涂层中的应力，这也是含厚涂层的基体疲劳寿命显著下降的因素。与线弹性区的涂层正应力相比，中间层屈服降低了涂层正应力。远离屈服点 x_1，涂层正应力在厚度方向分布相对均匀。在屈服点附近，涂层正应力在界面处相对较大。

图 5-22 所示为不同厚度涂层在界面处的正应力。在中间层屈服点附近，不同厚度涂层的正应力差别不大。在远离屈服点时，涂层正应力随着涂层厚度的增加，幅值降低。中间层的屈服可以有效减小涂层正应力，这也是涂层能够承受一定的拉应力而不易脱落的主要原因。

图 5-23 所示为基体正应力的变化曲线。与涂层正应力变化不同，基体正应力在屈服点附近较大，在已屈服区基体正应力幅值减小，但变化幅值较小（<5MPa）。在中间层已屈服区，基体和涂层的位移不再相等，涂层位移小于基体位移；并且在屈服点附近，界面处涂层正应力显著下降。不过，涂层较厚时，

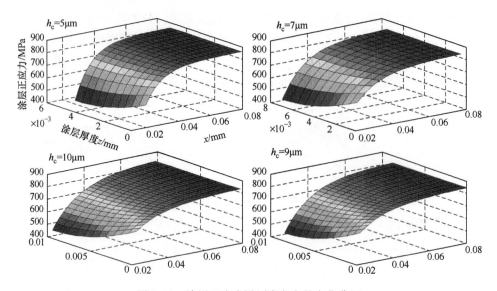

图 5-21　涂层正应力沿厚度方向的变化曲面

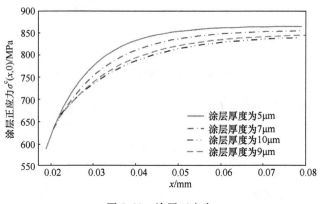

图 5-22　涂层正应力

正应力下降的幅值较小。基体正应力在已屈服区和未屈服区的幅值变化较大，薄涂层 $h_c=5\mu m$ 屈服区的基体应力比未屈服区降低了 13%。屈服区基体的应力低于外部应力 $\sigma_1^0=220MPa$，随着涂层厚度的减小，基体的正应力减小。未屈服区，基体的正应力高于外部应力，薄涂层 $h_c=5\mu m$ 的基体正应力增幅高达 12.7%，厚涂层 $h_c=10\mu m$ 的基体正应力低至 7.4%。中间层的屈服降低了涂层和基体正应力幅值。

5.3.3　铝合金微弧氧化表面应力测试和疲劳性能分析

由表 5-4 可知，中间层已屈服 26%。在远离临界点 $x_1=0.0207mm$ 时，占空比

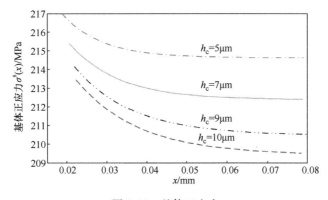

图 5-23　基体正应力

10% 的涂层正应力在不同的 x 坐标下均匀分布, 涂层外部正应力可通过式 (5-37) 求出。按照 4 个位置的静态应变仪所记录数据, 220MPa 下涂层表面应变 $\varepsilon_{c1} = 0.3324\%$, $\varepsilon_{c2} = 0.3105\%$, $\varepsilon_{c3} = 0.3384\%$, $\varepsilon_{c4} = 0.2969\%$。由 $\sigma_c = E_c \varepsilon_c$ 可以计算出涂层表面应力 $\sigma_{c1} = 841\text{MPa}$, $\sigma_{c2} = 786\text{MPa}$, $\sigma_{c3} = 856\text{MPa}$, $\sigma_{c4} = 751\text{MPa}$。涂层外部理论正应力 $\sigma^c(0.06, 0.007) = 841\text{MPa}$。

按照第 5.3.2 节的计算方法得到 $\sigma_1^0 = 212\text{MPa}$ 时, 中间层发生塑性变形的 7μm 涂层表面正应力与横坐标 x 和厚度 z 有关的表达式是 $\sigma_x^c = -2203.44 \cos(0.9815 - 140.21z) [\cosh(82.023x) - \sinh(82.023x)] + 825.36$。在此外部加载应力下测得的涂层表面应变 $\varepsilon_{c1} = 0.3200\%$, $\varepsilon_{c2} = 0.2995\%$, $\varepsilon_{c3} = 0.3261\%$, $\varepsilon_{c4} = 0.2848\%$。相应涂层表面的正应力分别为 $\sigma_{c1} = 810\text{MPa}$, $\sigma_{c2} = 758\text{MPa}$, $\sigma_{c3} = 825\text{MPa}$, $\sigma_{c4} = 721\text{MPa}$。涂层外部理论正应力为 $\sigma^c(0.06, 0.007) = 809\text{MPa}$。

同样按照第 5.3.2 节的计算方法得到 $\sigma_1^0 = 229\text{MPa}$ 时中间层发生塑性变形的 7μm 涂层表面正应力与横坐标 x 和厚度 z 有关的表达式是 $\sigma_x^c = -2206.87 \cos(0.9815 - 140.21z) [\cosh(82.023x) - \sinh(82.023x)] + 891.58$。在此外部加载应力下所测得涂层表面的应变 $\varepsilon_{c1} = 0.3465\%$, $\varepsilon_{c2} = 0.3241\%$, $\varepsilon_{c3} = 0.3523\%$, $\varepsilon_{c4} = 0.3107\%$。相应的涂层表面正应力分别为 $\sigma_{c1} = 877\text{MPa}$, $\sigma_{c2} = 820\text{MPa}$, $\sigma_{c3} = 891\text{MPa}$, $\sigma_{c4} = 786\text{MPa}$。涂层外部的理论正应力为 $\sigma^c(0.06, 0.007) = 875\text{MPa}$。

类似地, 按照上述计算方法得到 $\sigma_1^0 = 240\text{MPa}$ 时, 中间层发生塑性变形的 7μm 涂层表面正应力与横坐标 x 和厚度 z 有关的表达式是 $\sigma_x^c = -2209.07 \cos(0.9815 - 140.21z) [\cosh(82.023x) - \sinh(82.023x)] + 934.53$。在此外部加载应力下所测得涂层表面的应变 $\varepsilon_{c1} = 0.3667\%$, $\varepsilon_{c2} = 0.3431\%$, $\varepsilon_{c3} = 0.3724\%$, $\varepsilon_{c4} = 0.3278\%$。相应的涂层表面正应力分别为 $\sigma_{c1} = 928\text{MPa}$, $\sigma_{c2} = 868\text{MPa}$, $\sigma_{c3} = 942\text{MPa}$, $\sigma_{c4} = 829\text{MPa}$。涂层外部的理论正应力为 $\sigma^c(0.06, 0.007) = 918\text{MPa}$。

以上计算结果及误差分析见表5-5。通过涂层表面应变的测试，所得出的涂层表面正应力与理论计算数值存在一定的偏差，但整体上理论与试验数值是吻合的。试验与理论的误差在10.9%以内。

表5-5 涂层表面的正应力

应力 σ^0/MPa	试验数值/MPa	理论数值/MPa	误差（%）
220	841	841	0
	786		6.5
	856		−1.8
	751		10.7
212	810	809	−0.1
	758		6.3
	825		−2.3
	721		10.9
229	877	875	−0.2
	820		6.3
	891		−3.0
	786		10.2
240	928	918	−1.1
	868		5.4
	942		−2.6
	829		9.7

在220MPa拉应力作用下，中间层的屈服使得未屈服区的涂层表面正应力要大于涂层与基体间界面处正应力，涂层较厚时，涂层表面和界面正应力的差异较为明显且未屈服区在试样长度的占比较大。屈服点附近已屈服区界面处涂层正应力略高于涂层表面，远离屈服点时，涂层正应力分布较为均匀。在中间层屈服点附近，较厚涂层正应力下降幅值较小。当涂层较薄时，未屈服区基体承受的应力要略大于外部加载应力，因此，在中间层未屈服区，涂层表面正应力较大，诱导疲劳裂纹在缺陷处形成，并且较厚涂层缺陷的影响较为明显，未屈服区基体承受较大的拉应力，涂层铝合金的疲劳性能并未得到显著改善。因此，在 σ_{max} = 220MPa 循环载荷作用下，占空比为8%和15%的涂层铝合金的疲劳性能较差。在中间层临界屈服点附近，涂层在界面处正应力较大，过度生长区对疲劳性能的影响不可忽略。当涂层较厚时，涂层表面缺陷和界面处应力集中的综合作用影响基体的疲劳寿命，并且较厚涂层在屈服点附近正应力并未出现显著下降，这是厚

涂层试样的疲劳寿命显著低于基体的主要原因。

在微弧氧化涂层 Al-Cu 合金静拉伸试验过程中，在厚涂层铝合金的断口附近发现了涂层脱落现象。通过应力分析，中间层临界屈服点附近涂层与基体在界面处的应力较大，并且厚涂层的正应力显著高于薄涂层，这是厚涂层从基体上剥落的主要原因。

5.4　基体屈服的铝合金微弧氧化应力分析

在第 5.3.1 节中，以 $s_1^0 = 220\mathrm{MPa}$ 为例，计算了中间层发生屈服，基体处于弹性阶段的本构关系。随着外界应力 σ_1^0 的增大，屈服区将向试样中心扩展。由于涂层在承担外部载荷方面起着较小的作用，基体正应力均匀分布在长度为 2λ 的涂层试样上，一旦加载应力达到基体的屈服强度，基体就会全部屈服。存在某个位置，在一定的外加载荷下（即 $\sigma^0 = \sigma_2^0$），中间层屈服的区域为 $x_2 \sim \lambda$，则涂层/基体的本构关系建立需要分为以下两个连续部分：①中间层弹性区（$0 \leqslant x \leqslant x_2$），在此区域内，涂层和中间层处于弹性区；②塑性区（$x_2 \leqslant x \leqslant \lambda$），涂层仍认为是弹性的，基体和涂层处于塑性阶段。下面将对这两个区域的本构关系进行阐述。

5.4.1　中间层处于弹性阶段的应力和位移计算

在基体屈服、中间层处于弹性阶段时，涂层应力和位移的计算方程为

$$\sigma_x^c(x,z) = \varphi^c E^c \left[\gamma_3 \eta_2 \cos(\beta_3 h_c - \beta_3 z) \cosh(\gamma_3 x) + \varepsilon_{x3}^u \right] \tag{5-43}$$

$$u^c(x,z) = \eta_2 \cos(\beta_3 h_c - \beta_3 z) \sinh(\gamma_3 x) + \varepsilon_{x3}^u x \tag{5-44}$$

其中参数 β_3 可表示为

$$\left[-\theta^2 \frac{E_2^s}{G_1^I} \beta_3 h_I + \frac{1}{(h_s/2 - h_I)\beta_3} \right] \sin(\beta_3 h_c) + \theta^2 \frac{E_2^s}{G^c} \cos(\beta_3 h_c) = 0 \tag{5-45}$$

其中 E_2^s 是静拉伸过程中基体线性硬化率，由图 5-1 第Ⅲ区曲线可知 $E_2^s = 4.84\mathrm{GPa}$。将表 5-2 和参数 E_2^s 的数值代入式（5-45），可求出 $5\mu\mathrm{m}$、$7\mu\mathrm{m}$、$10\mu\mathrm{m}$ 和 $9\mu\mathrm{m}$ 的涂层所对应的 β_3 的数值分别是 335.809、254.190、189.660 和 206.732。由 $\gamma_3 = \theta\beta_3$，求出对应参数 γ_3 的数值分别是 196.449、148.701、110.951 和 120.937。

涂层应力和位移表达式中的 η_2 可表示为

$$\eta_2 \beta_4 = \frac{\tau_{Ys}}{G^c} \frac{1}{\sin(\beta_3 h_c) \sinh(\gamma_3 x_2)} \tag{5-46}$$

均匀应变 ε_{x3}^u 的关系式为

$$\varepsilon_{x3}^u = \varepsilon_{x4}^u + \left[\frac{k_4}{\beta_4 x_2 \sin(\beta_4 h_c)} - \frac{k_3}{\beta_3 x_2 \sin(\beta_3 h_c)}\right]\frac{\tau_{Ys}}{G^c} + \frac{h_I}{x_2}\left(\frac{1}{G_2^I} - \frac{1}{G_1^I}\right)\tau_{Ys} \quad (5\text{-}47)$$

在式 (5-47) 中的 k_3、k_4 和 ε_{x4}^u 的表达式分别为

$$k_3 = (-G^c/G_1^I)\beta_3 h_1 \sin(\beta_3 h_c) + \cos(\beta_3 h_c) \quad (5\text{-}48)$$

$$k_4 = (-G^c/G_2^I)\beta_4 h_1 \sin(\beta_4 h_c) + \cos(\beta_4 h_c) \quad (5\text{-}49)$$

$$\varepsilon_{x4}^u = \left[\frac{\sigma_2^0}{E_2^s} - \left(\frac{1}{E_2^s} - \frac{1}{E_1^s}\right)\sigma_{Ys}\right]\frac{\sin(\beta_4 h_c)}{\sin(\beta_4 h_c) - \beta_4 h_c k_4} \quad (5\text{-}50)$$

将表 5-2 中的参数和计算出参数 β_3 的数值代入式 (5-48) 中，得到 5μm、7μm、10μm 和 9μm 的涂层所对应的 k_3 的值分别是 -0.2279、-0.2963、-0.3846 和 -0.3569。在式 (5-46) 和式 (5-47) 中都含有参数 x_2，参数 x_2 的表达式为

$$\eta_2 \gamma_3 k_3 \cosh(\gamma_3 x_2) + \varepsilon_{x3}^u = \gamma_4 k_4 \left[Q_3 \cosh(\gamma_4 x_2) + Q_4 \sinh(\gamma_4 x_2)\right] + \varepsilon_{x4}^u$$

$$(5\text{-}51)$$

其中参数 Q_3 和 Q_4 的关系式为

$$Q_3 \beta_4 = -\left[\frac{\tau_{Ys}}{G^c}\frac{\sinh(\gamma_4 \lambda)}{\sin(\beta_4 h_c)} + \varepsilon_{x4}^u \frac{\beta_4 h_c}{\theta}\frac{\cosh(\gamma_4 x_2)}{\sin(\beta_4 h_c)}\right]/\cosh(\gamma_4 \lambda - \gamma_4 x_2) \quad (5\text{-}52)$$

$$Q_4 \beta_4 = \frac{\tau_{Ys}}{G^c}\frac{1}{\sin(\beta_4 h_c)\cosh(\gamma_4 x_2)} - Q_3 \beta_4 \tanh(\gamma_4 x_2) \quad (5\text{-}53)$$

其中参数 β_4 的表达式为

$$\left[-\theta^2 \frac{E_2^s}{G_2^I}\beta_4 h_1 + \frac{1}{(h_s/2 - h_1)\beta_4}\right]\sin(\beta_4 h_c) + \theta^2 \frac{E_2^s}{G^c}\cos(\beta_4 h_c) = 0 \quad (5\text{-}54)$$

参数 β_4 可通过式 (5-54) 进行求解。将表 5-2 中的参数、参数 E_2^s 以及 G_2^I 代入式 (5-54)，求出 5μm、7μm、10μm 和 9μm 的涂层所对应的 β_4 的数值分别是 201.586、169.941、140.989 和 149.111。由 $\gamma_4 = \theta\beta_4$，求出对应的参数 γ_4 的数值分别是 117.928、99.415、82.479 和 87.230。随后将表 5-2 中的参数和计算出的参数 β_4 的数值代入式 (5-49) 中，得到 5μm、7μm、10μm 和 9μm 的涂层所对应的 k_4 的数值分别是 -0.3230、-0.4206、-0.5391 和 -0.5029。

将式 (5-46)、式 (5-47)、式 (5-50)、式 (5-52) 和式 (5-53) 代入式 (5-51) 中发现中间层屈服和未屈服的临界位置 x_2 计算式中包含外部应力 σ_2^0。与第 5.3.1 节的计算方法类似，计算 x_2 需要给出 σ_2^0 的数值。由静拉伸的测试结果可知，在 $\sigma_2^0 = 350\text{MPa}$ 基体已经发生屈服。通过求解式 (5-51)，得到 5μm、7μm、10μm 和 9μm 的涂层所对应的临界屈服起始位置 x_2 分别为 0.0046mm、0.0033mm、0.0002mm 和 0.0014mm，从而确定了 5 个常数 η_2、Q_i 和 ε_{xi}^u（$i = 3$、4）的数值，计算结果见表 5-6。

表 5-6　本构关系中的常数数值

涂层厚度/μm	x_2/mm	η_2	Q_3	Q_4	ε_{x3}^u	ε_{x4}^u
5	0.0046	9.116×10^{-6}	-1.9×10^{-5}	1.9×10^{-5}	7.200×10^{-3}	5.785×10^{-3}
7	0.0033	2.220×10^{-5}	-1.7×10^{-5}	1.7×10^{-5}	7.029×10^{-3}	5.206×10^{-3}
10	0.0002	6.359×10^{-4}	-1.4×10^{-5}	1.4×10^{-5}	3.216×10^{-2}	4.527×10^{-3}
9	0.0014	7.754×10^{-5}	-1.5×10^{-5}	1.5×10^{-5}	8.777×10^{-3}	4.733×10^{-3}

由计算出的 x_2 的数值可知，$\sigma_2^0 = 350$MPa 时，$h_c = 5\mu m/7\mu m/10\mu m/9\mu m$ 的涂层铝合金中间层屈服区占比高达 94.25%/95.88%/99.75%/98.25%。应变 ε_{x3}^u 和 ε_{x4}^u 在基体发生屈服时显著增大，并且中间层屈服区达到 99.75% 时（$h_c = 10\mu m$），应变 $\varepsilon_{x3}^u = 3.216 \times 10^{-2}$，由图 5-1 应力-应变曲线可知，在表 5-6 的应变下，涂层试样均已进入屈服阶段，计算模型得出的结果与静拉伸结果一致。需要说明的是微弧氧化涂层属于脆性材料，对基体的伸长量有一定的限制作用，随着涂层厚度的增加，ε_{xi}^u（$i = 3,4$）的数值呈现减小趋势。由于 $h_c = 9\mu m/10\mu m$ 时，中间层基本已全部屈服，计算出的临界 x_2 的数值也存在较大的误差，导致应变 ε_{x3}^u 出现较大的增加，并且 x_2 的误差使得在涂层/基体本构关系的计算结果误差被放大，本构关系计算存在较大的偏差。本部分仅分析 $h_c = 5\mu m/7\mu m$ 时涂层和基体的应力和位移关系，用于揭示基体发生塑性变形后，涂层铝合金的应力和位移变化。对于 $h_c = 9\mu m/10\mu m$ 的本构关系此部分不再进行讨论，而在基体和中间层都发生屈服的本构关系中再进行分析。

将表 5-2 和表 5-6 中的参数和计算出的 β_3 和 γ_3 的数值代入涂层的应力和位移计算式（5-43）和式（5-44）中，得到 $5\mu m$ 和 $7\mu m$ 的涂层正应力和位移方程为

$$\sigma^c(x,z) = \begin{cases} 534.18\cos(1.679 - 335.809z)\cosh196.449 + 2147.66, & h_c = 5\mu m \\ 984.69\cos(1.779 - 254.19z)\cosh(148.701x) + 2096.66, & h_c = 7\mu m \end{cases} \tag{5-55}$$

$$u^c(x,z) = \begin{cases} 9.116 \times 10^{-6}\cos(1.679 - 335.809z)\sinh196.449 + 7.200 \times 10^{-3}x, & h_c = 5\mu m \\ 2.220 \times 10^{-5}\cos(1.779 - 254.19z) \cdot \sinh(148.701x) + 7.029 \times 10^{-3}x, & h_c = 7\mu m \end{cases} \tag{5-56}$$

基体屈服，中间层处于弹性阶段时，基体的应力和位移表达式为

$$\sigma^s(x) = E_2^s\eta_2\gamma_3 k_3\cosh(\gamma_3 x) + E_2^s\varepsilon_{x3}^u + \left(1 - \frac{E_2^s}{E_1^s}\right)\sigma_{Ys} \tag{5-57}$$

$$u^s(x) = \eta_2 k_3\sinh(\gamma_3 x) + \varepsilon_{x3}^u x \tag{5-58}$$

将表5-6中的参数和计算出的参数 β_3 和 γ_3 数值代入基体的应力和位移计算式（5-57）和式（5-58）中，得到 $5\mu m$ 和 $7\mu m$ 的涂层基体应力和位移方程为

$$\sigma^s(x) = \begin{cases} -1.975\cosh(196.499x) + 346.068, & h_c = 5\mu m \\ -4.734\cosh(148.701x) + 345.240, & h_c = 7\mu m \end{cases} \quad (5\text{-}59)$$

$$u^s(x) = \begin{cases} -2.078 \times 10^{-6}\sinh(196.499x) + 7.200 \times 10^{-3}x, & h_c = 5\mu m \\ -6.578 \times 10^{-6}\sinh(148.701x) + 7.029 \times 10^{-3}x, & h_c = 7\mu m \end{cases}$$

$$(5\text{-}60)$$

依据涂层的位移计算式（5-56），绘制了涂层位移在厚度方向上的变化曲面，如图5-24所示。与基体未屈服部分相比，在临界点 x_2 附近，位移同样在涂层厚度上出现不均匀分布现象。在临界坐标 x_2 附近，涂层增厚（ $h_c = 7\mu m$ ），基体屈服导致涂层界面（ $2.0852 \times 10^{-5}\text{mm}$ ）及外部（ $3.4532 \times 10^{-5}\text{mm}$ ）的位移差增大。

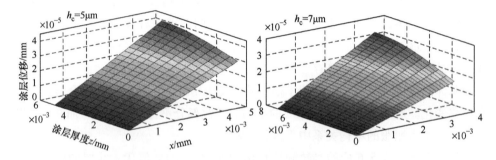

图5-24 涂层位移沿厚度方向的变化曲面

依据涂层应力计算式（5-55），绘制了涂层正应力在厚度方向的变化曲面，如图5-25所示。基体屈服改变中间层和涂层处于弹性阶段的涂层应力场。在临界坐标 x_2 附近，涂层外部应力增加。比如在 $x_2 = 0.0023\text{mm}$ 处， $h_c = 5\mu m$ ，界面处的正应力值 $\sigma^c(0.0023, 0) = 2084\text{MPa}$ ，涂层外部正应力值 $\sigma^c(0.0023, 0.005) = 2737\text{MPa}$ ；在 $x_2 = 0.0015\text{mm}$ 处，涂层厚度 $h_c = 7\mu m$ ，涂层界面处的应力值 $\sigma^c(0.0015, 0) = 1888\text{MPa}$ ，涂层外部应力值 $\sigma^c(0.0015, 0.007) = 3106\text{MPa}$ 。通过以上分析，涂层厚度影响涂层界面和外部应力的幅值差。涂层越厚，涂层外部应力要显著大于涂层界面处的应力。

图5-26所示为基体屈服后基体正应力的分布曲线。相同厚度的涂层，不同的 x 值的正应力变化不大。在 $h_c = 5\mu m/7\mu m$ 时，涂层厚度变化引起的基体正应力的变化 $<1\text{MPa}$ 。与第5.3节相比，这些规律并未因基体屈服而改变。不过，基体屈服后，中间层处于弹性阶段的基体正应力的幅值要低于外部加载应力

$\sigma_2^0 = 350\text{MPa}$，而基体屈服前，基体正应力比外部加载应力高 7.6% ~ 12.7%。

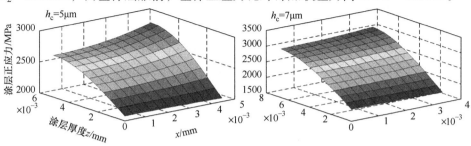

图 5-25 涂层正应力沿厚度方向的变化曲面

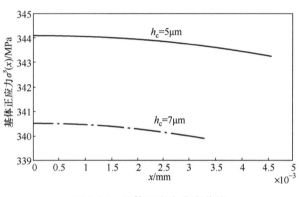

图 5-26 基体正应力分布曲线

5.4.2 中间层处于塑性阶段的应力和位移计算

在 x_2 右侧（$x_2 \leqslant x \leqslant 80\mu\text{m}$），中间层和基体都处于屈服，仅涂层仍考虑为弹性。涂层的正应力和位移表达式为

$$\sigma^c(x,z) = \varphi^c E^c \left\{ \gamma_4 \cos(\beta_4 h_c - \beta_4 z) \left[Q_3 \cosh(\gamma_4 x) + Q_4 \sinh(\gamma_4 x) \right] + \varepsilon_{x4}^u \right\}$$
(5-61)

$$u^c(x,z) = \cos(\beta_4 h_c - \beta_4 z) \left[Q_3 \sinh(\gamma_4 x) + Q_4 \cosh(\gamma_4 x) \right] + \varepsilon_{x4}^u x \quad (5\text{-}62)$$

将表 5-2 和表 5-6 中的参数和计算出的参数 β_4 和 γ_4 的数值代入涂层的应力和位移计算式（5-61）和式（5-62）中，得到 $5\mu\text{m}$ 和 $7\mu\text{m}$ 涂层的应力和位移方程为

$$\sigma^c(x,z) = \begin{cases} -668.35\cos(1.008 - 201.586z) \times \\ \left[\cosh(117.928x) - \sinh(117.928x)\right] + 1725.59, \quad h_c = 5\mu\text{m} \\ -504.12\cos(1.190 - 169.941z) \times \\ \left[\cosh(99.415x) - \sinh(99.415x)\right] + 1552.88, \quad h_c = 7\mu\text{m} \end{cases}$$

(5-63)

$$u^{c}(x,z) = \begin{cases} 1.9 \times 10^{-5} \cos(1.008 - 201.586z) \times \\ [\sinh(117.928x) - \cosh(117.928x)] + 5.785 \times 10^{-3}x, & h_c = 5\,\mu m \\ 1.7 \times 10^{-5} \cos(1.190 - 169.941z) \times \\ [\sinh(99.415x) - \cosh(99.415x)] + 5.206 \times 10^{-3}x, & h_c = 7\,\mu m \end{cases}$$

(5-64)

中间层和基体屈服时，基体的正应力和位移表达式为

$$\sigma^{s}(x) = E_2^s \gamma_4 k_4 [Q_3 \cosh(\gamma_4 x) + Q_4 \sinh(\gamma_4 x)] + E_2^s \varepsilon_{x4}^u + (1 - E_2^s/E_1^s)\sigma_{Ys}$$

(5-65)

$$u^{s}(x) = k_4 [Q_3 \sinh(\gamma_4 x) + Q_4 \cosh(\gamma_4 x)] + \varepsilon_{x4}^u x + h_1(1/G_2^I - 1/G_1^I)\tau_{Ys}$$

(5-66)

将表 5-6 中的参数和计算出的参数 E_2^s、G_2^I、k_4 和 γ_4 的数值代入基体正应力和位移计算式（5-65）和式（5-66）中，得到 $5\,\mu m$ 和 $7\,\mu m$ 的基体应力和位移方程为

$$\sigma^{s}(x) = \begin{cases} 3.134[\cosh(117.928x) - \sinh(117.928x)] + 339.219, & h_c = 5\,\mu m \\ 3.845[\cosh(99.415x) - \sinh(99.415x)] + 336.417, & h_c = 7\,\mu m \end{cases}$$

(5-67)

$$u^{s}(x) = \begin{cases} -6.137 \times 10^{-6}[\sinh(117.928x) - \cosh(117.928x)] + \\ 5.785 \times 10^{-3}x + 8.79 \times 10^{-6}, & h_c = 5\,\mu m \\ -7.150 \times 10^{-6}[\sinh(99.415x) - \cosh(99.415x)] + \\ 5.206 \times 10^{-3}x + 8.79 \times 10^{-6}, & h_c = 7\,\mu m \end{cases}$$

(5-68)

依据涂层位移计算式（5-64）和基体位移计算式（5-68），得出界面处基体和涂层的位移对比曲线，如图 5-27 所示。与第 5.3.2 节类似，中间层屈服使得

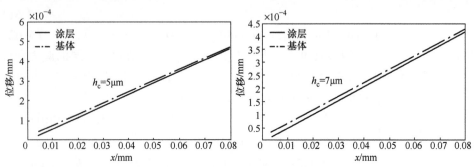

图 5-27　涂层位移与基体位移关系

基体和涂层的位移不再同步，基体的位移要大于涂层的位移。图 5-28 所示为涂层位移沿厚度方向的变化。与 $0 \leqslant x \leqslant x_2$ 不同的是位移在涂层厚度上的分布是均匀的，与第 5.3.2 节中间层处于屈服阶段的涂层位移在厚度上的变化类似。不过，$h_c = 7\mu m$ 涂层的位移要比薄涂层的位移小。

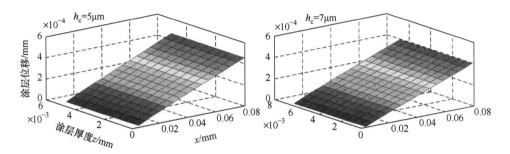

图 5-28　涂层位移沿厚度方向的变化

图 5-29 所示为涂层正应力分布，基体、中间层发生屈服与基体处于弹性和中间层屈服的分布规律相同，不过基体屈服使得涂层正应力显著增大。基体和中间层屈服使涂层正应力在远离临界坐标 x_2 分布更加均匀。基体屈服使得涂层应变增大（见表 5-6），而涂层在此阶段仍考虑为弹性。因此，涂层正应力要高于基体未屈服的涂层应力。

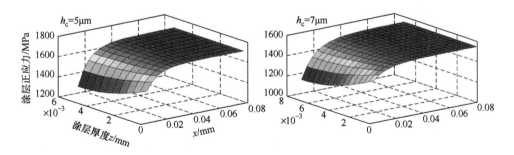

图 5-29　涂层正应力沿厚度方向的变化

图 5-30 所示为基体正应力曲线。基体塑性变形并未改变中间层屈服阶段基体正应力变化规律，基体应力低于外部加载应力。不过，基体屈服使得中间层屈服区的正应力的减小幅值更大。在临界点 x_2 处，$h_c = 5\mu m$ 时基体正应力 $\sigma^s(0.0046) = 341MPa$，相比外界正应力 $\sigma_2^0 = 350MPa$ 降低了 2.57%。在基体屈服前，在临界点 x_1 处，$h_c = 5\mu m$ 时基体正应力 $\sigma^s(0.0189) = 217MPa$，相比外界正应力 $\sigma_1^0 = 220MPa$ 降低了 1.36%。

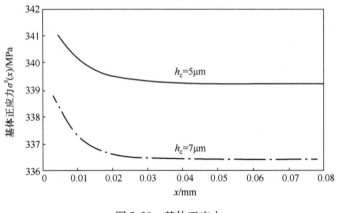

图 5-30 基体正应力

5.4.3 铝合金微弧氧化表面应力测试和疲劳性能分析

由表 5-6 可知，$\sigma_2^0 = 350\text{MPa}$ 时占空比 10% 的涂层试样中间层已屈服 95.88%。图 5-29 是涂层应力在不同横坐标 x 和涂层厚度上分布情况。占空比 10% 的涂层在远离临界点 $x_2 = 0.0033\text{mm}$，正应力在不同的 x 坐标下均匀分布，其涂层外部正应力可通过式（5-63）求出。按照 4 个位置的静态应变仪所记录的数据，350MPa 下涂层表面应变 $\varepsilon_{c1} = 0.6194\%$，$\varepsilon_{c2} = 0.7811\%$，$\varepsilon_{c3} = 0.7360\%$，$\varepsilon_{c4} = 0.7452\%$。由应力与应变公式 $\sigma_c = E_c \varepsilon_c$ 可以计算出涂层表面应力 $\sigma_{c1} = 1567\text{MPa}$，$\sigma_{c2} = 1976\text{MPa}$，$\sigma_{c3} = 1862\text{MPa}$，$\sigma_{c4} = 1885\text{MPa}$。根据式（5-63）计算出涂层外部正应力的理论数值为 $\sigma^c (0.06, 0.007) = 1551\text{MPa}$。

按照第 5.4.2 节的计算方法可以计算出 $\sigma_2^0 = 365\text{MPa}$ 时基体和中间层发生塑性变形的 $7\mu\text{m}$ 涂层表面正应力与横坐标 x 和厚度 z 有关的表达式是 $\sigma_x^c = -504.12\cos(1.190 - 169.941z)[\cosh(99.415x) - \sinh(99.415x)] + 2153.63$。由于试验过程中 $\sigma_2^0 = 365\text{MPa}$ 应力条件下产生的变形较大，应变片与涂层之间是用 502 胶水进行连接。在试验之前，由于胶水没有经过较长时间的硬化，涂层和基体之间的黏结性不好，导致部分应变片与涂层脱离。试验中发现#3 和#4 应变片与涂层脱离。由于#1 和#2 与#3 和#4 应变片对称分布在基体两侧的涂层表面，如图 5-13 所示。基体两侧的涂层是相同的微弧氧化工艺条件下制备，在电解液中处于相同的环境。可以认为基体两侧的涂层相同，并且依据表 5-3 和表 5-5 中应变的测试数据，基体两侧表面的涂层应变差别不大。因此，此部分仅分析#1 和#2 应变片的数据（以下相同）。应变 $\varepsilon_{c1} = 1.1585\%$，$\varepsilon_{c2} = 1.1440\%$，相应的应力 $\sigma_{c1} = 2931\text{MPa}$，$\sigma_{c2} = 2894\text{MPa}$。根据理论公式计算出的涂层表面的正应力

$\sigma^c(0.06, 0.007) = 2152\text{MPa}$。

同样地，通过上述方法可以计算出 $\sigma_2^0 = 374\text{MPa}$ 时的基体和中间层发生塑性变形的 $7\mu\text{m}$ 涂层表面正应力与横坐标 x 和厚度 z 有关的表达式是 $\sigma_x^c = -504.12\cos(1.190 - 169.941z)[\cosh(99.415x) - \sinh(99.415x)] + 2513.96$。应变 $\varepsilon_{c1} = 1.3527\%$，$\varepsilon_{c2} = 1.3414\%$，相应的应力 $\sigma_{c1} = 3422\text{MPa}$，$\sigma_{c2} = 3394\text{MPa}$。根据理论公式计算出的涂层表面的正应力 $\sigma^c(0.06, 0.007) = 2513\text{MPa}$。

以上计算结果及误差分析结果见表 5-7。通过涂层表面应变的测试所得出涂层表面应力与理论计算数值存在一定的偏差，但整体上理论数值与试验数值吻合。试验与理论的误差在 36.2% 以内，涂层表面应力比理论计算数值要大，这可能是涂层表面裂纹在外部应力的作用下张开或者微孔连接成了裂纹造成测得的应力值偏大。随着外部载荷的增大，理论计算值与实际测试值之间的偏差增大。试验结果表明，在基体屈服后，涂层表面缺陷对涂层铝合金的本构关系有一定的影响，尤其对涂层正应力影响较为显著。为了使本构模型简单化，在计算的过程中并未考虑涂层表面原有裂纹和微孔对涂层正应力的影响。微孔和裂纹在涂层表面随机分布，并且其深度和大小也无法确定，对于存在大尺寸裂纹和微孔的涂层试样，应用此本构模型可能会有一定的偏差。

表 5-7　涂层表面应力

应力 σ^0/MPa	试验数值/MPa	理论数值/MPa	误差（%）
350	1567	1551	-1.0
	1976		-27.4
	1862		-20.0
	1885		-21.5
365	2931	2152	-36.2
	2894		-34.5
374	3422	2513	-36.2
	3394		-35.1

基体屈服导致基体的应力低于外加载荷，并且涂层厚度对基体应力的影响减弱。在中间层未屈服区，涂层表面应力显著大于界面应力，随着涂层厚度的增大，涂层表面应力增大。在中间层已屈服区，远离屈服点附近，涂层正应力分布较为均匀，且较厚涂层应力幅值较小。随着涂层厚度的增加，涂层表面应力增大。因此，在循环应力 $\sigma_{max} = 350\text{MPa}$ 时，占空比 10% 的涂层铝合金的疲劳寿命低于 8% 的疲劳寿命。图 5-26 和图 5-30 显示厚涂层基体应力小于薄涂层基体应力。随着外加载荷的增大，占空比 8% 和 10% 的涂层铝合金在循环应力 $\sigma_{max} = 390\text{MPa}$

时疲劳寿命差别不大。

虽然已屈服区的涂层正应力在厚度方向上均匀分布，但在未屈服区因基体屈服造成涂层表面应力显著增大。对于占空比为 8%、10%、15% 和 20% 的涂层铝合金来说，界面并未出现明显的过度生长。因此，疲劳裂纹可能从未屈服区的涂层表面萌生。

由图 5-25 可知，基体屈服导致未屈服区的涂层表面应力显著增大，涂层表面缺陷处较易产生裂纹。占空比 20% 的涂层表面存在大尺寸裂纹，较大的正应力极易引起涂层开裂，进而引起涂层铝合金在循环应力 $\sigma_{\max} = 350\text{MPa}$ 时疲劳寿命出现明显的降低。然而，随着外加载荷的增大，未屈服区占比减小，使得涂层铝合金的疲劳性能得到改善，这与试验结果一致。

5.5 中间层屈服的铝合金微弧氧化应力分析

在第 5.4.2 节，当外加载荷 $\sigma_2^0 = 350\text{MPa}$ 时，$h_c = 9\mu\text{m}/10\mu\text{m}$ 的涂层试样中间层屈服部分大于 98%。$\sigma_2^0 = 470\text{MPa}$ 时，$h_c = 5\mu\text{m}/7\mu\text{m}$ 的涂层试样中间层并未完全发生屈服，而在外加载荷 $\sigma_2^0 = 470\text{MPa}$ 作用下，涂层试样发生了静强度破坏。因此，$h_c = 5\mu\text{m}/7\mu\text{m}$ 的涂层试样中间层不能完全屈服。这说明在拉应力作用下中间层并不一定会发生完全屈服，屈服区大小与涂层厚度和外加载荷有关。以下仅针对 $h_c = 9\mu\text{m}/10\mu\text{m}$ 的涂层试样的应力和位移进行分析。

中间层和基体全部屈服时，涂层和基体的应力和位移表达式为

$$\sigma_x^c(x,z) = \varphi^c E^c \left[\gamma_5 \eta_3 \cos(\beta_5 h_c - \beta_5 z) \cosh(\gamma_5 x) + \varepsilon_{x5}^u \right] \tag{5-69}$$

$$u^c(x,z) = \eta_3 \cos(\beta_5 h_c - \beta_5 z) \sinh(\gamma_5 x) + \varepsilon_{x5}^u x \tag{5-70}$$

$$\sigma^s(x) = E_1^s \eta_3 \gamma_5 k_5 \cosh(\gamma_5 x) + E_2^s \varepsilon_{x5}^u + \left(1 - \frac{E_2^s}{E_1^s}\right) \sigma_{Ys} \tag{5-71}$$

$$u^s(x) = k_5 \eta_3 \sinh(\gamma_5 x) + \varepsilon_{x5}^u x + h_1 \left(\frac{1}{G_2^I} - \frac{1}{G_1^I}\right) \tau_{Ys} \tag{5-72}$$

涂层和基体的应力和位移表达式中含有参数 η_3 和 ε_{x5}^u，其表达式分别为

$$\eta_3 = \frac{h_c}{\theta \sin(\beta_5 h_c) \cosh(\gamma_5 h_c) \left[k_5 \beta_5 h_c - \sin(\beta_5 h_c) \right]} \left[\frac{\sigma_2^0}{E_2^s} - \left(\frac{1}{E_2^s} - \frac{1}{E_1^s}\right) \sigma_{Ys} \right]$$

$$\tag{5-73}$$

$$\varepsilon_{x5}^u = \left[\frac{\sigma_2^0}{E_2^s} - \left(\frac{1}{E_2^s} - \frac{1}{E_1^s}\right) \sigma_{Ys} \right] \frac{\sin(\beta_5 h_c)}{\sin(\beta_5 h_c) - \beta_5 h_c k_5} \tag{5-74}$$

涂层的应力和位移的计算式中参数 β_5 的表达式为

$$\left[-\theta^2 \frac{E_2^s}{G_2^1}\beta_5 h_1 + \frac{1}{(h_s/2 - h_1)\beta_5} \right]\sin(\beta_5 h_c) + \theta^2 \frac{E_2^s}{G^c}\cos(\beta_5 h_c) = 0 \quad (5\text{-}75)$$

通过对比 β_4 的计算式（5-54）和 β_5 的计算式（5-75），表达式中未知变量为 β_4 和 β_5，其余为已知参数，并且 β_4 和 β_5 中相应已知参数相等，因此有 $\beta_5 = \beta_4$。由 $\gamma_4 = \theta\beta_4$ 可以推出 $\gamma_5 = \gamma_4$。

上述计算式中参数 k_5 的表达式为

$$k_5 = (- G^c/G_2^1)\beta_5 h_1 \sin(\beta_5 h_c) + \cos(\beta_5 h_c) \quad (5\text{-}76)$$

与 β_4 和 β_5 的关系类似，由式（5-49）和式（5-76）可以得出 $k_5 = k_4$。同第 5.3 节和第 5.4 节中的涂层和基体的应力和位移计算类似，式（5-73）中参数 σ^0 为未知变量。外部载荷为 $\sigma_2^0 = 350\text{MPa}$ 时，$h_c = 9\mu\text{m}/10\mu\text{m}$ 的涂层试样中间层屈服部分已经大于 98%。外部加载应力增大，中间层屈服区增大，当外部载荷 $\sigma^0 = 400\text{MPa}$ 时，中间层已全部屈服。将表 5-2 中的参数、参数 β_5、γ_5 和 k_5 的数值代入式（5-73）和式（5-74）中得到涂层和基体的应力和位移方程中的参数数值，见表 5-8。

表 5-8　本构关系中参数的数值

涂层厚度/μm	β_5	γ_5	k_5	η_3	ε_{x5}^u
10	140.989	82.479	-0.5391	-1.795×10^{-4}	0.0104
9	149.111	87.230	-0.5029	-1.712×10^{-4}	0.0108

将表 5-2 和表 5-8 中的参数和计算出的参数 β_5、γ_5 和 k_5 的数值代入涂层和基体的应力和位移计算方程，得到的涂层和基体的应力和位移表达式为

$$\sigma^c(x,z) = \begin{cases} -12.19\cos(1.4099 - 140.989z)\cosh(82.479x) + 3102.18, & h_c = 10\mu\text{m} \\ -8.521\cos(1.3420 - 149.111z)\cosh(87.230x) + 3221.50, & h_c = 9\mu\text{m} \end{cases}$$
$$(5\text{-}77)$$

$$u^c(x,z) = \begin{cases} -4.955 \times 10^{-7}\cos(1.4099 - 140.989z)\sinh(82.479x) + \\ 0.0104x, \quad h_c = 10\mu\text{m} \\ -3.275 \times 10^{-7}\cos(1.3420 - 149.111z)\sinh(87.230x) + \\ 0.0108x, \quad h_c = 9\mu\text{m} \end{cases}$$
$$(5\text{-}78)$$

$$\sigma^s(x) = \begin{cases} 0.107\cosh(82.479x) + 361.56, & h_c = 10\mu\text{m} \\ 0.0695\cosh(87.230x) + 363.49, & h_c = 9\mu\text{m} \end{cases}$$
$$(5\text{-}79)$$

$$u^s(x) = \begin{cases} 2.671 \times 10^{-7}\sinh(82.479x) + 0.0104x + 8.79 \times 10^{-6}, & h_c = 10\mu\text{m} \\ 1.647 \times 10^{-7}\sinh(87.230x) + 0.0108x + 8.79 \times 10^{-6}, & h_c = 9\mu\text{m} \end{cases}$$
$$(5\text{-}80)$$

由式（5-78）和式（5-80）可得出涂层与基体间界面处涂层和基体的位移关系，如图5-31所示。中间层全部发生屈服，基体的位移大于涂层的位移。随着 x 轴的增大，基体位移增大的趋势明显。

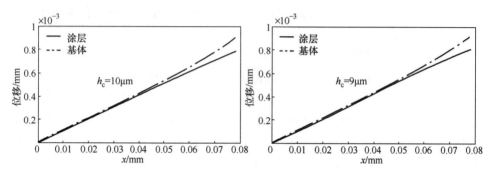

图 5-31　涂层位移与基体位移的关系

图 5-32 所示为涂层位移沿厚度方向上的分布。在边界条件 $x=0.08\mathrm{mm}$，涂层界面位移要大于外部的位移。由式（5-78）可以得到 $h_\mathrm{c}=10\mu\mathrm{m}$ 时，涂层位移 $u^\mathrm{c}(0.08,0)=8.0287\times10^{-4}\mathrm{mm}$、$u^\mathrm{c}(0.08,0.01)=6.5019\times10^{-4}\mathrm{mm}$，涂层界面位移比外部位移高 19.02%。$h_\mathrm{c}=9\mu\mathrm{m}$ 时，涂层位移 $u^\mathrm{c}(0.08,0)=8.2414\times10^{-4}\mathrm{mm}$、$u^\mathrm{c}(0.08,0.01)=6.8826\times10^{-4}\mathrm{mm}$，涂层界面位移比涂层外部位移高 16.48%。$h_\mathrm{c}$ 减小，相应相同坐标下涂层位移减小，涂层界面和外部位移分布的不均匀性减小。

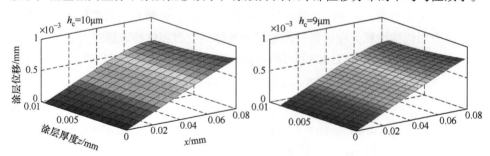

图 5-32　涂层位移沿厚度方向的变化

图 5-33 所示为涂层正应力在厚度方向上的分布。在边界 $x=0.08\mathrm{mm}$ 附近，涂层外部应力出现显著下降。由涂层正应力计算式（5-77）可知，在坐标原点 $x=0$ 处，$h_\mathrm{c}=10\mu\mathrm{m}$ 时，涂层界面和外部正应力为 $\sigma^\mathrm{c}(0,0)=3100\mathrm{MPa}$，$\sigma^\mathrm{c}(0,0.01)=3090\mathrm{MPa}$。$h_\mathrm{c}=9\mu\mathrm{m}$ 时，涂层界面和外部正应力为 $\sigma^\mathrm{c}(0,0)=322\mathrm{MPa}$，$\sigma^\mathrm{c}(0,0.009)=3213\mathrm{MPa}$。上述计算结果说明在远离边界条件 $x=0.08\mathrm{mm}$，涂层界面正应力要高于外部正应力。通过原位观察技术研究了微弧氧化涂层的断裂行

为，发现涂层试样在疲劳破坏过程中首先在界面处起裂，裂纹源位于凹口位置。通过分析中间层全部屈服时涂层正应力在厚度方向的分布，涂层界面正应力略大，并且凹口位置存在应力集中，裂纹极易在界面处萌生。另外，图5-33显示在涂层铝合金端部附近，涂层界面正应力显著大于外部正应力，这也是试样在拉伸过程中裂纹在界面处起裂的主要原因。

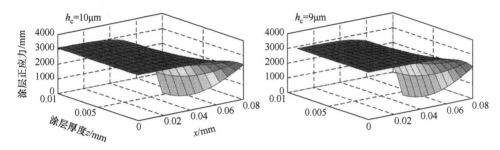

图5-33 涂层正应力沿厚度方向的变化

图5-34所示为基体正应力的变化曲线。在边界条件 $x = 0.08\text{mm}$，基体所承受的正应力与外部应力差别不大。随着横坐标值 x 的减小，基体正应力出现显著下降，这与涂层、中间层和基体都处于弹性阶段的基体正应力的变化趋势（见图5-7）相似。

中间层全部屈服使得涂层界面正应力大于表面正应力，基体应力也明显低于外部载荷，并且在试样两端处涂层表面正应力与界面正应力差明显增大。中间层屈服引起基体应力低于外部载荷，涂层界面正应力增大使得疲劳裂纹在界面处萌生。裂纹在界面萌生后，涂层微缺陷诱导裂纹向涂层内扩展，从而降低了涂层开裂对基体疲劳性能的损伤，这是占空比8%、10%、15%和20%的涂层铝合金疲劳寿命在循环应力 $\sigma_{\max} = 390\text{MPa}$ 下显著增加的主要因素。综上所述，在高应力水平下，中间层全部屈服后，疲劳裂纹易从界面处萌生，从而涂层表面缺陷对基体的疲劳性能的影响较小。

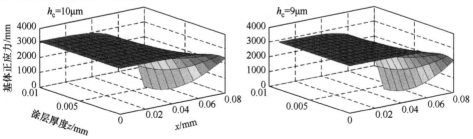

图5-34 基体正应力

5.6 残余应力对力学性能的影响和松弛机理分析

依据图 5-34 的仿真结果，涂层导致基体应力低于外加载荷，涂层试样的抗拉强度应该有大幅度提升，但涂层起裂对基体的损伤不可忽略。裂纹扩展速度是评价涂层裂纹对基体损伤程度的重要参数。裂纹萌生后产生的动能越大，其对基体的损伤程度越大，基体的抗拉强度则有所减小。在微弧氧化涂层制备过程中，微孔的产生不可避免。微弧放电所产生的热量也会引起涂层表面产生裂纹。在外加载荷作用下，涂层微缺陷处容易萌生裂纹，较大外部载荷引起涂层开裂。由图 3-2 可以看出，占空比为 20% 的涂层表面存在较大尺寸裂纹且微孔较少（孔隙率为 4.824%），裂纹在扩展过程中其扩展速度不能被有效抑制，对基体的损伤较大。因此，占空比为 20% 的涂层试样抗拉强度与基体相比并未提高（见表 5-1）。

残余应力影响涂层试样的屈服强度。在第 4.2.3 节指出含微弧氧化涂层的基体表面残余应力影响范围 h 非常小，基体残余压应力使得位错在近界面基体处堆积。根据第 5.3.2 节基体正应力分析，在线弹性区基体正应力要略大于外部正应力，已屈服区的基体正应力低于外部加载应力。涂层存在残余拉应力，中间层则存在残余压应力，使得中间层不能过早发生屈服，线弹性区的基体所承受正应力相对较大。那么，涂层铝合金的屈服强度会降低。然而，中间层在残余压应力作用下不易屈服，涂层试样的屈服强度有所降低，中间层残余拉应力使其过早屈服，导致涂层试样的屈服强度提高。然而，涂层微缺陷处易于萌生裂纹，基体残余拉应力诱导中间层过早屈服并不会显著增加涂层铝合金的屈服强度。表 5-1 中屈服强度的数值也支持了上述结论。

残余应力影响涂层试样的抗拉强度。按照上述分析，残余应力对涂层试样的抗拉强度也有一定的影响。涂层残余拉应力使得裂纹萌生后扩展速度加快，动能增加，其对基体的损伤程度增大，抗拉强度会有所降低。相反，涂层残余压应力使得裂纹在涂层中的扩展速度有所降低。虽然涂层残余压应力诱导基体承受残余拉应力，但由图 5-34 的仿真结果可知，在裂纹起裂处基体正应力显著低于外部拉伸载荷。在裂纹扩展到中间层时，残余应力有所释放。因此，涂层残余压应力并不能对基体造成较大的损伤，反而对涂层试样的抗拉强度提高有利。不同占空比的 7075-T6 铝合金涂层存在残余压应力，涂层铝合金的抗拉强度提升约 0.86%（见表 5-1）。相反，涂层存在残余拉应力，涂层试样抗拉强度降低。需要说明的是图 5-4 显示基体正应力低于外部载荷，涂层残余拉应力并未显著降低涂层铝合金的抗拉强度。然而，涂层存在残余压应力，涂层试样的抗拉强度也有可能降低，这可能是涂层存在较少的微孔，裂纹在脆性涂层的扩展速度并未降低，残余压应力并未减少涂层开裂对基体的损伤。

残余应力影响涂层试样的位移，进而影响伸长率。通过第 5.3.2 节、第 5.4.2 节和第 5.5 节中的图 5-19、图 5-27 和图 5-31 可以看出，中间层屈服使得涂层的位移要小于基体的位移，这可以减小基体的伸长对涂层造成的损伤。此外，涂层微孔和裂纹对涂层试样伸长率的增加有利。涂层残余拉应力不利于中间层屈服，这增加了涂层断裂的概率，减小了涂层试样的伸长率。相反，涂层存在残余压应力，可以使中间层过早发生屈服，减小涂层的位移，有利于涂层试样伸长率的增加。

中间层屈服是残余应力在外加载荷低于屈服强度时松弛的主要原因。在低循环应力水平下，涂层、中间层和基体都处于弹性阶段，涂层与基体的位移变化是相同的。当载荷增大时，涂层和基体发生弹性变形，应力减小时，弹性变形恢复。基体和涂层间的失配应变并不会发生明显变化，涂层残余应力不会发生明显松弛。然而，在高应力循环载荷下，中间层发生塑性变形，减小了涂层和基体间的失配应变，涂层残余应力降低，并且导致涂层的位移小于基体的位移。在涂层铝合金疲劳寿命测试中施加的载荷形式为正弦波，由于中间层在较大载荷下发生了塑性变形，当应力降低时，涂层和基体的变形减小，而高应力水平下导致基体的位移大于涂层的位移，使涂层在恢复变形时承受一定的压应力。涂层受到压应力作用，表面微缺陷发生了变化，即涂层部分裂纹和微孔出现闭合现象。此外，在基体尚未发生屈服前，中间层未屈服部分（见图 5-18）正应力大于外部载荷，基体局部可能产生屈服。因此，在 410MPa 的外加载荷下，在基体和涂层间界面附近观察到了较大的塑性变形区（见图 4-28）。

对于喷丸预处理和厚涂层铝合金，涂层和基体的应力和位移计算方法并不适用。由于较厚涂层存在双层涂层（疏松层和致密层），且厚涂层中很容易产生大尺寸裂纹，涂层缺陷对涂层应力的影响不可忽略。此外，涂层向基体的过度生长较为严重，界面并不能简化成平面。喷丸处理引起基体产生较大的塑性变形且应力分布较为复杂。因此，厚涂层试样或基体经喷丸预处理涂层试样的本构关系，需要进一步研究。

5.7　本章小结

构建了微弧氧化涂层铝合金的应力和位移计算方程，分析了中间层和基体处于弹性阶段、中间层部分屈服和基体处于弹性阶段、中间层部分屈服和基体屈服、中间层和基体全部屈服的应力和位移的变化规律，并揭示了涂层铝合金的疲劳失效机理，主要结论如下：

1）构建了涂层铝合金在线弹性和弹塑性范围的应力和位移计算方程，分析了应力和位移。当涂层-基体系统在弹性范围内时，涂层厚度对应力和位移系数的影响较小，涂层与基体的位移相同，且涂层正应力在厚度方向分布较为均匀，疲劳裂纹容易在涂层或者界面应力集中部位萌生。中间层屈服导致涂层的位移低于基体的位移。在中间层未屈服区，涂层表面应力大于界面应力，并且 $10\mu m$ 的涂层表面应力大于其他较薄涂层表面应力。因此，裂纹易于在涂层表面萌生，涂层缺陷显著影响基体的疲劳性能，并且厚涂层铝合金的疲劳性能较差。随着应力水平的增大，中间层未屈服区占比减小，屈服区涂层应力分布较为均匀，涂层表面缺陷对基体疲劳性能的影响减弱。

2）当基体屈服时，分析了涂层铝合金的应力和位移。基体屈服改变了涂层应力和位移，导致涂层应力和位移在厚度方向分布不均匀。涂层厚度增加，中间层屈服百分比增加。在中间层未屈服区，涂层厚度的增加使涂层表面应力增加，诱导涂层表面大尺寸裂纹开裂，对基体疲劳性能不利，这是占空比为 20% 的涂层 2024-T3 铝合金在 350MPa 循环应力下疲劳寿命明显降低的主要原因。

3）中间层和基体都处于塑性阶段，涂层和基体的应力和位移具有和涂层-基体系统处于线弹性区相似的变化规律。厚涂层铝合金的中间层首先完全屈服。在涂层界面的应力要大于表面应力，涂层表面缺陷不再是影响基体疲劳性能的主要因素，这为通过原位技术观察到裂纹从界面起裂现象提供了理论基础。此外，通过对基体应力进行分析，得到基体的应力明显低于外加载荷，这是不同占空比的涂层 2024-T3 铝合金疲劳寿命显著增加的一个重要原因。

4）基于涂层铝合金的应力和位移分析，讨论了残余应力松弛机理，分析了残余应力对涂层铝合金力学性能的影响。涂层残余压应力有利于涂层铝合金力学性能的提高，但涂层微缺陷导致涂层铝合金的力学性能并未显著增加。根据涂层和基体的位移仿真分析，发现中间层屈服是残余应力松弛的根本原因。中间层屈服导致涂层和基体间的失配应变减小，残余应力出现松弛，引起涂层表面裂纹的闭合和微孔消失。

参 考 文 献

[1] TENG M, HAO X D, LI Y. Effects of plasma microarc oxidation on mechanical properties of aluminum alloys [J]. Transactions of Nonferrous Metals Society of China, 2005 (S3): 407-410.

[2] CLYNE T W, TROUGHTON S C. A review of recent work on discharge characteristics during plasma electrolytic oxidation of various metals [J]. International Materials Reviews, 2019, 64: 127-162.

[3] DAI W B, ZHANG C, WANG Z Y, et al. Constitutive relations of micro-arc oxidation coated aluminum alloy [J]. Surface & Coatings Technology, 2021, 420: 127328.

［4］ DAI W B, LI Q, GUO C G, et al. Effect of micro-arc oxidation coating defects on fatigue proper-
ty of Al alloy substrate ［J］. Journal of Materials Research and Technology, 2022, 20:
2479-2488.

［5］ CHEN F L, HE X, PRIETO-MUñOZ P A, et al. Opening-mode fractures of a brittle coating
bonded to an elasto-plastic substrate ［J］. International Journal of Plasticity, 2015, 67:
171-191.

［6］ KRISHNA L R, MADHAVI Y, SAHITHI T, et al. Influence of prior shot peening variables on
the fatigue life of micro arc oxidation coated 6061-T6 Al alloy ［J］. International Journal of Fa-
tigue, 2018, 106: 165-174.

［7］ VEYS-RENAUX D, ROCCA E. Initial stages of multi-phased aluminium alloys anodizing by
MAO: micro-arc conditions and electrochemical behaviour ［J］. Journal of Solid State Electro-
chemistry, 2015, 19: 3121-3129.

［8］ WANG Y, LU D H, WU G L, et al. Effect of laser surface remelting pretreatment with different
energy density on MAO bioceramic coating ［J］. Surface & Coatings Technology, 2020, 393.

［9］ HUANG H J, WEI X W, YANG J X, et al. Influence of surface micro grooving pretreatment on
MAO process of aluminum alloy ［J］. Applied Surface Science, 2016, 389: 1175-1181.

［10］ ZOU Y C, WANG Y M, WEI D Q, et al. In-situ SEM analysis of brittle plasma electrolytic oxi-
dation coating bonded to plastic aluminum substrate: Microstructure and fracture behaviors ［J］.
Materials Characterization, 2019, 156: 109851.

［11］ GUO T, CHEN Y M, CAO R H, et al. Cleavage cracking of ductile-metal substrates induced by
brittle coating fracture ［J］. Acta Materialia, 2018, 152: 77-85.

第6章 铝合金微弧氧化疲劳性能优化方法

微弧氧化涂层对铝合金性能的影响是一把双刃剑,涂覆涂层的铝合金结构件表面性能显著提升,而其疲劳性能差且疲劳寿命难控制是微弧氧化技术发展的痛点问题。因此,涂层铝合金疲劳性能优化是微弧氧化技术研究的热点。本书第3~5章研究了涂层影响基体疲劳性能的因素,从微观结构表征和应力分析两个方面阐明了微缺陷与残余应力在疲劳失效中的耦合作用,揭示了微缺陷和残余应力对疲劳寿命的损伤机制。本章重点阐述涂层铝合金疲劳劣化机理,进而提出优化疲劳寿命的可行途径。

6.1 铝合金微弧氧化疲劳劣化机理

物理结构缺陷的存在是微弧氧化涂层铝合金的共性问题。微孔、裂纹和界面缺陷是疲劳裂纹萌生源,残余应力影响疲劳裂纹萌生机率和扩展速率,外加载荷影响涂层应力分布和残余应力稳定性,致使裂纹萌生源难以确定。关于微弧氧化涂层对铝合金基体疲劳性能的影响分析,可以得出以下重要结论:

1) 外加载荷影响微弧氧化涂层应力在厚度方向分布。随着外加载荷的增加,中间层屈服区比例增大,未屈服区的涂层应力从涂层与基体间的界面向表面增大,屈服区涂层应力分布较为均匀。疲劳裂纹易萌生于未屈服区涂层表面缺陷。

2) 残余应力不利于微弧氧化涂层铝合金疲劳寿命的提高。微缺陷处的应力集中以及涂层与基体的残余拉应力导致疲劳裂纹过早萌生,而涂层残余压应力和基体残余拉应力对微弧氧化涂层铝合金疲劳性能的影响存在竞争关系。

3) 外加载荷和残余应力诱导中间层屈服区比例变化,这是影响疲劳裂纹萌生的关键问题。在低循环应力条件下,基体残余压应力引起中间层屈服区比例降低,并且相应涂层存在残余拉应力,导致裂纹易在含多微缺陷的涂层萌生。

4) 高循环应力诱发的残余应力松弛弱化了物理结构缺陷对涂层铝合金疲劳性能的耦合作用,这是微缺陷显著影响基体高周疲劳,而对低周疲劳影响较小的主要因素,但高幅值应力引起的涂层开裂对基体的损伤是基体疲劳性能劣化的关键。

5) 疲劳裂纹萌生于涂层与基体间的界面,或存在残余拉应力的涂层会严重损伤基体的疲劳性能。萌生于界面的疲劳裂纹较易进入基体,损伤基体的疲劳性能；而涂层残余拉应力加快了裂纹在涂层扩展速率，涂层开裂诱发的基体损伤增大。

图 6-1 所示为微弧氧化涂层物理结构缺陷对铝合金疲劳寿命的损伤机制模型。在低循环应力下，残余应力不会出现显著松弛。涂层微孔、裂纹、界面缺陷和残余应力对涂层铝合金的疲劳性能有耦合作用。此外，中间层屈服区较小，在涂层铝合金大部分区域，涂层表面应力大于界面应力。分析物理结构缺陷对基体疲劳寿命的影响，残余应力性质和界面缺陷引起的应力集中是评价涂层微孔和裂纹致基体疲劳损伤的关键因素。

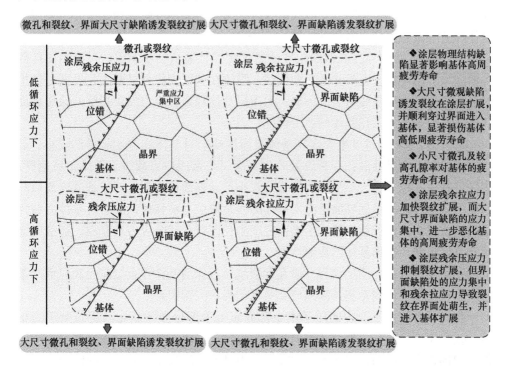

图 6-1　微弧氧化涂层物理结构缺陷对铝合金疲劳寿命的损伤机制模型

微弧氧化涂层存在残余拉应力时，疲劳裂纹萌生位置有含微孔和裂纹的涂层表面、界面严重过度生长区及基体表面微缺陷。疲劳裂纹萌生于涂层表面微孔和裂纹时，涂层对基体疲劳寿命的损伤有以下两种情况。

1）严重界面过度生长致使基体疲劳劣化。过度生长区部分的涂层表面存在较大尺寸微孔和裂纹，裂纹在涂层表面过早萌生，涂层残余拉应力加快裂纹扩展速率。界面过度生长区处应力集中诱导涂层裂纹跨过界面向基体扩展，严重损伤基体的疲劳性能。

2）小尺寸界面过度生长区或基体表面微缺陷损伤基体疲劳性能。裂纹在涂层表面微孔和裂纹处萌生，并在残余拉应力作用下快速扩展至基体。涂层裂纹跨过界面进入基体的难易程度取决于基体表面特性和涂层开裂对基体的损伤程度。然而，疲劳裂纹萌生于界面严重过度生长区时，涂层残余拉应力加快裂纹在涂层扩展速度，涂层微缺陷对基体疲劳性能的影响较小，而近涂层基体残余压应力被迅速释放，涂层裂纹跨过界面进入基体。

基于上述分析，残余拉应力和界面严重过度生长是涂层致基体高周疲劳劣化的关键因素之一。

微弧氧化涂层存在残余压应力时，疲劳裂纹萌生位置是含有大尺寸微孔和裂纹的涂层表面及界面缺陷处。疲劳裂纹萌生于涂层大尺寸微孔和裂纹时，涂层对基体疲劳寿命的损伤也有两种情况。

1）严重界面过度生长微缺陷致使基体疲劳性能进一步恶化。过度生长区部分的涂层表面存在较大尺寸微孔和裂纹，裂纹在涂层表面过早萌生，界面过度生长区处应力集中诱发疲劳裂纹形成，近涂层基体残余拉应力加快裂纹向涂层表面和基体扩展，严重恶化基体的疲劳性能。

2）小尺寸界面过度生长区或基体表面微缺陷对基体疲劳性能损伤较小。裂纹在涂层表面大尺寸微孔和裂纹处萌生，涂层残余压应力减缓了裂纹扩展速度，近涂层基体残余拉应力不足以诱发裂纹在小尺寸界面过度生长区或基体表面微缺陷萌生，且裂纹扩展到界面近涂层基体的残余拉应力被释放，涂层对基体疲劳性能的损伤较小。疲劳裂纹萌生于界面过度生长区时，残余应力被释放，裂纹向涂层和基体扩展，损伤基体的疲劳性能。

基于上述分析，涂层大尺寸微孔和裂纹、近涂层基体残余拉应力和界面严重过度生长的耦合作用是基体高周疲劳劣化的另一关键因素。

在高循环应力下，中间层基本全部屈服，大部分微弧氧化涂层残余应力松弛。残余应力、微孔、裂纹和界面过度生长及基体表面微缺陷对涂层铝合金疲劳性能的耦合作用减弱，但涂层界面涂层应力高于涂层表面，导致微缺陷对涂层铝合金低周疲劳性能的影响较为复杂。大尺寸微孔和裂纹以及界面过度生长区或基体表面微缺陷是疲劳裂纹萌生源。

1）疲劳裂纹萌生于大尺寸微孔和裂纹的涂层表面。在高循环应力下萌生的裂纹快速扩展，导致涂层开裂，损伤涂层与基体间的界面，故涂层开裂对基体的损伤程度是评估涂层影响基体疲劳寿命的关键指标。大尺寸微孔和裂纹诱发涂层裂纹快速扩展，界面严重过度生长会诱导涂层裂纹跨过界面进入基体扩展，严重损伤基体的疲劳性能。

2）疲劳裂纹萌生于界面过度生长区或基体表面微缺陷。裂纹在界面处萌生，迅速向涂层表面和基体扩展，涂层开裂对基体的损伤较小，而裂纹向基体扩展速率是涂层影响基体疲劳寿命的关键。然而，界面严重过度生长诱发的应力集中导致疲劳裂纹过早萌生，并向基体快速扩展，导致基体疲劳性能恶化。

基于以上分析，大尺寸微孔和裂纹以及界面严重过度生长是涂层致基体低周疲劳劣化的关键因素。

6.2　铝合金微弧氧化疲劳寿命优化方法

大尺寸微孔和裂纹、残余拉应力和严重的涂层向基体过度生长是微弧氧化涂层损伤基体疲劳性能的关键因素，且影响因素间的耦合作用是微弧氧化涂层铝合金疲劳劣化的关键问题。以微弧氧化涂层 2024-T3 铝合金和 7075-T6 铝合金为研究对象，基于剪滞模型，将微孔和残余应力以孔隙率和界面应变差的形式引入无缺陷微弧氧化涂层-铝合金系统的本构模型，获得孔隙率、基体弹性模量和涂层厚度以及残余应力对涂层应力的影响，如图 6-2 所示。基体弹性模量、涂层孔隙率、厚度和残余压应力与涂层应力呈负相关，而涂层残余拉应力与涂层应力呈正相关。因此，调控涂层形成细小微孔，提高涂层孔隙率和厚度，有助于涂层残余压应力的产生，避免大尺寸过度生长区生成，进而减小涂层应力，延长裂纹萌生周期，抑制涂层裂纹跨界面扩展，提升铝合金微弧氧化的疲劳寿命。此外，通过机械预处理方法，提高基体表面弹性模量，可以降低涂层应力，这是喷丸、超声表面滚压和等径弯曲通道挤压能提升金属微弧氧化疲劳寿命的另一重要因素。图 6-2所示的仿真结果为铝合金微弧氧化疲劳寿命优化提供了重要的理论指导。

基于物理结构缺陷对微弧氧化涂层铝合金疲劳寿命的耦合机制分析，减少涂层缺陷、弱化残余应力与缺陷耦合作用和抑制涂层裂纹向基体扩展是优化铝合金微弧氧化疲劳寿命的关键。减小涂层微孔和裂纹的尺寸，避免涂层严重过度生长到基体，同时诱导残余压应力产生于涂层，是减少涂层缺陷、弱化残余应力与缺陷耦合作用的重要途径。诱导基体表面产生较深残余压应力区，细化基体表面晶粒尺寸，提高基体的抗疲劳性能是抑制涂层裂纹向基体扩展的重要方法。

基于优化铝合金微弧氧化疲劳寿命的理论方法分析，提出涂层制备工艺参数和微弧氧化工艺参数优化的疲劳寿命优化可行方案，如图 6-3 所示。

微弧氧化涂层微孔、裂纹和过度生长区尺寸的大小与微弧放电能量有关。在局部发生强微弧放电的位置形成的微孔和过生长区尺寸较大。同时，微弧放电产生大量的热导致涂层和基体间失配应力增加，微孔周围出现大尺寸裂纹，残余应力幅值也较大。因此，降低局部微弧放电强度有利于抑制大尺寸微孔、裂纹和过度生长区的形成，并降低残余应力幅值。基于避免较强微弧放电强度，采用双极脉冲电源，调控电参数和电解液成分有利于提高微弧氧化涂层铝合金的疲劳性

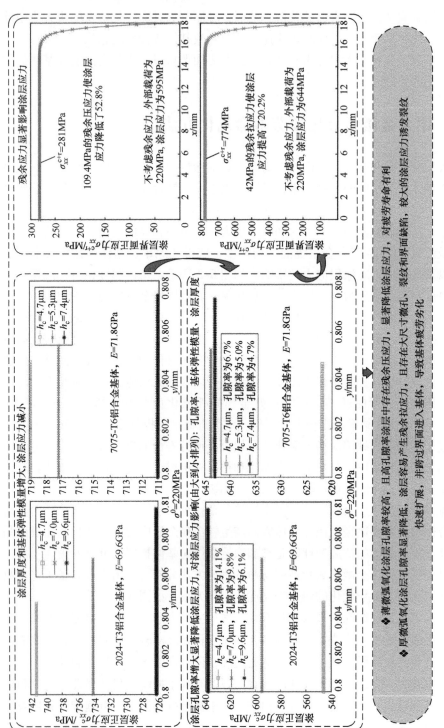

图 6-2 微弧氧化涂层孔隙率、厚度、残余应力及基体弹性模量对涂层应力的影响

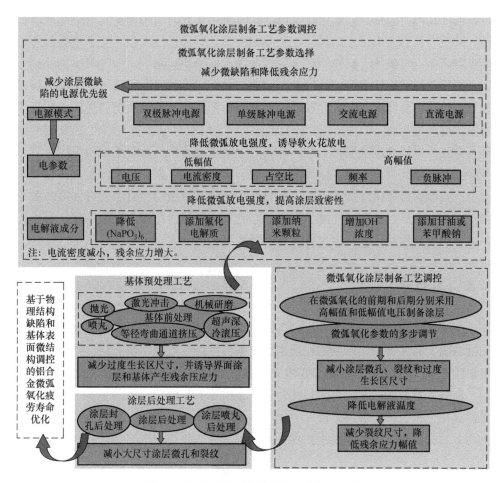

图 6-3　铝合金微弧氧化疲劳性能优化方法

能。双极脉冲电源、低电压、低占空比和高频率有助于减少涂层微孔、裂纹、过度生长区和残余应力。负脉冲引发软火花放电，有助于形成致密涂层。不过，低电流密度有助于减少微缺陷，但涂层产生较大残余应力。调控涂层制备工艺参数，可以减少微缺陷的产生，降低微孔、裂纹和界面过度生长区尺寸及残余应力幅值。然而，影响残余应力性质的因素有电参数、电解液成分、基体和氧化时间，且残余应力也呈现动态多变特性，故残余应力性质调控仍需要进行大量研究。

通过调控涂层制备参数可以控制微缺陷，但基于设计目标的残余应力性质控制尚不可行，导致铝合金微弧氧化疲劳寿命优化存在不确定性。因此，基于微弧氧化工艺优化的铝合金疲劳寿命提升方法也备受关注，是当前铝合金微弧氧化疲劳性能优化的研究热点。基体预处理、微弧氧化参数的多步调节、电解液温度控制和涂层后处理可以减少大尺寸微缺陷的产生，并在近界面涂层和基体诱发残余压应力产生。电抛光、机械研磨、等径弯曲通道挤压和超声波深冷滚压预处理可以降低基体表面粗糙度值，且经激光冲击、喷丸、机械研磨和超声波深冷滚压工艺处理的界面基体和涂层均存在残余压应力。基体表面粗糙度值的降低也提高了微弧放电的均匀性。随后，采用多步法调节微弧氧化电参数，有利于涂层的形成，减少微缺陷和残余应力。同时，调节电解液温度，提高涂层冷却速度可以避免涂层与基体间失配应力急剧增大。由此，涂层微孔、裂纹和过度生长区尺寸减小，且残余应力幅值降低。最后，利用环氧树脂密封涂层和对涂层进行喷丸后处理；以提高涂层的致密性，减少涂层的微孔和裂纹。通过优化涂层物理结构缺陷和基体表面微结构工艺，可实现铝合金微弧氧化疲劳寿命提升目标。

6.3　本章小结

微弧氧化涂层大尺寸微孔、裂纹、界面缺陷和残余拉应力是基体疲劳劣化的关键缺陷，而关键缺陷间的耦合作用导致基体疲劳性能进一步恶化。抑制大尺寸微缺陷产生，诱导界面涂层和基体产生残余压应力，进而削弱关键缺陷耦合作用，延迟涂层裂纹向基体扩展是优化铝合金微弧氧化疲劳性能的基本思想。调控微弧氧化工艺，减小微缺陷尺寸和残余应力幅值，诱导界面涂层和基体残余压应力产生，抑制涂层裂纹跨界面扩展，从而提高微弧氧化涂层铝合金的疲劳寿命。

参 考 文 献

[1] ZHANG X, ALIASGHARI S, NEMCOVA A, et al. X-ray computed tomographic investigation of the porosity and morphology of plasma electrolytic oxidation coatings [J]. Acs Applied Materials & Interfaces, 2016, 8: 8801-8810.

[2] DAI W B, ZHANG C, YUE H T, et al. A review on the fatigue performance of micro-arc oxidation coated Al alloys with micro-defects and residual stress [J]. Journal of Materials Research and Technology, 2023, 25: 4554-4581.

[3] LI H, ZHANG J, WU S, et al. Micro-defect characterization and growth mechanism of plasma electrolytic oxidation coating on 6082-T6 alloy [J]. Materials Characterization, 2023, 199: 112777.

[4] WANG S X, LIU X H, YIN X L, et al. Influence of electrolyte components on the microstructure and growth mechanism of plasma electrolytic oxidation coatings on 1060 aluminum alloy [J]. Surface & Coatings Technology, 2020, 381: 125214.

［5］ZHANG J Z, DAI W B, WANG X S, et al. Micro-arc oxidation of Al alloys: mechanism, microstructure, surface properties, and fatigue damage behavior [J]. Journal of Materials Research and Technology, 2023, 23: 4307-4333.

［6］WANG X M, ZHANG F Q. Effects of soft sparking on micro/nano structure and bioactive components of microarc oxidation coatings on selective laser melted Ti6Al4V alloy [J]. Surface & Coatings Technology, 2023, 462: 129478.

［7］HAKIMIZAD A, RAEISSI K, SANTAMARIA M, et al. Effects of pulse current mode on plasma electrolytic oxidation of 7075 Al in Na_2WO_4 containing solution: From unipolar to soft-sparking regime [J]. Electrochimica Acta, 2018, 284: 618-629.

［8］ROGOV A B, NEMCOVA A, HASHIMOTO T, et al. Analysis of electrical response, gas evolution and coating morphology during transition to soft sparking PEO of Al [J]. Surface & Coatings Technology, 2022, 442: 128142.

［9］HAN W, FANG F Z. Fundamental aspects and recent developments in electropolishing [J]. International Journal of Machine Tools and Manufacture, 2019, 139: 1-23.

［10］HUANG H, LI X, MU D, et al. Science and art of ductile grinding of brittle solids [J]. International Journal of Machine Tools and Manufacture, 2021, 161: 103675.

［11］WU J, ZUO Z Y, GENG J W, et al. The effects of stress ultrasonic rolling on the surface integrity and fatigue properties of TiB2/7050 Al composite [J]. Journal of Manufacturing Processes, 2024, 118: 315-330.

［12］CHEN D S, MAO X Q, OU M G, et al. Mechanical properties of gradient structured copper obtained by ultrasonic surface rolling [J]. Surface & Coatings Technology, 2022, 431: 128031.

［13］AO N, LIU D X, ZHANG X H, et al. Enhanced fatigue performance of modified plasma electrolytic oxidation coated Ti-6Al-4V alloy: effect of residual stress and gradient nanostructure [J]. Applied Surface Science, 2019, 489: 595-607.

［14］SHI H L, LIU D X, JIA T Y, et al. Effect of the ultrasonic surface rolling process and plasma electrolytic oxidation on the hot salt corrosion fatigue behavior of TC11 alloy [J]. International Journal of Fatigue, 2023, 168: 107443.

［15］WANG J, HUANG S, HUANG H J, et al. Effect of micro-groove on microstructure and performance of MAO ceramic coating fabricated on the surface of aluminum alloy [J]. Journal of Alloys and Compounds, 2019, 777: 94-101.

［16］HUANG H J, WEI X W, YANG J X, et al. Influence of surface micro grooving pretreatment on MAO process of aluminum alloy [J]. Applied Surface Science, 2016, 389: 1175-1181.

［17］DAI W B, LI C Y, HE D, et al. Mechanism of residual stress and surface roughness of substrate on fatigue behavior of micro-arc oxidation coated AA7075-T6 alloy [J]. Surface & Coatings Technology, 2019, 380: 125014.

［18］LIU S Q, QI Y M, PENG Z J, et al. A chemical-free sealing method for micro-arc oxidation coatings on AZ31 Mg alloy [J]. Surface & Coatings Technology, 2021, 406: 126655.

[19] CHU C L, HAN X, XUE F, et al. Effects of sealing treatment on corrosion resistance and degradation behavior of micro-arc oxidized magnesium alloy wires [J]. Applied Surface Science, 2013, 271: 271-275.

[20] ZHANG C, GUO C G, DAI W B, et al. Effects of coating porosity, thickness and residual stress on stress and fatigue behavior of micro-arc oxidation coated aero Al alloys [J]. Journal of Materials Research and Technology, 2024, 31: 4139-4152.

附　　录

本部分给出近涂层基体和基体处于弹性阶段、近涂层基体部分屈服和基体处于弹性阶段、近涂层基体部分屈服和基体屈服、近涂层基体和基体全部屈服的微弧氧化涂层铝合金的本构关系推导过程。

附录 A　线弹性阶段的本构关系

在线弹性区，涂层、基体和中间层在外加载荷 σ^0 的作用下，均未发生屈服，均处于弹性阶段。

A.1　涂层的本构关系

由前面对涂层和界面的假设可知，在一定的微弧氧化工艺参数下，涂层厚度沿 x 轴方向均匀分布，并且我们假设在加载方向上平行于试样表面的同一平面上的所有点将保持在同一平面上，因此认为 w 是与 x 无关的变量，即

$$\frac{\partial w}{\partial x} = 0 \tag{A-1}$$

式中，w 是在 z 轴上陶瓷涂层的厚度。由于本书的涂层（$\nu = 0.24$）与铝合金（$\nu = 0.33$）的泊松比存在差异，在图 5-2 中垂直与纸面方向会产生第三方向的应力。然而，由于两者泊松比的差异带来的第三个方向的应力较小，与其他两个方向的应力不属于同一量级，因此力学模型可以简化为平面问题。根据应力与位移之间的关系，涂层的正应力 σ_x^c 和切应力 τ_{xz}^c 可以表示为

$$\sigma_x^c = \frac{E^c}{(1+\nu^c)(1-2\nu^c)}\left[(1-\nu^c)\frac{\partial u^c}{\partial x} + \nu^c \frac{\partial w^c}{\partial z}\right] \tag{A-2}$$

$$\tau_{xz}^c = \frac{E^c}{2(1+\nu^c)}\frac{\partial u^c}{\partial z} \tag{A-3}$$

式中，E^c 和 ν^c 分别是涂层的弹性模量和泊松比；u^c 是涂层在 x 轴方向的位移。涂层的表面存在微孔和热裂纹等微缺陷，在涂层与基体间界面处存在过度生长区，微缺陷和过度生长区极易成为疲劳裂纹的萌生源。在轴向（x 方向）拉伸载荷的作用下，分析涂层在 x 方向的正应力对于揭示涂层试样的疲劳失效机理具有重要意义。以下对涂层在 x 方向的力平衡方程进行分析。

发生变形后的涂层在 x 方向的力平衡方程为

$$\frac{\partial \sigma_x^c}{\partial x} + \frac{\partial \tau_{yx}^c}{\partial y} + \frac{\partial \tau_{zx}^c}{\partial z} + F_x = 0 \tag{A-4}$$

由于 8%、10%、15% 和 20% 占空比下的涂层厚度为 $5 \sim 10\mu m$，涂层较薄，按照涂层最大尺寸长、宽和厚分别为 36mm、18mm、$10\mu m$，那么涂层的质量为 0.021g，因此可以忽略涂层中的体力，即式（A-4）中 $F_x = 0$。本章所应用的力学模型属于剪滞模型，即断开的每块涂层与基体之间的应力经由它们的界面来传递。外加载荷在基体中的横截面方向均匀分布，可以认为涂层中的切应变 $\gamma_{xy} = 0$，则有 $\tau_{yx} = \tau_{xy} = 0$。涂层在 x 轴方向的力平衡关系式（A-4）可改写为

$$\frac{\partial \sigma_x^c}{\partial x} + \frac{\partial \tau_{zx}^c}{\partial z} = 0 \tag{A-5}$$

对式（A-2）和式（A-3）分别对 x 和 z 求导，代入式（A-5）得

$$\frac{E^c}{(1+\nu^c)(1-2\nu^c)}(1-\nu^c)\frac{\partial^2 u^c}{\partial x^2} + \frac{E^c}{2(1+\nu^c)}\frac{\partial^2 u^c}{\partial z^2} = 0 \tag{A-6}$$

需要说明的是在图 5-2 中假设涂层的厚度是均匀的，因此 $\frac{\partial^2 w}{\partial z \partial x} = 0$。对式（A-6）进行整理得

$$\frac{1-\nu^c}{1-2\nu^c}\frac{\partial^2 u^c}{\partial x^2} + \frac{1}{2}\frac{\partial^2 u^c}{\partial z^2} = 0 \tag{A-7}$$

对式（A-7）采用分离变量法，设定了如下的通解形式

$$u^c(x,z) = X(x)Z(z) + \varepsilon_x^u x \tag{A-8}$$

将式（A-8）分别对 x 和 z 求二阶偏导数，代入式（A-7），分离变量得到

$$\frac{X''}{X} = -\frac{1-2\nu^c}{2(1-\nu^c)}\frac{Z''}{Z} = c^2 \tag{A-9}$$

求解二阶常系数线性微分方程（A-9）得到了涂层的位移表达式

$$u^c(x,z) = [\alpha_1 \sin(\beta z) + \alpha_2 \cos(\beta z)][\alpha_3 \sinh(\gamma x) + \alpha_4 \cosh(\gamma x)] + \varepsilon_x^u x \tag{A-10}$$

其中 α_i（$i = 1$、2、3、4）是待定系数，$\beta = \sqrt{-\theta c^2}$，$\theta = -(1-2\nu^c)/(2-2\nu^c)$，$\gamma = \sqrt{c^2}$，$\varepsilon_x^u$ 是静拉应力下产生的均匀应变。根据 β 和 γ 的表达式相差一个 $(1-2\nu^c)/2(1-\nu^c)$ 系数，因此可得出如下关系式

$$\gamma = \theta\beta \tag{A-11}$$

其中 $\theta = \sqrt{(1-2\nu^c)/(2-2\nu^c)}$。

如图 5-2 所示，涂层关于 z 轴（$x = 0$）对称，在外部拉应力 σ^0 的作用下，产生如下边界条件

$$u^c \big|_{x=0} = 0 \tag{A-12}$$

将 $x = 0$ 代入式（A-10）可推导出 $\alpha_4 = 0$，式（A-10）可写为

$$u^c(x,z) = [\alpha_1 \sin(\beta z) + \alpha_2 \cos(\beta z)]\alpha_3 \sinh(\gamma x) + \varepsilon_x^u x \tag{A-13}$$

在 $w = h_c$ 时涂层的表面处于自由状态，可以得出如下边界条件

$$\tau_{xz}^c \big|_{z=h_c} = 0 \tag{A-14}$$

结合式（A-3）和式（A-13）可以得出

$$\tau_{xz}^c \big|_{z=h_c} = \frac{E^c}{2(1+\nu^c)}[\alpha_1 \beta \cos(\beta h_c) - \alpha_2 \beta \sin(\beta h_c)]\alpha_3 \sinh(\gamma x) \tag{A-15}$$

根据边界条件式（A-14）可得出

$$\alpha_1 = \alpha_2 \sin(\beta h_c)/\cos(\beta h_c) \tag{A-16}$$

将式（A-16）代入式（A-13），整理后得

$$u^c(x,z) = \frac{\alpha_2}{\cos(\beta h_c)}[\sin(\beta h_c)\sin(\beta z) + \cos(\beta z)\cos(\beta h_c)]\alpha_3 \sinh(\gamma x) + \varepsilon_x^u x \tag{A-17}$$

利用三角函数的积化和差公式化简式（A-17）得

$$u^c(x,z) = \frac{\alpha_2 \alpha_3}{\cos(\beta h_c)}\cos(\beta h_c - \beta z)\sinh(\gamma x) + \varepsilon_x^u x \tag{A-18}$$

设 $\eta = (\alpha_2 \alpha_3)/\cos(\beta h_c)$，则

$$u^c(x,z) = \eta \cos(\beta h_c - \beta z)\sinh(\gamma x) + \varepsilon_x^u x \tag{A-19}$$

由式（A-3）和式（A-19）得涂层中的切应力为

$$\tau_{xz}^c = \frac{E^c}{2(1+\nu^c)}[\eta \beta \sin(\beta h_c - \beta z)\sinh(\gamma x)] \tag{A-20}$$

由 $G^c = E^c/2(1+\nu^c)$，式（A-20）可写为

$$\tau_{xz}^c = G^c \eta \beta \sin(\beta h_c - \beta z)\sinh(\gamma x) \tag{A-21}$$

由式（A-2）和式（A-19）得涂层中的正应力为

$$\sigma_x^c = \varphi^c E^c[\gamma \eta \cos(\beta h_c - \beta z)\cosh(\gamma x) + \varepsilon_x^u] \tag{A-22}$$

其中 $\varphi^c = (1-\nu^c)/[(1+\nu^c)(1-2\nu^c)]$。

A.2　近涂层基体的本构关系

如图 5-2 所示，涂层与基体的界面已假设相对光滑，近涂层基体的厚度 h_1 相对均匀，并且应变在整个近涂层基体厚度上均匀分布。在弹性阶段，近涂层基体的应力关系可表示为

$$\tau_{xz}^I(x) = G_1^I \gamma_{xz}^I(x) \tag{A-23}$$

其中 $\tau_{xz}^{\mathrm{I}}(x)$ 和 $\gamma_{xz}^{\mathrm{I}}(x)$ 分别是近涂层基体的切应力和应变。G_1^{I} 是近涂层基体的弹性切应变。利用在涂层与基体间的界面处（$w=0$）的切应力连续条件 $\tau_{xz}^{\mathrm{c}}=\tau_{xz}^{\mathrm{I}}$，可以将近涂层基体的切应变写成

$$\gamma_{xz}^{\mathrm{I}}(x)=G^{\mathrm{c}}\eta\beta\sin(\beta h_{\mathrm{c}})\sinh(\gamma x)/G_1^{\mathrm{I}} \tag{A-24}$$

如图 A-1 所示，考虑涂层与近涂层基体间的界面及近涂层基体与基体间界面的位移连续性，基体位移、涂层在界面处的位移和中间层的位移关系式可表示为

$$u^{\mathrm{s}}(x)=u^{\mathrm{c}}(x,0)-h_1\gamma_{xz}^{\mathrm{I}}(x) \tag{A-25}$$

将式（A-19）和式（A-24）代入式（A-25），可得出基体的位移 $u^{\mathrm{s}}(x)$ 为

$$u^{\mathrm{s}}(x)=\left[-\frac{G^{\mathrm{c}}}{G_1^{\mathrm{I}}}\beta h_1\sin(\beta h_{\mathrm{c}})+\cos(\beta h_{\mathrm{c}})\right]\eta\sinh(\gamma x)+\varepsilon_x^u x \tag{A-26}$$

设 $k_1=-\dfrac{G^{\mathrm{c}}}{G_1^{\mathrm{I}}}\beta h_1\sin(\beta h_{\mathrm{c}})+\cos(\beta h_{\mathrm{c}})$，则式（A-26）可写为

$$u^{\mathrm{s}}(x)=k_1\eta\sinh(\gamma x)+\varepsilon_x^u x \tag{A-27}$$

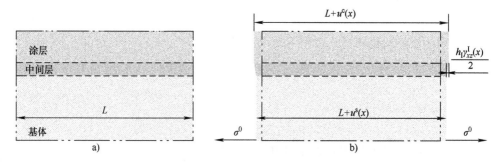

图 A-1　应力 σ^0 作用下涂层试样的位移变化

a）未受力状态　b）外力 σ^0 作用下的位移

A.3　基体的本构关系

由于涂层的厚度（见表 3-1）和近涂层基体的厚度远小于基体厚度（1.6mm），可以认为外界拉应力在基体内部是均匀分布的，基体受外部拉应力和近涂层基体切应力的作用。因此，根据力的平衡得到如下关系式

$$\left(\frac{h_{\mathrm{s}}}{2}-h_{\mathrm{I}}\right)\frac{\mathrm{d}}{\mathrm{d}x}\sigma^{\mathrm{s}}(x)+\tau_{xz}^{\mathrm{I}}(x)=0 \tag{A-28}$$

其中 $\sigma^{\mathrm{s}}(x)$ 是基体所受到的拉应力。根据胡克定律，线弹性阶段基体的应力方程为

$$\sigma^{\mathrm{s}}(x)=E_1^{\mathrm{s}}\varepsilon^{\mathrm{s}}(x) \tag{A-29}$$

其中 E_1^{s} 是基体的弹性模量，这里 $E_1^{\mathrm{s}}=74\mathrm{GPa}$（见表 5-1）。$\varepsilon^{\mathrm{s}}(x)$ 是基体中的拉

应变，根据弹性力学中小变形假设，基体应变 $\varepsilon^s(x)$ 和位移 $u^s(x)$ 的关系为

$$\varepsilon^s(x) = \frac{\mathrm{d}u^s(x)}{\mathrm{d}x} \tag{A-30}$$

由式（A-27）、式（A-29）和式（A-30）可知基体的拉应力 $\sigma^s(x)$ 的计算公式为

$$\sigma^s(x) = E_1^s \left[k_1 \eta\gamma\cosh(\gamma x) + \varepsilon_x^u \right] \tag{A-31}$$

由式（A-23）和式（A-24）可知近涂层基体内的切应力 τ_{xz}^I 的计算公式为

$$\tau_{xz}^I(x) = G^c \eta\beta\sin(\beta h_c)\sinh(\gamma x) \tag{A-32}$$

将式（A-31）和式（A-32）代入基体的平衡方程（A-28）得

$$\left[-\theta^2 h_1 \frac{E_1^s}{G_1^I}\beta + \frac{1}{(h_s/2 - h_1)\beta} \right] \sin(\beta h_c) + \theta^2 \frac{E_1^s}{G^c}\cos(\beta h_c) = 0 \tag{A-33}$$

依据式（A-33）可求出参数 β。

由于基体端部承受外界拉应力 σ^0，涂层在一端自由，因此产生的边界条件如下：基体端部承受外部载荷 σ^0，边界条件为

$$\sigma^s(x) \Big|_{x=\lambda} = \sigma^0 \tag{A-34}$$

涂层一端是自由的，边界条件为

$$\int_0^{h_c} \sigma^c(x,z) \Big|_{x=\lambda} \mathrm{d}z = 0 \tag{A-35}$$

结合式（A-22）、式（A-31）、式（A-34）和式（A-35）可以确定均匀应变 ε_x^u 为

$$\varepsilon_x^u = \frac{\sigma^0}{E_1^s} \frac{\sin(\beta h_c)}{\sin(\beta h_c) - \beta h_c k_1} \tag{A-36}$$

由式（A-22）和式（A-35）可求得参数 η 为

$$\eta = \frac{-\varepsilon_x^u h_c}{\theta\sin(\beta h_c)\cosh(\gamma\lambda)} \tag{A-37}$$

附录 B　弹塑性阶段的本构关系

假设在施加载荷（$\sigma^0 = \sigma_0^1$）时，近涂层基体的屈服区为 $x_1 \sim \lambda$（具有对称性），而基体尚未屈服，这时仍考虑涂层是弹性的。在这种情况下，涂层-基体系统需要分成两个连续部分：①弹性区 $0 \leqslant x \leqslant x_1$。在此区域内涂层-基体系统都处于弹性阶段；②弹塑性区 $x_1 \leqslant x \leqslant \lambda$。在此区域涂层和基体处于弹性阶段，近涂层基体开始屈服。

B.1 弹性阶段的本构关系

在该 x 轴取值范围内，涂层、近涂层基体和基体均处于弹性阶段。因此，附录 A 的本构关系适用于该弹性区域。考虑涂层铝合金弹性区长度的变化，涂层和基体的应力和位移方程改写如下：

$$u^c(x,z) = \eta_1 \cos(\beta_1 h_c - \beta_1 z)\sinh(\gamma_1 x) + \varepsilon_{x1}^u x \tag{B-1}$$

$$\sigma_x^c(x,z) = \varphi^c E^c \big[\gamma_1 \eta_1 \cos(\beta_1 h_c - \beta_1 z)\cosh(\gamma_1 x) + \varepsilon_{x1}^u\big] \tag{B-2}$$

$$\tau_{xz}^c = G^c \eta_1 \beta_1 \sin(\beta_1 h_c - \beta_1 z)\sinh(\gamma_1 x) \tag{B-3}$$

$$u^s(x) = k_1 \eta_1 \sinh(\gamma_1 x) + \varepsilon_{x1}^u x \tag{B-4}$$

$$\sigma^s(x) = E_1^s \big[k_1 \eta_1 \gamma_1 \cosh(\gamma_1 x) + \varepsilon_{x1}^u\big] \tag{B-5}$$

这里所有字母的含义与附录 A 部分的相同，仅标识了下角标用于与线弹性的方程进行区别，比如 $\beta_1 = \beta$，$\gamma_1 = \gamma$，并且仍有 $\gamma_1^2 = \theta^2 \beta_1^2$。

B.2 弹塑性阶段的本构关系

在 $x_1 \leq x \leq \lambda$，考虑涂层一直处于弹性阶段，因此式（A-10）中涂层位移的一般表达式仍然适用。通过应用边界条件方程（A-14）得出

$$\alpha_1 \cos(\beta_2 h_c) = \alpha_2 \sin(\beta_2 h_c) \tag{B-6}$$

式（A-10）可以写为

$$u^c(x,z) = \frac{\alpha_1 \cos(\beta_2 h_c)\sin(\beta_2 z) + \alpha_2 \cos(\beta_2 h_c)\cos(\beta_2 z)}{\cos(\beta_2 h_c)} \times$$
$$\big[\alpha_3 \sinh(\gamma_2 x) + \alpha_4 \cosh(\gamma_2 x)\big] + \varepsilon_{x2}^u x \tag{B-7}$$

结合式（B-6），可以将式（B-7）改写成

$$u^c(x,z) = \frac{\alpha_2}{\cos(\beta_2 h_c)}\cos(\beta_2 h_c - \beta_2 z)\big[\alpha_3 \sinh(\gamma_2 x) + \alpha_4 \cosh(\gamma_2 x)\big] + \varepsilon_{x2}^u x \tag{B-8}$$

将 $\alpha_2/\cos(\beta_2 h_c)$ 看作是一个常数，则式（B-8）可写成

$$u^c(x,z) = \cos(\beta_2 h_c - \beta_2 z)\big[Q_1 \sinh(\gamma_2 x) + Q_2 \cosh(\gamma_2 x)\big] + \varepsilon_{x2}^u x \tag{B-9}$$

其中 Q_1 和 Q_2 是待确定常数。考虑式（A-2）和式（A-3）的本构方程，涂层正应力和切应力可以简化为

$$\sigma_x^c(x,z) = \varphi^c E^c \big\{\gamma_2 \cos(\beta_2 h_c - \beta_2 z)\big[Q_1 \cosh(\gamma_2 x) + Q_2 \sinh(\gamma_2 x)\big] + \varepsilon_{x2}^u\big\} \tag{B-10}$$

$$\tau_{xz}^c = G^c \beta_2 \sin(\beta_2 h_c - \beta_2 z)\big[Q_1 \sinh(\gamma_2 x) + Q_2 \cosh(\gamma_2 x)\big] \tag{B-11}$$

当近涂层基体的应力达到塑性阶段时，其切应力与应变的关系为

$$\tau_{xz}^{\mathrm{I}} = \begin{cases} G_1^{\mathrm{I}} \gamma_{xz}^{\mathrm{I}}(x), & \tau_{xz}^{\mathrm{I}} < \tau_{\mathrm{Ys}} \\ G_2^{\mathrm{I}} \gamma_{xz}^{\mathrm{I}}(x) + (G_1^{\mathrm{I}} - G_2^{\mathrm{I}})\gamma_{\mathrm{Y}}, & \tau_{xz}^{\mathrm{I}} \geqslant \tau_{\mathrm{Ys}} \end{cases} \tag{B-12}$$

其中 G_2^{I} 是在均匀切应力下，近涂层基体的线性硬化速率。由式（B-12）可以得出近涂层基体的切应变

$$\gamma_{xz}^{\mathrm{I}}(x) = [\tau_{xz}^{\mathrm{I}} - (G_1^{\mathrm{I}} - G_2^{\mathrm{I}})\gamma_{\mathrm{Y}}]/G_2^{\mathrm{I}} \tag{B-13}$$

根据切应力连续性 $\tau_{xz}^{\mathrm{I}} = \tau_{xz}^{\mathrm{c}}(x,0)$ 和式（A-23），基体的位移关系式为

$$u^{\mathrm{s}}(x) = k_2[Q_1 \sinh(\gamma_2 x) + Q_2 \cosh(\gamma_2 x)] + \varepsilon_{x2}^{u} x + h_1(1/G_2^{\mathrm{I}} - 1/G_1^{\mathrm{I}})\tau_{\mathrm{Ys}} \tag{B-14}$$

其中 $k_2 = (-G^{\mathrm{c}}/G_2^{\mathrm{I}})\beta_2 h_1 \sin(\beta_2 h_{\mathrm{c}}) + \cos(\beta_2 h_{\mathrm{c}})$。

由式（A-29）和式（A-30）可以推导出基体的应力关系式

$$\sigma^{\mathrm{s}}(x) = E_1^{\mathrm{s}} \gamma_2 k_2[Q_1 \cosh(\gamma_2 x) + Q_2 \sinh(\gamma_2 x)] + E_1^{\mathrm{s}} \varepsilon_{x2}^{u} \tag{B-15}$$

将式（B-11）和式（B-15）代入平衡方程（A-28）得到如下关系式

$$\left[-\theta^2 \frac{E_1^{\mathrm{s}}}{G_2^{\mathrm{I}}} \beta_2 h_1 + \frac{1}{(h_{\mathrm{s}}/2 - h_1)\beta_2}\right] \sin(\beta_2 h_{\mathrm{c}}) + \theta^2 \frac{E_1^{\mathrm{s}}}{G^{\mathrm{c}}} \cos(\beta_2 h_{\mathrm{c}}) = 0 \tag{B-16}$$

由式（B-16）可计算出参数 β_2。由于涂层在 $x = \lambda$ 是自由的，有边界条件

$$\int_0^{h_{\mathrm{c}}} \sigma^{\mathrm{cl}}(x,z) \Big|_{x=\lambda} \mathrm{d}z = 0 \tag{B-17}$$

并且在 $x = x_1$ 近涂层基体进入屈服，有边界条件

$$\tau_{xz}^{\mathrm{I}}(x) \Big|_{x=x_1^-} = \tau_{\mathrm{Ys}} \tag{B-18}$$

基体受拉应力 σ_1^0，有边界条件

$$\sigma^{\mathrm{s}}(x) \Big|_{x=\lambda} = \sigma_1^0 \tag{B-19}$$

连续性方程为

$$\tau_{xz}^{\mathrm{I}}(x) \Big|_{x=x_1^-} = \tau_{xz}^{\mathrm{I}}(x) \Big|_{x=x_1^+} \tag{B-20}$$

$$u^{\mathrm{s}}(x) \Big|_{x=x_1^-} = u^{\mathrm{s}}(x) \Big|_{x=x_1^+} \tag{B-21}$$

$$\sigma^{\mathrm{s}}(x) \Big|_{x=x_1^-} = \sigma^{\mathrm{s}}(x) \Big|_{x=x_1^+} \tag{B-22}$$

根据上面列出的边界条件和连续性方程，可以确定本构关系中的 5 个常数 η_1、Q_i 和 ε_{xi}^{u}（$i=1$，2），如下

$$\varepsilon_{x2}^{u} = \frac{\sigma_1^0}{E_1^{\mathrm{s}}} \frac{\sin(\beta_2 h_{\mathrm{c}})}{\sin(\beta_2 h_{\mathrm{c}}) - \beta_2 h_{\mathrm{c}} k_2} \tag{B-23}$$

$$\eta_1 \beta_1 = \frac{\tau_{\mathrm{Ys}}}{G^{\mathrm{c}}} \frac{1}{\sin(\beta_1 h_{\mathrm{c}}) \sinh(\gamma_1 x_1)} \tag{B-24}$$

$$Q_1 \beta_2 = -\left[\frac{\tau_{\mathrm{Ys}}}{G^{\mathrm{c}}} \frac{\sinh(\gamma_2 \lambda)}{\sin(\beta_2 h_{\mathrm{c}})} + \frac{\beta_2 h_{\mathrm{c}} \sigma_1^0}{\theta E_1^{\mathrm{s}}} \frac{\cosh(\gamma_2 x_1)}{\sin(\beta_2 h_{\mathrm{c}}) - k_2 \beta_2 h_{\mathrm{c}}}\right] \Big/ \cosh(\gamma_2 \lambda - \gamma_2 x_1) \tag{B-25}$$

$$Q_2 \beta_2 = \frac{\tau_{Ys}}{G^c} \frac{1}{\sin(\beta_2 h_c) \cosh(\gamma_2 x_1)} - Q_1 \beta_2 \tanh(\gamma_2 x_1) \qquad (\text{B-26})$$

$$\varepsilon_{x1}^u = \varepsilon_{x2}^u + \left[\frac{k_2}{\beta_2 x_1 \sin(\beta_2 h_c)} - \frac{k_1}{\beta_1 x_1 \sin(\beta_1 h_c)} \right] \frac{\tau_{Ys}}{G^c} + \frac{h_I}{x_1} \left(\frac{1}{G_2^0} - \frac{1}{G_1^0} \right) \tau_{Ys} \quad (\text{B-27})$$

可以通过将式（B-23）~ 式（B-26）代入边界条件式（B-21）确定近涂层基体临界屈服位置 x_1，式（B-27）简化为

$$\eta_1 \gamma_1 k_1 \cosh(\gamma_1 x_1) + \varepsilon_{x1}^u = \gamma_2 k_2 \left[Q_1 \cosh(\gamma_2 x_1) + Q_2 \sinh(\gamma_2 x_1) \right] + \varepsilon_{x2}^u$$

$$(\text{B-28})$$

附录 C 基体屈服的本构关系

在前面的分析中，由于涂层在承担外部施加的载荷方面起着较小的作用，因此在长度为 2λ 涂层-基体系统中涂层正应力均匀分布，一旦加载应力达到其屈服强度，基体就会全部屈服。存在某个位置，在一定的外加载荷下（即 $\sigma^0 = \sigma_2^0$），近涂层基体屈服的区域为 $x_2 \sim \lambda$（对称），则涂层-基体系统的本构关系的建立需要分为以下两个连续部分：①弹性区（$0 \le x \le x_2$），在此区域内，涂层和近涂层基体处于弹性区；②塑性区（$x_2 \le x \le \lambda$）。涂层仍认为弹性，基体和涂层处于塑性阶段。下面将对这两个区域的本构关系进行分别阐述。

C.1 弹性阶段的本构关系

在 $0 \le x \le x_2$，涂层位移和应力与附录 A 相同，涂层的位移、正应力和切应力为

$$u^c(x,z) = \eta_2 \cos(\beta_3 h_c - \beta_3 z) \sinh(\gamma_3 x) + \varepsilon_{x3}^u x \qquad (\text{C-1})$$

$$\sigma^c(x,z) = \varphi^c E^c \left[\gamma_3 \eta_2 \cos(\beta_3 h_c - \beta_3 z) \cosh(\gamma_3 x) + \varepsilon_{x3}^u \right] \qquad (\text{C-2})$$

$$\tau_{xz}^c = G^c \eta_2 \beta_3 \sin(\beta_3 h_c - \beta_3 z) \sinh(\gamma_3 x) \qquad (\text{C-3})$$

由于该区域近涂层基体处于弹性阶段，它的切应力-应变曲线仍由式（A-23）确定，而对于假定为线性硬化材料的基体，其轴向应力-应变曲线可表示为

$$\sigma^s(x) = \begin{cases} E_1^s \varepsilon^s(x), & \sigma^s(x) < \sigma_{Ys} \\ E_1^s \varepsilon^s(x) + (E_1^s - E_2^s) \varepsilon_{Ys}, & \sigma^s(x) \ge \sigma_{Ys} \end{cases} \qquad (\text{C-4})$$

式中，E_2^s 是静拉伸过程中基体的线性硬化率。

根据第 A.3 节，得出基体的位移 $u^s(x)$ 和正应力 $\sigma^s(x)$ 为

$$u^s(x) = \eta_2 k_3 \sinh(\gamma_3 x) + \varepsilon_{x3}^u x \qquad (\text{C-5})$$

$$\sigma^{\text{s}}(x) = E_2^{\text{s}}\eta_2\gamma_3 k_3\cosh(\gamma_3 x) + E_2^{\text{s}}\varepsilon_{x3}^u + \left(1 - \frac{E_2^{\text{s}}}{E_1^{\text{s}}}\right)\sigma_{\text{Ys}} \tag{C-6}$$

这里 $k_3 = (-G^{\text{c}}/G_1^{\text{I}})\beta_3 h_1\sin(\beta_3 h_{\text{c}}) + \cos(\beta_3 h_{\text{c}})$，$\beta_3$ 的关系式为

$$\left[-\theta^2\frac{E_2^{\text{s}}}{G_1^{\text{I}}}\beta_3 h_1 + \frac{1}{(h_{\text{s}}/2 - h_{\text{I}})\beta_3}\right]\sin(\beta_3 h_{\text{c}}) + \theta^2\frac{E_2^{\text{s}}}{G^{\text{c}}}\cos(\beta_3 h_{\text{c}}) = 0 \tag{C-7}$$

β_3 的数值可以通过求解式（A-27）获得。

C.2　弹塑性阶段的本构关系

在 $x_2 \leqslant x \leqslant \lambda$ 区域内，涂层、近涂层基体、基体处于塑性阶段。在第 A.1 节和第 A.2 节中都认为涂层处于线弹性阶段，为了便于本构关系的构建，考虑涂层的弹性模量 $E^{\text{c}} = 253\text{GPa}$ 以及 Al_2O_3 陶瓷自身的脆性，在近涂层基体和基体处于塑性阶段，涂层仍处于弹性阶段。在第 B.2 节中已经构建了涂层铝合金的本构关系，涂层的位移、应力和切应力的方程可以类似地表示为

$$u^{\text{c}}(x,z) = \cos(\beta_4 h_{\text{c}} - \beta_4 z)[Q_3\sinh(\gamma_4 x) + Q_4\cosh(\gamma_4 x)] + \varepsilon_{x4}^u x \tag{C-8}$$

$$\sigma_x^{\text{c}}(x,z) = \varphi^{\text{c}}E^{\text{c}}\{\gamma_4\cos(\beta_4 h_{\text{c}} - \beta_4 z)[Q_3\cosh(\gamma_4 x) + Q_4\sinh(\gamma_4 x)] + \varepsilon_{x4}^u\} \tag{C-9}$$

$$\tau_x^{\text{c}}(x,z) = G^{\text{c}}\beta_4\sin(\beta_4 h_{\text{c}} - \beta_4 z)[Q_3\sinh(\gamma_4 x) + Q_4\cosh(\gamma_4 x)] \tag{C-10}$$

近涂层基体和基体处于塑性阶段时，基体的应力和应变的关系见式（B-13）和式（C-4）。依据第 B.2 节基体的应力和位移的推导方法，可确定塑性基体的位移和应力的表达式为

$$u^{\text{s}}(x) = k_4[Q_3\sinh(\gamma_4 x) + Q_4\cosh(\gamma_4 x)] + \varepsilon_{x4}^u x + h_1(1/G_2^{\text{I}} - 1/G_1^{\text{I}})\tau_{\text{Ys}} \tag{C-11}$$

$$\sigma^{\text{s}}(x) = E_2^{\text{s}}\gamma_4 k_4[Q_3\cosh(\gamma_4 x) + Q_4\sinh(\gamma_4 x)] + E_2^{\text{s}}\varepsilon_{x4}^u + (1 - E_2^{\text{s}}/E_1^{\text{s}})\sigma_{\text{Ys}} \tag{C-12}$$

其中 $k_4 = (-G^{\text{c}}/G_2^{\text{I}})\beta_4 h_1\sin(\beta_4 h_{\text{c}}) + \cos(\beta_4 h_{\text{c}})$，参数 β_4 的表达式为

$$\left[-\theta^2\frac{E_2^{\text{s}}}{G_2^{\text{I}}}\beta_4 h_1 + \frac{1}{(h_{\text{s}}/2 - h_{\text{I}})\beta_4}\right]\sin(\beta_4 h_{\text{c}}) + \theta^2\frac{E_2^{\text{s}}}{G^{\text{c}}}\cos(\beta_4 h_{\text{c}}) = 0 \tag{C-13}$$

参数 β_4 可通过求解式（C-13）得到。

边界条件为

$$\int_0^{h_{\text{c}}}\sigma^{\text{c2}}(x,z)\mid_{x=\lambda}\text{d}z = 0 \tag{C-14}$$

$$\tau_{xz}^{\text{I}}(x)\mid_{x=x_2^-} = \tau_{\text{Ys}} \tag{C-15}$$

$$\sigma^{\text{s}}(x)\mid_{x=\lambda} = \sigma_2^0 \tag{C-16}$$

连续性方程为

$$\tau_{xz}^{\mathrm{I}}(x)\big|_{x=x_2^-} = \tau_{xz}^{\mathrm{I}}(x)\big|_{x=x_2^+} \tag{C-17}$$

$$u^{\mathrm{s}}(x)\big|_{x=x_2^-} = u^{\mathrm{s}}(x)\big|_{x=x_2^+} \tag{C-18}$$

$$\sigma^{\mathrm{s}}(x)\big|_{x=x_2^-} = \sigma^{\mathrm{s}}(x)\big|_{x=x_2^+} \tag{C-19}$$

根据以上列出的边界方程和连续性方程，可以确定五个常数 η_2、Q_i 和 $\varepsilon_{xi}^u (i=3,4)$，其表达式为

$$\varepsilon_{x4}^u = \left[\frac{\sigma_2^0}{E_2^{\mathrm{s}}} - \left(\frac{1}{E_2^{\mathrm{s}}} - \frac{1}{E_1^{\mathrm{s}}}\right)\sigma_{\mathrm{Ys}}\right]\frac{\sin(\beta_4 h_{\mathrm{c}})}{\sin(\beta_4 h_{\mathrm{c}}) - \beta_4 h_{\mathrm{c}} k_4} \tag{C-20}$$

$$\eta_2 \beta_4 = \frac{\tau_{\mathrm{Ys}}}{G^{\mathrm{c}}}\frac{1}{\sin(\beta_3 h_{\mathrm{c}})\sinh(\gamma_3 x_2)} \tag{C-21}$$

$$Q_3 \beta_4 = -\left[\frac{\tau_{\mathrm{Ys}}}{G^{\mathrm{c}}}\frac{\sinh(\gamma_4 \lambda)}{\sin(\beta_4 h_{\mathrm{c}})} + \varepsilon_{x4}^u \frac{\beta_4 h_{\mathrm{c}}}{\theta}\frac{\cosh(\gamma_4 x_2)}{\sin(\beta_4 h_{\mathrm{c}})}\right]\Big/\cosh(\gamma_4 \lambda - \gamma_4 x_2) \tag{C-22}$$

$$Q_4 \beta_4 = \frac{\tau_{\mathrm{Ys}}}{G^{\mathrm{c}}}\frac{1}{\sin(\beta_4 h_{\mathrm{c}})\cosh(\gamma_4 x_2)} - Q_3 \beta_4 \tanh(\gamma_4 x_2) \tag{C-23}$$

$$\varepsilon_{x3}^u = \varepsilon_{x4}^u + \left[\frac{k_4}{\beta_4 x_2 \sin(\beta_4 h_{\mathrm{c}})} - \frac{k_3}{\beta_3 x_2 \sin(\beta_3 h_{\mathrm{c}})}\right]\frac{\tau_{\mathrm{Ys}}}{G^{\mathrm{c}}} + \frac{h_{\mathrm{I}}}{x_2}\left(\frac{1}{G_2^{\mathrm{I}}} - \frac{1}{G_1^{\mathrm{I}}}\right)\tau_{\mathrm{Ys}} \tag{C-24}$$

可以通过将式（C-21）~式（C-24）代入式（C-18）确定屈服起始位置 x_2。式（C-24）简化为

$$\eta_2 \gamma_3 k_3 \cosh(\gamma_3 x_2) + \varepsilon_{x3}^u = \gamma_4 k_4 [Q_3 \cosh(\gamma_4 x_2) + Q_4 \sinh(\gamma_4 x_2)] + \varepsilon_{x4}^u$$

$$\tag{C-25}$$

附录 D 近涂层基体完全屈服的本构关系

随着施加的 σ_2^0 负载继续增加，近涂层基体最终将完全屈服。在这种情况下，近涂层基体和基体都将达到塑性阶段，而涂层在此阶段仍考虑为弹性体。按照附录 C 中本构关系的计算方法，求出涂层和基体的本构关系。根据式（B-13）和式（C-4），可以得出涂层的位移、应力和切应力以及基体的位移和应力表达式为

$$u^{\mathrm{c}}(x,z) = \eta_3 \cos(\beta_5 h_{\mathrm{c}} - \beta_5 z)\sinh(\gamma_5 x) + \varepsilon_{x5}^u x \tag{D-1}$$

$$\sigma^{\mathrm{c}}(x,z) = \varphi^{\mathrm{c}} E^{\mathrm{c}}\left[\gamma_5 \eta_3 \cos(\beta_5 h_{\mathrm{c}} - \beta_5 z)\cosh(\gamma_5 x) + \varepsilon_{x5}^u\right] \tag{D-2}$$

$$\tau_{xz}^{\mathrm{c}} = G^{\mathrm{c}} \eta_3 \beta_5 \sin(\beta_5 \eta_{\mathrm{c}} - \beta_5 z)\sinh(\gamma_5 x) \tag{D-3}$$

$$u^{\mathrm{s}}(x) = k_5 \eta_3 \sinh(\gamma_5 x) + \varepsilon_{x5}^u x + h_{\mathrm{I}}\left(\frac{1}{G_2^{\mathrm{I}}} - \frac{1}{G_1^{\mathrm{I}}}\right)\tau_{\mathrm{Ys}} \tag{D-4}$$

$$\sigma^{\mathrm{s}}(x) = E_1^{\mathrm{s}} \eta_3 \gamma_5 k_5 \cosh(\gamma_5 x) + E_2^{\mathrm{s}} \varepsilon_{x5}^u + \left(1 - \frac{E_2^{\mathrm{s}}}{E_1^{\mathrm{s}}}\right)\sigma_{\mathrm{Ys}} \tag{D-5}$$

这里 $k_5 = (-G^c/G_2^I)\beta_5 h_I \sinh(\beta_5 h_c) + \cos(\beta_5 h_c)$。$\gamma_5 = \theta\beta_5$。参数 η_3 和 ε_{x5}^u 的表达式为

$$\varepsilon_{x5}^u = \left[\frac{\sigma_2^0}{E_2^s} - \left(\frac{1}{E_2^s} - \frac{1}{E_1^s}\right)\sigma_{Ys}\right]\frac{\sin(\beta_5 h_c)}{\sin(\beta_5 h_c) - \beta_5 h_c k_5} \tag{D-6}$$

$$\eta_3 = \frac{h_c}{\theta\sin(\beta_5 h_c)\cosh(\gamma_5 h_c)[k_5\beta_5 h_c - \sin(\beta_5 h_c)]}\left[\frac{\sigma_2^0}{E_2^s} - \left(\frac{1}{E_2^s} - \frac{1}{E_1^s}\right)\sigma_{Ys}\right] \tag{D-7}$$

参数 β_5 的表达式为

$$\left[-\theta^2\frac{E_2^s}{G_2^I}\beta_5 h_I + \frac{1}{(h_s/2 - h_I)\beta_5}\right]\sin(\beta_5 h_c) + \theta^2\frac{E_2^s}{G^c}\cos(\beta_5 h_c) = 0 \tag{D-8}$$

由式（C-13）和式（D-8）可知，$\beta_5 = \beta_4$。由 $\gamma_4 = \theta\beta_4$ 可以推出 $\gamma_5 = \gamma_4$。由 k_5 和 k_4 的表达式可得出 $k_5 = k_4$。